深圳职业技术大学"十四五"规划教材

张娅琳 主编 王洋 副主编

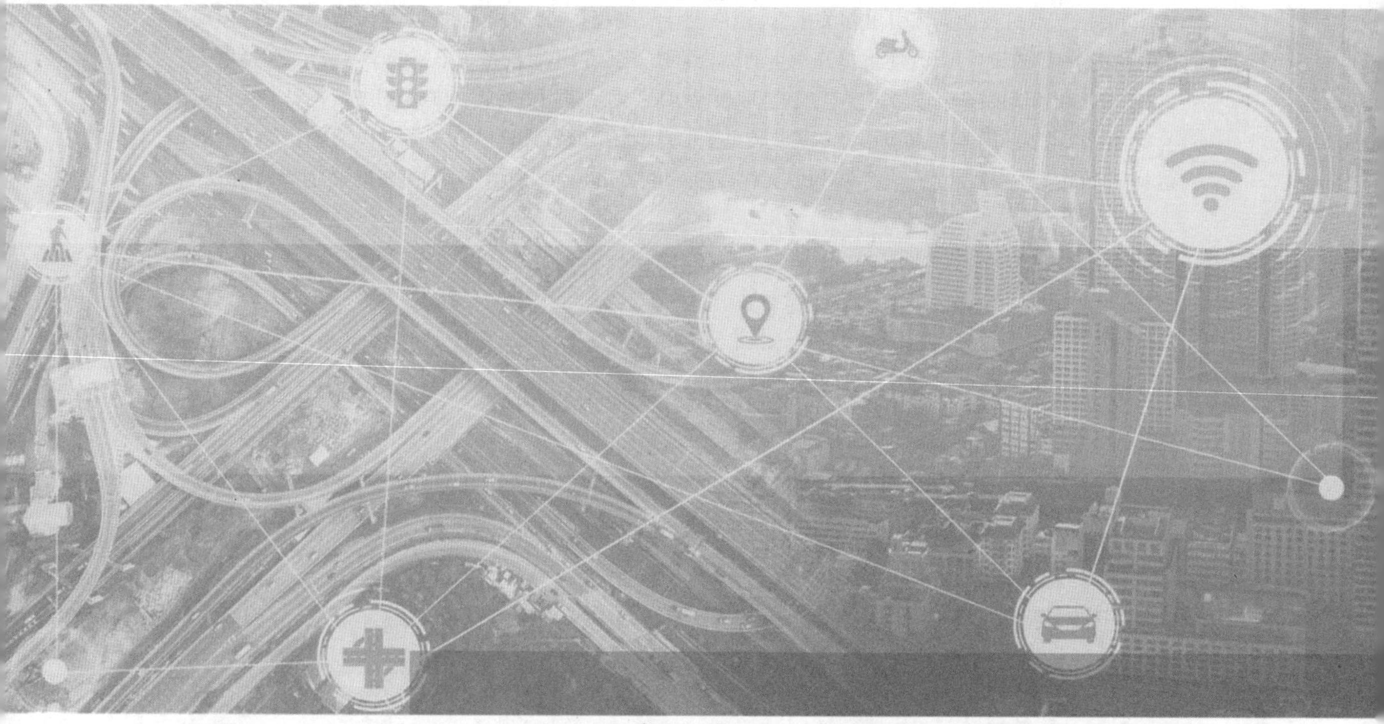

ZigBee无线传感网络技术应用开发教程

同济大学出版社
TONGJI UNIVERSITY PRESS
·上海·

内容提要

本书基于最新的 ZigBee 3.0 技术，介绍端—管—云架构的 ZigBee 无线传感网络开发技术，培养学生的嵌入式软件开发、ZigBee 无线传感网络应用开发设计和物联网安装组网运维能力。本书以 C 语言作为程序开发语言，采用项目化教学设计思想，由浅入深地介绍了 5 个学习单元的内容：ZigBee 无线传感网络及开发软件，ZigBee CC2530 芯片应用开发，信息采集与传感应用开发，端—管—云架构的 ZigBee 无线传感网络开发，ZigBee 3.0 无线组网开发。本书以工作任务为导向，由任务引入相关知识和理论，通过技能训练引出相关概念、硬件设计与编程技巧，突出实践性、趣味性、职业性，体现"教学做合一"的设计理念，注重提升学生的综合素质。另外，本书配备了丰富的学习资源，包括电子课件、习题和教学视频等，读者可登录"智慧职教 MOOC"网站或扫描封底二维码获取。

本书可作为高职院校和应用型本科院校电子信息、通信工程、计算机科学与技术、自动化等专业的教材，也可作为工程技术人员进行单片机、无线传感网络、ZigBee 无线通信等项目开发的学习、参考用书。

图书在版编目（CIP）数据

ZigBee 无线传感网络技术应用开发教程 / 张娅琳主编. —上海：同济大学出版社，2024.5
ISBN 978-7-5765-1107-9

Ⅰ. ①Z… Ⅱ. ①张… Ⅲ. ①无线电通信 - 传感器 - 计算机网络 - 教材 Ⅳ. ①TP212

中国国家版本馆 CIP 数据核字（2024）第 062834 号

ZigBee 无线传感网络技术应用开发教程

张娅琳 **主编** 王洋 **副主编**

责任编辑 屈斯诗 **助理编辑** 韩青 **责任校对** 徐逢乔 **封面设计** 陈益平

出版发行	同济大学出版社　　www.tongjipress.com.cn	
	（地址：上海市四平路 1239 号　邮编：200092　电话：021-65985622）	
经　销	全国各地新华书店	
印　刷	江苏句容排印厂	
开　本	787mm×1092mm　1/16	
印　张	19	
字　数	474 000	
版　次	2024 年 5 月第 1 版	
印　次	2024 年 5 月第 1 次印刷	
书　号	ISBN 978-7-5765-1107-9	
定　价	68.80 元	

本书若有印装质量问题，请向本社发行部调换　　版权所有　侵权必究

前　言

随着经济社会数字化转型和智能升级，物联网已经成为国家新型基础设施的重要组成部分。物联网技术以实现万物互联为目标，正在重构人们的生活方式、生产方式以及公共领域的发展模式，创造巨大的社会与经济价值。

无线传感网络作为物联网的重要组成部分，是以感知技术和无线通信为手段，以云计算和云存储为服务平台，实现人、机、物的泛在连接，提供信息感知、信息传输、信息处理等服务的基础设施。目前主流的无线通信技术主要有蜂窝移动通信（4G/5G）、NB-IoT、LoRa、Wi-Fi、蓝牙等技术，不同的无线通信技术有不同的特点和应用场景。其中，ZigBee 无线通信技术以其低功耗、低成本、高安全、拓扑结构灵活自组织等特性，广泛应用于智能交通、智能家居、智能安防、自动抄表以及物联网监测等领域。本书介绍基于 ZigBee 无线通信技术的无线传感网络开发实践，涉及的系统架构和设计思路对基于其他无线通信技术的传感网络开发有一定的参考作用。

本书的编写特色有以下三方面。

（1）基于最新的 ZigBee 3.0 技术，面向传感网络应用开发职业技能人才需求，以"1+X"传感网应用开发（中级）证书考核大纲要求的职业素养和岗位技术技能为目标进行内容安排。

（2）基于职业院校技能大赛"物联网应用开发"中 ZigBee 应用开发考点，详细介绍设计原理及典型例程。

（3）以 C 语言作为程序开发语言，采用项目化教学设计思想，以人才培养和岗位能力需求为依据由浅入深地进行知识点设计。

在本书的撰写过程中，编者参考了北京新大陆科技有限公司传感网应用开发相关资料以及善学坊"ZigBee 3.0 开发指南（公开版）"等相关资料，在此向相关作者表示感谢。

物联网应用正处于蓬勃发展阶段，各种技术层出不穷，由于水平有限，书中难免存在疏漏，恳请专家和读者批评指正。

编者
2024 年 1 月

目 录

前言 ·· 1

学习单元 1 ZigBee 无线传感网络及开发软件

项目 1 初识 ZigBee 无线传感网络 ·· 2
   任务 1   初识 ZigBee 主流芯片 ·· 2
   任务 2   初识 ZigBee 无线组网硬件模块 ·· 4
   任务 3   初识 ZigBee 无线传感网络架构 ·· 8
   项目小结 ·· 12
   项目实训 ·· 12
项目 2 熟悉 ZigBee 开发软件的安装与使用 ·· 13
   任务 1   IAR 软件的安装 ·· 13
   任务 2   IAR 软件新建工程 ··· 16
   任务 3   IAR 编程环境的配置 ·· 24
   任务 4   IAR 程序的仿真调试 ·· 26
   项目小结 ·· 29
   项目实训 ·· 29

学习单元 2 ZigBee CC2530 芯片应用开发

项目 3 CC2530 GPIO 应用开发 ·· 32
   任务 1   尝试点亮 LED ·· 32
   任务 2   成功点亮 LED ·· 38
   任务 3   LED 闪烁 ··· 42
   任务 4   LED 流水灯 ··· 45
   任务 5   按键控制 LED ·· 48
   项目小结 ·· 53
   项目实训 ·· 54
项目 4 外部中断应用开发 ·· 55
   任务 1   外部中断按键控制 LED ·· 55
   任务 2   外部中断控制流水灯 ·· 67
   项目小结 ·· 71

项目实训 ··· 71

项目 5　晶振与电源管理应用开发 ··· 73
　　任务 1　配置时钟源与系统时钟频率 ··· 73
　　任务 2　主动模式与低功耗模式切换 ··· 77
　　项目小结 ··· 82
　　项目实训 ··· 83

项目 6　定时器应用开发 ··· 84
　　任务 1　定时器参数设计 ··· 84
　　任务 2　定时器 1 运行模式设置 ··· 88
　　任务 3　定时器 1 自由运行模式定时应用 ··· 90
　　任务 4　定时器 1 模运行模式定时应用 ··· 98
　　任务 5　配置定时器 3/4 工作模式 ·· 102
　　任务 6　定时器 3/4 定时应用 ·· 105
　　任务 7　睡眠定时器应用 ··· 110
　　项目小结 ··· 115
　　项目实训 ··· 116

项目 7　串口通信应用开发 ··· 117
　　任务 1　终端节点向计算机发送数据 ·· 117
　　任务 2　计算机向终端节点发送命令 ·· 130
　　项目小结 ··· 136
　　项目实训 ··· 136

项目 8　A/D 转换应用开发 ··· 137
　　任务 1　电源电压测量 ··· 137
　　任务 2　内部温度传感器测量 ··· 147
　　任务 3　外部输入通道信号检测 ·· 151
　　项目小结 ··· 154
　　项目实训 ··· 154

项目 9　PWM 应用开发 ·· 155
　　任务 1　驱动一个呼吸灯 ··· 155
　　项目小结 ··· 164
　　项目实训 ··· 164

学习单元 3　信息采集与传感应用开发

项目 10　信息采集与传感 ··· 166
　　任务 1　模拟量采集与传感 ·· 166
　　任务 2　数字量采集与传感 ·· 169
　　任务 3　开关量采集与传感 ·· 183
　　项目小结 ··· 186

项目实训 ··· 187

学习单元 4　端—管—云架构的 ZigBee 无线传感网络开发

项目 11　Basic RF 点对点无线组网 ·· 190
 任务 1　基于 Basic RF 新建工程 ··· 190
 任务 2　温湿度传感数据采集与显示 ·· 197
 任务 3　火焰传感温湿度采集与显示 ·· 198
 任务 4　温湿度传感数据无线发送 ··· 201
 任务 5　火焰传感数据无线发送 ·· 210
 任务 6　汇聚节点数据接收与显示 ··· 213
 任务 7　汇聚节点数据解析与数据透传 ··· 217
 任务 8　云平台任务创建 ·· 222
 任务 9　物联网网关的连接和配置 ··· 224
 任务 10　端—管—云架构的 ZigBee 网络搭建 ·· 226
 项目小结 ·· 228
 项目实训 ·· 229

学习单元 5　ZigBee 3.0 无线组网开发

项目 12　ZigBee 3.0 协议栈安装 ·· 232
 任务 1　初识 ZigBee 3.0 协议 ··· 232
 任务 2　安装 ZigBee 3.0 协议栈 ·· 234
 项目小结 ·· 238
 项目实训 ·· 238
项目 13　基于 OSAL 的 HAL 层应用开发 ··· 239
 任务 1　理解 OSAL 调度机制 ·· 239
 任务 2　基于 HAL 的 LED 控制应用开发 ··· 246
 任务 3　基于 HAL 的按键控制应用开发 ·· 250
 任务 4　基于 HAL 的串口通信应用开发 ·· 254
 任务 5　基于 HAL 的 ADC 应用开发 ·· 258
 项目小结 ·· 261
 项目实训 ·· 261
项目 14　基于 ZigBee 3.0 协议栈的无线传感网络开发 ····································· 262
 任务 1　ZigBee 3.0 无线通信配置 ·· 262
 任务 2　ZigBee 3.0 BDB 无线组网 ··· 266
 任务 3　基于 AF 的无线通信 ·· 270
 任务 4　基于 ZCL 的智能灯光控制 ··· 278

任务5　基于ZCL的传感数据上报……286
　项目小结……291
　项目实训……291

参考文献……293

学习单元 1

ZigBee 无线传感网络及开发软件

项目 1

初识 ZigBee 无线传感网络

项目目标

1. 了解 ZigBee 技术及协议。
2. 了解 ZigBee 常用芯片。
3. 理解 ZigBee 主控模块的电路原理。
4. 理解传感器模块的电路原理及功能。
5. 了解 ZigBee 无线传感网络的体系架构和关键技术。

任务 1　初识 ZigBee 主流芯片

一、任务描述

了解 ZigBee 技术基本特性及应用、主流 ZigBee 方案商及代表性芯片。

二、必备知识

ZigBee 的名称来源于蜜蜂的"八字舞",蜜蜂(bee)靠飞翔和"嗡嗡"(zig)地抖动翅膀的"舞蹈"向同伴传递花粉所在方位信息,从而形成了群体中的通信网络。

ZigBee 技术是基于 ZigBee 协议的无线通信技术。ZigBee 协议是 ZigBee 联盟开发的一种基于 IEEE 802.15.4 规范的低成本、低功耗、双向的无线通信标准。形象地说,ZigBee 技术是一种类似于 Wi-Fi 和蓝牙的通信技术,能够让设备之间实现无线通信。区别在于,虽然都是无线通信技术,ZigBee 技术具有低成本、低功耗、大规模(连接设备多)、高安全性等优点。ZigBee 技术目前不仅成为智能家居领域的一种主流技术(图 1-1),还被广泛应用于远程医疗、远程通信、楼宇自动化、零售业、绿色节能等领域。基于 ZigBee 无线通信的传感网络称为 ZigBee 无线传感网络。

三、任务实施

1. 了解 ZigBee 技术特点及应用

ZigBee 技术的特点如下:

(1)低功耗:ZigBee 的传输速率低,发射功率仅为 1 mW,而且采用了休眠模式,因此 ZigBee 设备非常省电。据估算,ZigBee 设备仅靠两节 5 号电池就可以维持 6 个月到 2 年左右的使用时间。

(2)低速率:峰值速率为 250 kbps。

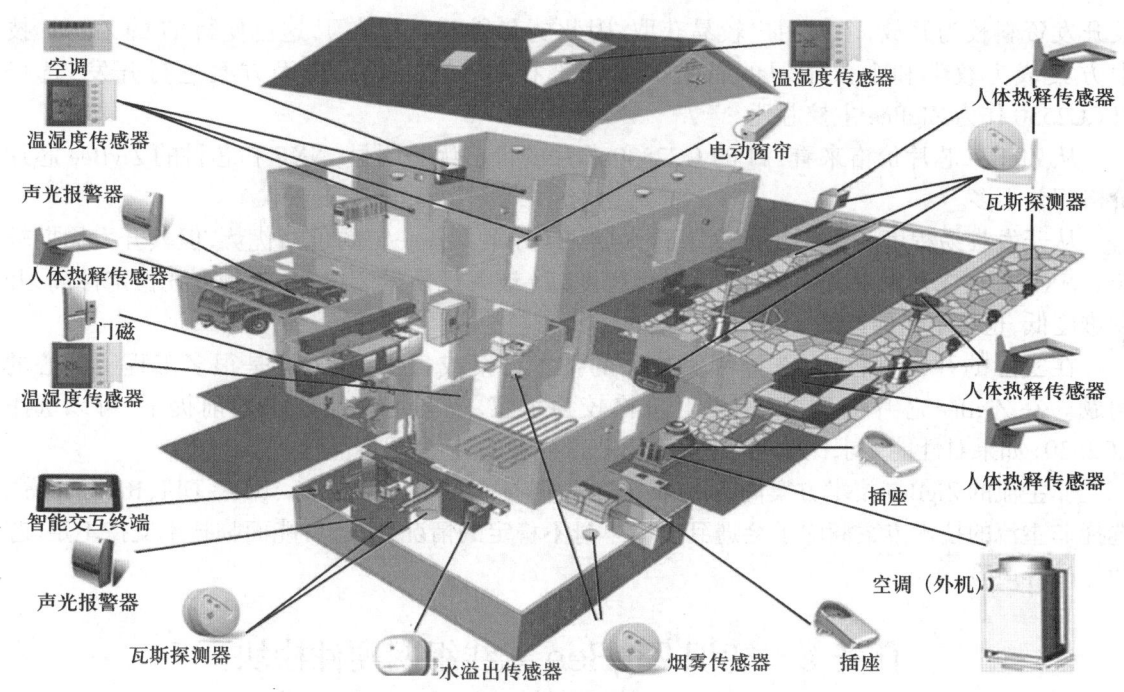

图1-1 ZigBee技术在智能家居领域的应用示例

（3）近距离：相邻节点传输距离为10~100 m。

（4）免执照频段：2.4 GHz（全球）；915 MHz（美国）；868 MHz（欧洲）。

（5）短时延：响应速度较快，一般从睡眠转入工作状态只需15 ms，节点连接进入网络只需30 ms（蓝牙需要3~10 s、Wi-Fi需要3 s）。

（6）大规模：灵活的星形、片状和网状网络结构。一个星形结构的ZigBee网络最多可以容纳254个从设备和1个主设备；一个网状网络容纳节点的数量理论上可以达到65 536个。

（7）高安全：三级安全模式。ZigBee提供了基于循环冗余校验（CRC）的数据包完整性检查功能，支持鉴权和认证，采用AES-128的加密算法，各个应用可以灵活确定其安全属性。MAC层采用了完全确认的数据传输模式，每个发送的数据包都必须等待接收方的确认信息。

（8）低成本：协议免费，控制器性价比高，不足蓝牙的1/10。

2. 初识主流ZigBee技术方案商

有了ZigBee协议，就会有对应的ZigBee技术方案，通俗地讲就是ZigBee芯片和协议的代码实现。

目前，主流的ZigBee技术方案商有3家：美国德州仪器（Texas Instruments，TI），全球知名的半导体设计与制造公司；荷兰恩智浦（NXP），其ZigBee方案主要是JN516(8)x+SDK；美国芯科实验室（Silicon Laboratories），简称芯科，其ZigBee方案是基于Ember的Em35x系列+SDK，以及EFRxx系列+SDK的解决方案。

从开发资料的开放程度，以及是否适合个人学习来看，芯科和NXP主要以大客户服务为主，开发资料开放程度低，个人不易获取，因此对于个人学习来说有一定的门槛。而TI的软件及开发资料较为开放,个人用户较易获取,因此更有利于个人学习,这也使得 TI 的 ZigBee 技术方案成为教学和个人学习的首选。本书选择 TI 的 ZigBee 技术方案进行开发,选择 TI CC2530 作为 ZigBee 主控芯片。

从 ZigBee 芯片价格来看,TI 的 CC2530 芯片的价格优势明显,NXP 和芯科的 ZigBee 芯片价格相差不多。

从开发难易程度和市场化角度来看,虽然 TI 方案具备一定的价格优势,但其开发周期较长。NXP 方案在开发上相对简单,市场化程度高(被大规模量产过)。芯科方案稳定性高,开发难度低,也是不错的选择。

在实际的开发过程中,选择哪家公司的技术方案或 ZigBee 芯片,是很多工程师关心的问题。在 ZigBee 芯片选型上,如果对价格较为敏感,在满足性能要求的前提下,可以选用 CC2530;如果对性能要求比较高,建议选用芯科或者 NXP 公司产品。

非主流的 ZigBee 技术方案商有 Atmel、STmicroelectronics、Integration、NEC、OkI、Renesas 等。选择非主流的技术方案商除了会遇到方案本身不稳定的情况外,还可能面临技术支持不足、芯片停产等风险。

任务 2 初识 ZigBee 无线组网硬件模块

一、任务描述

初识本书配套的 ZigBee 主控模块、传感器模块和下载器等硬件模块。

二、任务实施

1. 初识 ZigBee 主控模块

本书采用与"1+X"传感网应用开发职业技能等级证书考核配套的 ZigBee 模块进行实训,主控芯片为 TI CC2530。该模块是传感网应用开发评价组织——新大陆时代教育科技公司(以下简称新大陆公司)的设备。如果实际使用的实训主控板与新大陆公司 ZigBee 实训主控板电路原理图不同,更改部分引脚即可。

本书以黑色的 ZigBee 主控板为例进行介绍。该主控板主要包括 CC2530 主控芯片、仿真器接口、电源接口、天线接口、传感器模块接口、LED、按键等硬件模块,如图 1-2 所示。

部分硬件的主要作用如下:

(1)电源接口:连接 5 V 的直流电源,为整个 ZigBee 模块供电。

(2)仿真器接口:连接仿真器进行程序仿真和下载。

(3)传感器模块接口:连接传感器模块,有防插错设计,分别为单排插孔和双排插孔。

(4)串口:进行串口通信。这款 ZigBee 模块没有 LCD,本地数据只能通过串口通信发送到计算机进行显示。

(5)天线接口:用于连接一种外置的棒状天线。

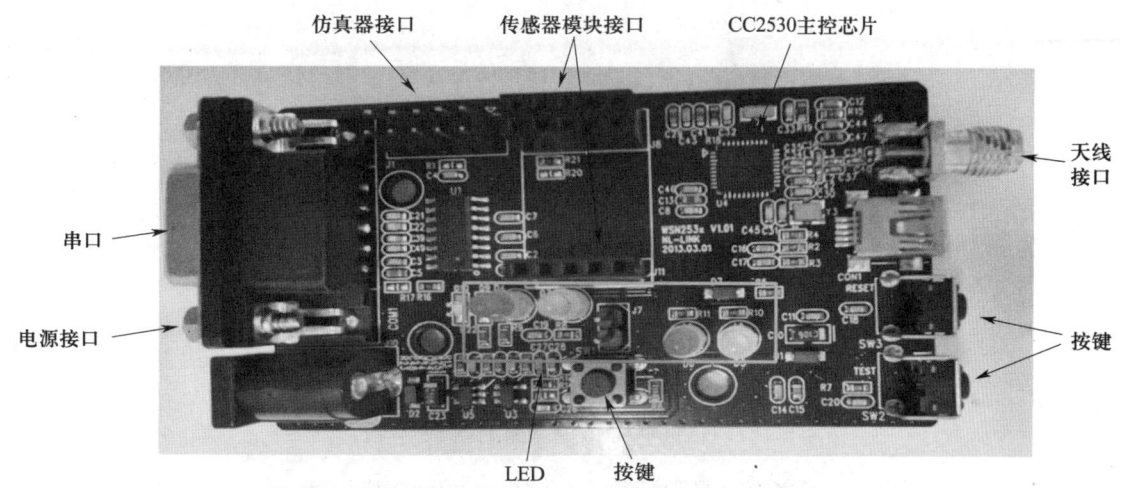

图 1-2 ZigBee 实训主控板（新大陆"1+X"实训设备）

2. 初识 ZigBee 传感器模块

除了 ZigBee 主控模块，与实训配套的硬件模块还有传感器模块，以实现环境信息的检测与传感。传感器模块主要有温湿度传感器模块、火焰传感器模块、红外传感器模块、空气质量传感器模块、可燃气体传感器模块等类型。实训配套的传感器模块参照了 ZigBee 模块传感器接口尺寸和引脚进行设计，从而实现不同传感器模块的替换和即插即用。

（1）温湿度传感器模块

温湿度传感器模块（图 1-3）实现温湿度数据的采集。该模块正面是温湿度传感器及外设电路，背面是单排—双排插针接口，连接 ZigBee 主控模块的传感器接口。

(a) 温湿度传感器模块正面

(b) 温湿度传感器模块背面

图 1-3 温湿度传感器模块

（2）火焰传感器模块

火焰传感器模块（图 1-4）实现周围环境火焰强度信息的采集。

(a)火焰传感器模块正面　　　　　(b)火焰传感器模块侧面

图1-4　火焰传感器模块

(3)空气质量传感器模块

空气质量传感器模块(图1-5)采集空气质量信息。该模块集成了空气质量传感器TGS 2602及配套电路,采用单排—双排插针直插的外接接口。

 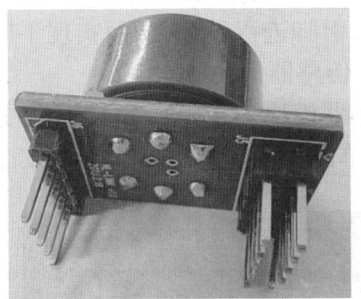

(a)空气质量传感器模块正面　　　　　(b)空气质量传感器模块侧面

图1-5　空气质量传感器模块

(4)可燃气体传感器模块

可燃气体传感器模块(图1-6)采集周围可燃气体浓度。集成了TGS 813可燃气体传感器及外围电路,采用单排—双排直插的外接接口。

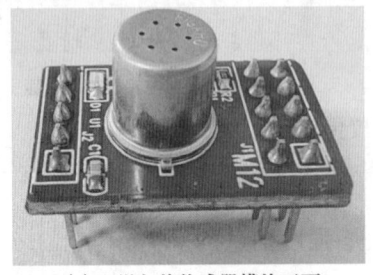 

(a)可燃气体传感器模块正面　　　　　(b)可燃气体传感器模块侧面

图1-6　可燃气体传感器模块

（5）红外传感器模块

红外传感器模块（图 1-7）检测人体红外信息。该模块正面是菲涅耳透镜及外设电路，背面是单排—双排直插接口。

 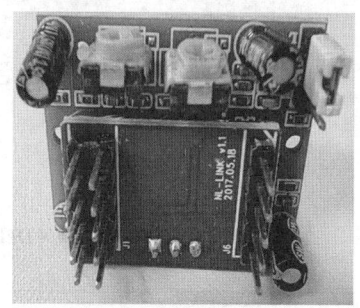

(a) 红外传感器模块正面　　　　(b) 红外传感器模块背面

图 1-7　红外传感器模块

上述传感器模块均通过单排—双排直插接口与 ZigBee 主控模块相连，以组成 ZigBee 传感模块端节点。以空气质量传感器模块为例，其与 ZigBee 主控模块、下载器、5 V 直流电源的连接如图 1-8 所示。其他传感器模块的连接类似，不再赘述。

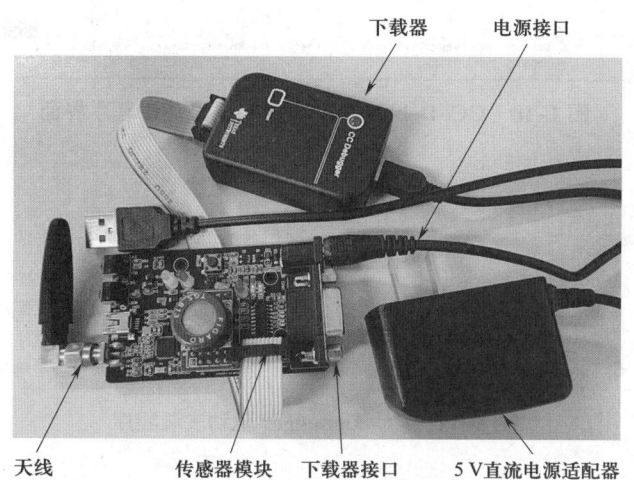

图 1-8　空气质量传感器模块与 ZigBee 模块、下载器及电源连接示意图

3. 初识 ZigBee 主控芯片下载器

实训设备的主控芯片下载器采用 TI 的 CC-Debugger。如图 1-9 所示，CC-Debugger 接口有防插错长方形凸起设计。

CC-Debugger 是用于 TI 低功耗射频片上系统的小型编程器和调试器。它可以与用于 8051（7.51 A 或更高版本）的 IAR 嵌入式工作平台一起使用以进行调试，并可与 SmartRF 闪存编程器一起使用以进行闪存编程。CC-Debugger 还可用于控制 SmartRF Studio 中所选的器件。

CC-Debugger 可以在 TI 的官网购买。CC-Debugger 使用前需要安装驱动。TI 官网提供 CC-Debugger 驱动程序文件"swrc212a.zip"下载功能，如图 1-10 所示。下载"swrc212a.zip"文件后解压，然后点击图 1-11 中的"Setup_SmartRF_Drivers-1.2.0.exe"即可执行驱动安装程序。

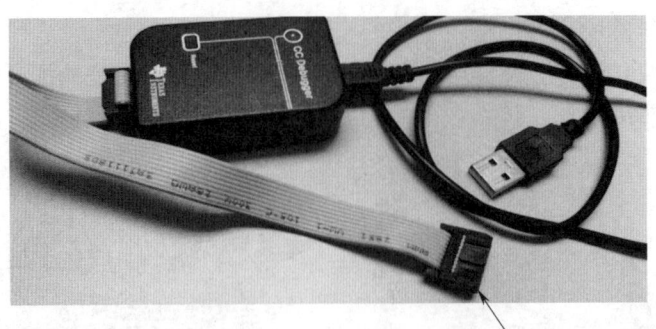

CC Debugger
下载器接口，仿插错设计

图 1-9　CC-Debugger 下载调试器

https://www.ti.com.cn/tool/cn/CC-DEBUGGER#overview
CC-DEBUGGER
立即订购
概述
立即订购并开发
技术文档
相关设计资源
支持与培训
立即订购并开发
CC-DEBUGGER – 用于射频片上系统的调试器和编程器
登录以订购
US$49.00 (USD)
登录以查看库存
从经销商处购买
Cebal - CCxxxx Development Tools USB Driver for Windows x86 and x64 (Rev. A) –
SWRC212A.ZIP (2017KB)
下载

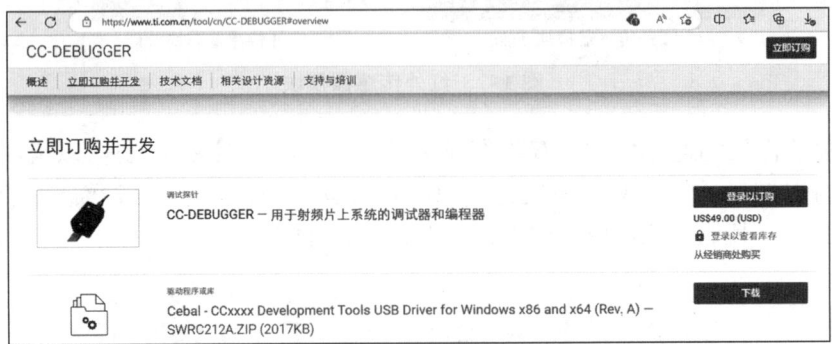

图 1-10　CC-Debugger 下载调试器及驱动程序界面

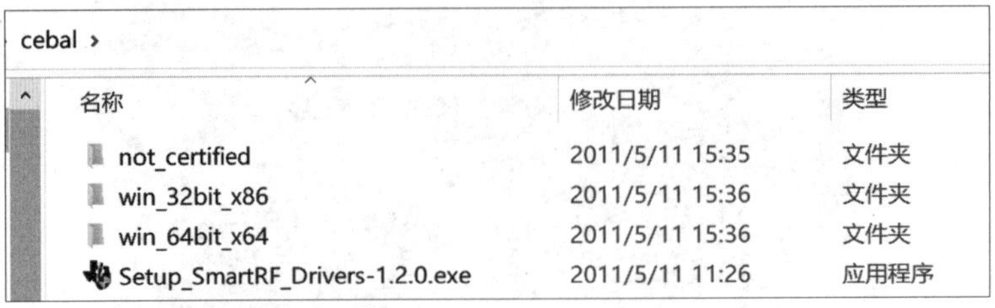

cebal ›
名称
修改日期
类型
not_certified
2011/5/11 15:35
文件夹
win_32bit_x86
2011/5/11 15:36
文件夹
win_64bit_x64
2011/5/11 15:36
文件夹
Setup_SmartRF_Drivers-1.2.0.exe
2011/5/11 11:26
应用程序

图 1-11　CC-Debugger 驱动安装程序

任务 3　初识 ZigBee 无线传感网络架构

一、任务描述

了解 ZigBee 无线传感网络体系架构和关键技术。

二、任务实施

1. 初识 ZigBee 无线传感网络架构

ZigBee 无线传感器网络（Wireless Sensor Network，WSN）是基于 ZigBee 无线通信的无线传感网络，由大量静止或移动的传感器节点通过 ZigBee 无线通信技术自组织和多跳的方式构成无线网络,主要实现网络覆盖范围内感知对象的信息采集、处理和无线传输,并转发给用户管理中心进行监控及数据分析处理。

ZigBee无线传感网络本质上是传感器网络,其网络架构如图1-12所示,主要由传感器节点、汇聚节点、基础设施和管理节点组成。

传感器节点是一个嵌入式系统,具有计算和ZigBee无线通信能力。传感器节点通常由电源供电,有限的电源会限制其处理能力、存储能力和通信能力。传感器节点检测的数据通过中间传感器节点进行逐跳传输,数据在经过多跳路由后到达汇聚节点。传感器节点主要有采集数据、处理数据和路由功能。

汇聚节点处理能力、存储能力和通信能力相对较强,它连接传感器网络和外部网络(如因特网),实现两种协议栈之间的通信协议转换,将传感器网络数据通过移动通信、因特网或卫星通信等通信基础设施发送给用户。同时发布管理节点的监测任务,并把收集到的数据转发到外部网络。

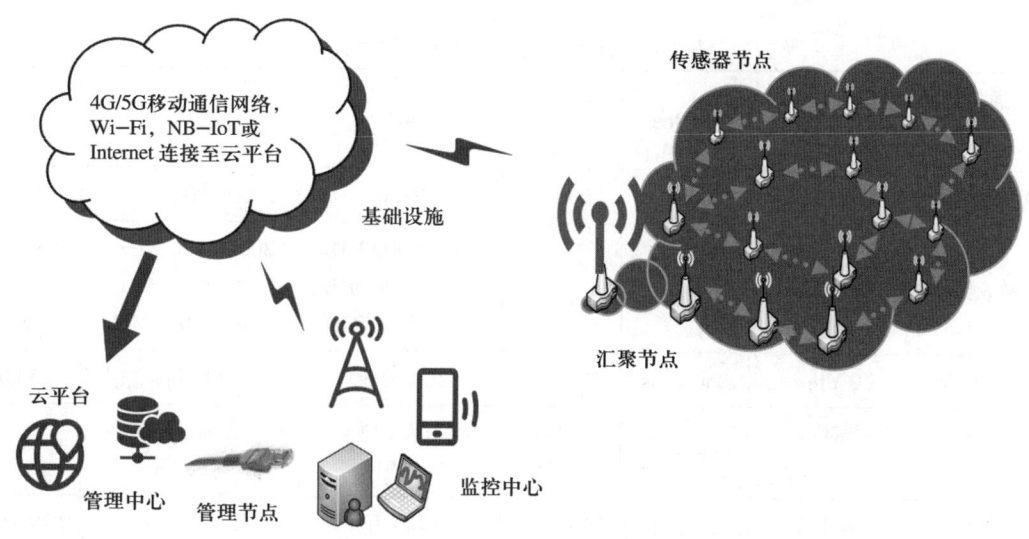

图1-12 ZigBee无线传感网络架构

基础设施包括4G/5G移动网络、Wi-Fi、NB-IoT、LoRa等无线网络和Internet有线网络,连接汇聚节点和管理节点。

管理节点负责对传感器网络进行配置和管理,发布监测任务以及收集监测数据,通常为运行有网络管理软件的计算机或者手持终端设备。

2. 初识传感器节点关键技术

传感器节点不只包含传感器,如图1-13所示,它通常由数据采集单元、数据处理单元、无线通信单元和电源管理单元组成。传感节点是利用微机电系统(Micro-Electro-Mechanical System,MEMS),集微型传感器、微型执行器、信号处理和控制电路,以及接口、通信和电源等于一体的微型终端节点,具有环境感知、数据处理、智能控制与数据通信功能。

传感器节点具有低功耗的特点,但其处理能力、存储能力和通信能力较弱。

由于无线发送功耗>无线接收功耗>空闲时期的功耗,所以,当不需要进行无线发送时,可以通过关闭无线接收功能大幅降低功耗,从而实现传感器节点的低功耗。

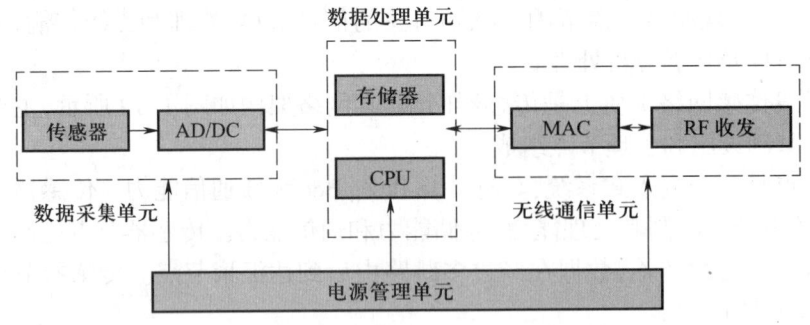

图 1-13　传感器节点的组成

除了 ZigBee 无线通信,常见的无线通信技术还有蜂窝移动通信(4G/5G)、NB-IoT、蓝牙技术、Wi-Fi 等。其中,蜂窝移动通信、NB-IoT 属于远距离无线通信;蓝牙技术、Wi-Fi、ZigBee 技术属于近距离无线通信。上述常见无线通信技术的特性对比见表 1-1。

表 1-1　常见无线通信技术特性对比

通信技术 特性	低功耗 蓝牙	ZigBee	Wi-Fi	4G	5G	NB-IoT
通信距离	200 m	200 m[①]	200 m	300 m	300 m	10 km+
工作频率	2.4 GHz	2.4 GHz	2.4 GHz、 5 GHz	1 880~1 900 MHz、 2 320~2 370 MHz、 2 575~2 635 MHz	3 300~3 400 MHz[②]、 3 400~3 600 MHz、 4 800~5 000 MHz	800 MHz、 900 MHz、 1 800 MHz
最大吞吐量	2 Mbps	250 kbps	72 Mbps	100 Mbps	20 Gbps	25 kbps
网络类型	点对点、 星形	网状	点对点、 星形	双 LAN 口 + 4G 组网	非独立网 / 独立网	网状
网络规模	30 万个	> 500 万个	250 万个	> 340 万个	> 52 万个	20 万个

① 单跳,支持长距离通信;
② 该频率原则上限室内使用。

3. 了解无线传感网络与物联网的关系

随着传感器网络和无线通信技术的发展,万物互联成为可能。物联网技术是支撑"网络强国"和"中国制造 2025"等国家战略的重要基础,在推动国家产业结构升级和优化过程中发挥重要作用。

物联网是指通过传感器、射频识别技术、全球定位系统、红外感应器、激光扫描器等各种装置与技术,实时采集任何需要监控、连接、互动的物体或过程,采集其声、光、热、电、力学、化学、生物、位置等各种需要的信息,通过各类可能的网络接入,实现物与物、物与人的泛在连接,实现对物品和过程的智能化感知、识别和管理。

物联网架构及逻辑分层如图 1-14 所示,主要包括感知层、网络层和应用层。

感知层终端节点包括传感器、二维码 / 条码、RFID 和多媒体信息采集器。该层主要负责感知环境信息,并对数据进行采集和处理。另外,还基于网络层的终端模组,对接到网络层的基站或者接入点（Access Point，AP），实现数据采集后的传输。

网络层又称为传输层，包括接入层、汇聚层和核心交换层。网络层对接感知层的通信模块，匹配感知层终端通信模块的通信协议技术，将感知层数据通过移动通信网络、互联网或者其他网络上传至应用层。

图1-14　物联网架构及逻辑分层

应用层是物联网与用户的接口，利用众多的传感器和执行器，实现实时监控、精确控制和有效管理。物联网应用层需要把接收到的海量传感器数据进行精准处理和实时管理，同时要将这些数据与行业需求结合，实现数据和业务应用的结合，解决智慧农业、智慧医疗、智能家居、智能交通、智慧城市、环境监测等具体垂直领域的行业问题。

物联网应用层还包含了中间件和云计算服务。中间件是介于操作系统（包括底层通信协议）和各种分布式应用程序之间的一个软件层，中间件技术进行数据预处理，支持标准接口和标准协议，屏蔽异构性，实现互操作；云计算服务为海量的物联网数据提供存储和分析功能，为行业应用提供技术支撑。

无线传感网络和物联网既存在明显的区别，也具有密不可分的联系。

（1）物联网技术的重要基础和核心仍是互联网，通过各种有线和无线网络与互联网融合，将物体的信息实时准确地传递出去。无线传感器网络是一种灵活的自组织网络，相对而言具有较高的不确定性，同时网络拓扑容易受到外部环境的影响。物联网相对于无线传感网络而言网络拓扑比较固定。

（2）物联网中实体之间的网络组织方式也比无线传感网络更多样，既可以是无线的，也可以是有线的。

（3）从处理能力上而言，物联网有较强的数据处理能力，其本身也具有智能处理的能力，能够对物体实施智能控制。而无线传感网络处理能力较弱，其本身不具有智能数据处理的能力，节点只负责收集数据。

（4）无线传感网络和物联网本质上都是网络，都强调对现实世界的有效感知、传输和处理。无线传感网络主要用于采集监测各类环境参数，更加注重对信号的感知，如感知物体的状态、外界环境信息等。而物联网却更注重对物体的标识和指示，如果要标识和指示物体，就要同时用到传感器、一维码、二维码及射频识别装置。从这个层面来看，无线传感网络属于物联网的一部分,即物联网包含无线传感网络,它们之间的关系是局部与整体的关系。

项目小结

本项目介绍了 ZigBee 技术的基本特点和应用,并进行了主流技术方案商及其开发难易度分析。同时,还介绍了本书配套的 ZigBee 主控板、传感器模块及其连接方式,以及 ZigBee 的网络架构等信息,为后续 ZigBee 无线传感网络的开发提供基础。

项目实训

1. 简述 ZigBee 无线通信技术的特点。
2. 简述主流的 ZigBee 技术方案商。
3. 简述 ZigBee 无线传感网络的硬件模块。
4. 简述无线传感网络的体系架构。

项目 2

熟悉 ZigBee 开发软件的安装与使用

> **项目目标**
> 1. 了解 IAR 软件的特性。
> 2. 掌握 IAR 软件的安装。
> 3. 掌握使用 IAR 软件新建工程和配置工程的方法。
> 4. 掌握 IAR 软件编译调试下载方法。
> 5. 了解 IAR 编程环境配置方法。

任务 1　IAR 软件的安装

一、任务描述

安装 CC2530 主控芯片开发软件 IAR Embedded Workbench（以下简称 IAR 软件）。

二、必备知识

IAR 软件是由瑞典 IAR Systems 公司推出的一款面向嵌入式系统开发的集成软件。IAR Systems 公司是全球领先的嵌入式系统开发工具和服务的供应商，提供的产品和服务涉及嵌入式系统的设计、开发和测试的各个阶段，包括带有 C/C++ 编译器和调试器的集成开发环境（IDE）、实时操作系统和中间件、开发套件、硬件仿真器以及状态机建模工具。

IAR Systems 公司最著名的产品是 IAR Embedded Workbench IDE，该产品支持众多微处理器的开发、调试和下载，例如，AVR 或 AVR32 系列单片机、MSP430 系列单片机、8051 内核单片机、STM8 单片机、ARM 架构的微处理器、RISC-V 架构微处理器等。

TI 公司的 ZigBee 芯片通常采用 IAR 软件进行代码编写和编译。本书以 CC2530 芯片为基础学习 ZigBee 开发，而 CC2530 是 8051 内核的片上系统 SoC，因此，本任务将介绍面向 8051 内核嵌入式开发的 IAR IDE 软件使用。

IAR IDE 有不同的版本。旧版本 IAR 软件不能打开新版本上创建的工程文件，当使用新版本的 IAR 打开旧版本 IAR 工程时，可能会出现版本兼容问题。目前，最新的 Z-Stack 协议栈是 Z-Stack 3.0.2 版本，要求运行在 IAR EW8051 10.30 版本上，而常见的 ZStack-CC2530-2.5.1 协议要求运行在 IAR EW8051 8.10 版本上。本书基于 IAR EW8051 8.10 版本软件进行嵌入式开发。

三、任务实施

（1）打开 IAR 软件安装包，双击 IAR autorun 应用程序，弹出的界面如图 2-1 所示。

（2）点击"Install IAR Embedded Workbench?"，弹出如图 2-2 所示的安装向导界面。

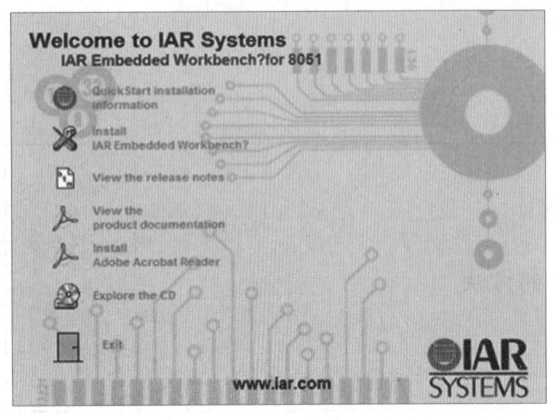

图 2-1　IAR 软件安装欢迎界面

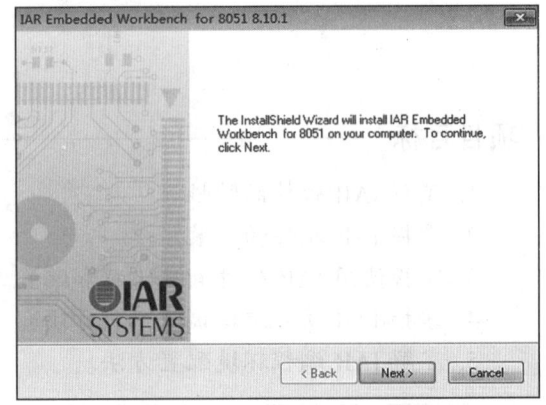

图 2-2　IAR 软件安装向导界面

（3）点击"Next"按钮，弹出如图 2-3 所示的 IAR 安装许可协议界面。选中"I accept the terms of the license agreement"，然后继续点击"Next"按钮。

（4）在弹出的如图 2-4 所示界面中，根据提示输入姓名、公司、授权码后，点击"Next"按钮。

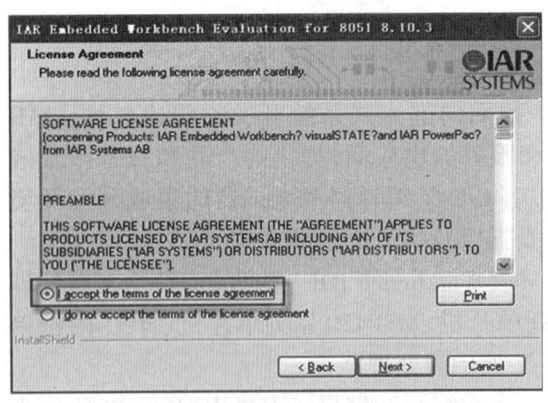

图 2-3　IAR 安装许可协议界面

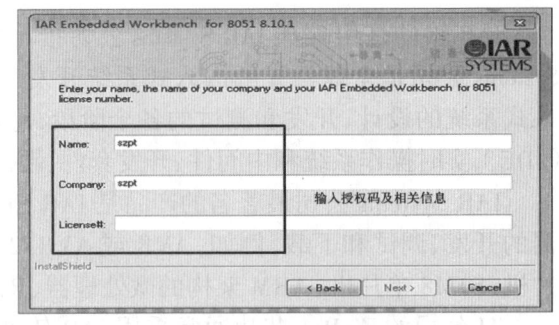

图 2-4　IAR 安装授权码信息界面

（5）在弹出的如图 2-5 所示的界面中根据提示选择安装路径进行安装。如果要更改默认路径，可点击"Change"按钮重新选择。路径设置完成后点击"Next"按钮。

（6）在弹出的界面中单击"Install"按钮进行安装。IAR 软件安装完成界面如图 2-6 所示。

在计算机上启动 IAR 软件，其界面如图 2-7 所示，显示"IAR for Information Center for 8051"，表明这是面向 8051 内核的 IAR 软件。IAR 软件界面主要由菜单栏、工作空间栏、程序编辑显示栏和消息窗口组成。

学习单元 1　ZigBee 无线传感网络及开发软件

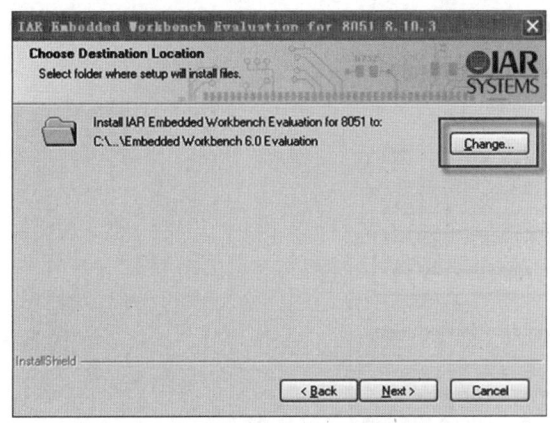

图 2-5　IAR 安装路径设置界面　　　　图 2-6　IAR 安装完成界面

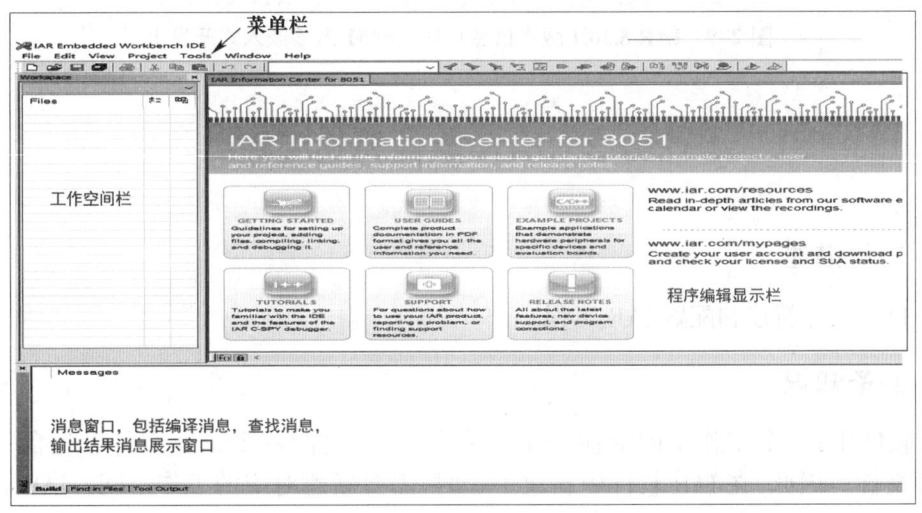

图 2-7　IAR 软件界面（面向 8051 内核嵌入式开发）

如图 2-8 所示，IAR 软件菜单栏主要包含 File（文件菜单）、Edit（编辑菜单）、View（视图菜单）、Project（工程菜单）等。菜单栏下方是常见的工具栏图标。菜单栏中，File 主要具有文件和工作空间的创建与保持功能；Project 主要具有工程的创建与导入、编译、下载与调试等功能。

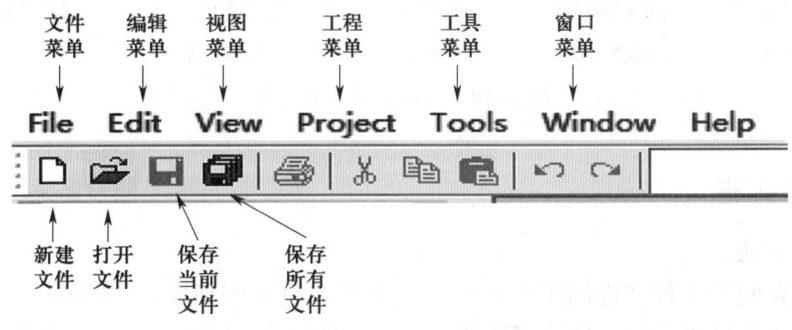

图 2-8　IAR 软件界面菜单栏和工具栏

点击菜单栏中的"Help"→"About"→"Product Information"后,弹出的版本信息如图 2-9 所示,除 IAR 软件版本信息外,还可以看到 IAR 软件的安装路径等。

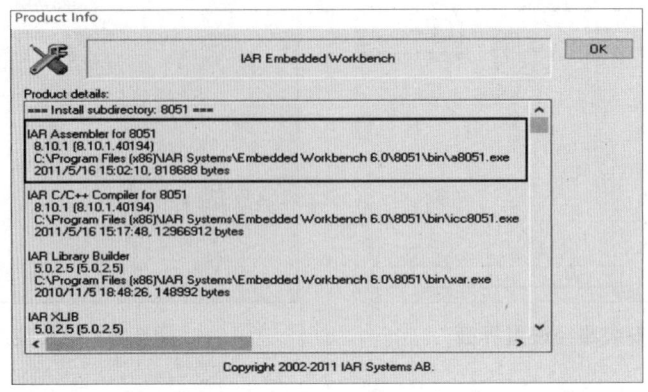

图 2-9　IAR 8.10.1 版本信息(面向 8051 内核嵌入式开发)

任务 2　IAR 软件新建工程

一、任务描述

利用 IAR 软件新建和配置 IAR 工程。

二、必备知识

IAR 软件中,一个工作空间对应一个或多个工程文件,一个工程文件可包含一个或多个 .c/.h 源文件。因此,在 IAR 软件中新建工程时,需要新建对应的工作空间。IAR 新建工程步骤如图 2-10 所示。

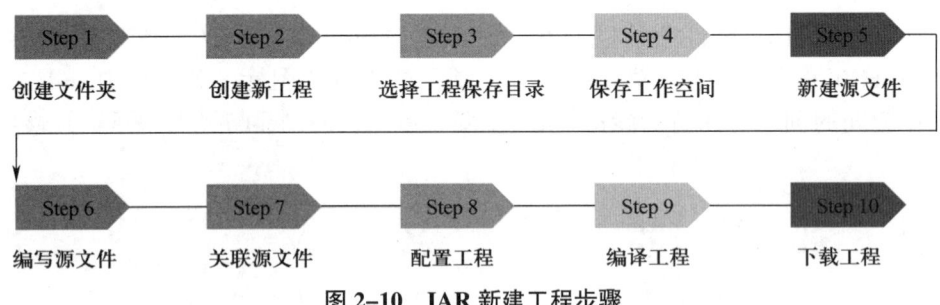

图 2-10　IAR 新建工程步骤

三、任务实施

1. 创建文件夹

创建文件夹便于工程文件的组织和管理。在创建新工程和编译工程过程中,IAR 软件会自动生成一些文件和文件夹,如果没有创建文件夹,自动生成的文件可能会散乱地存放在硬盘已有的文件夹中,不利于工程文件的管理。

2. 创建新工程

如图 2-11 所示,点击"Project"按钮,选择"Create New Project",在弹出的"Create New Project"对话框中选择"8051"与"Empty project",然后点击"OK"按钮。

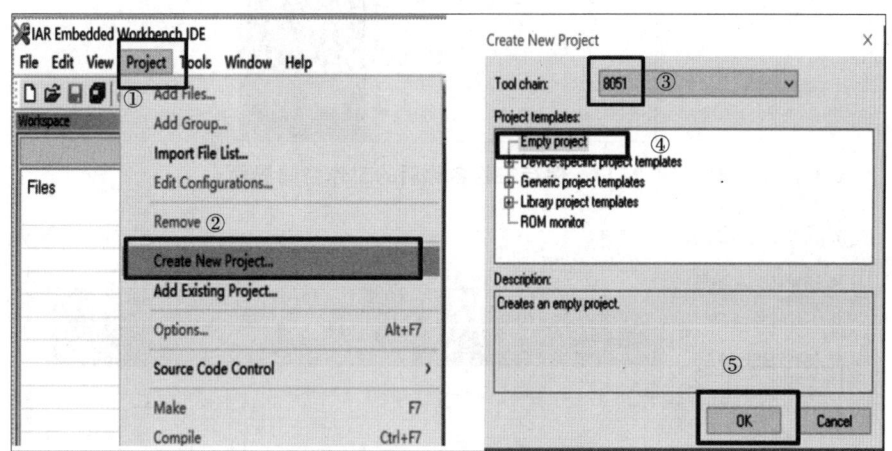

图 2-11　创建新工程示例

3. 选择工程保存目录

在弹出的如图 2-12 所示对话框中输入工程名称(图中工程名称为"test",实际中工程名称可自定义),文件类型默认为 .ewp 工程文件。

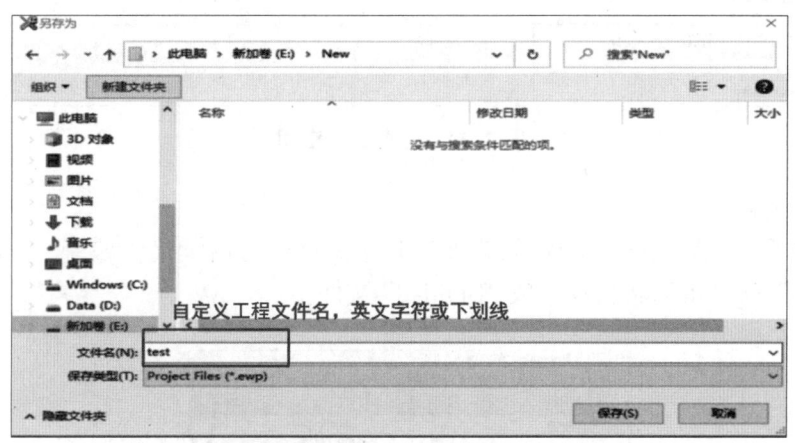

图 2-12　保存工程名称

点击"保存(S)"按钮后,如图 2-13 所示,在 IAR 软件界面的工作空间栏将自动生成对应的工程文件图标。

4. 保存工作空间

如图 2-14 所示,保存完工程后,点击"Save All"图标,在弹出的"Save Workspace As"对话框的"文件名(N):"后的文本框中输入工作空间名称(图中工作空间命名为 work,实际工程中可自定义),点击"保存(S)"按钮。

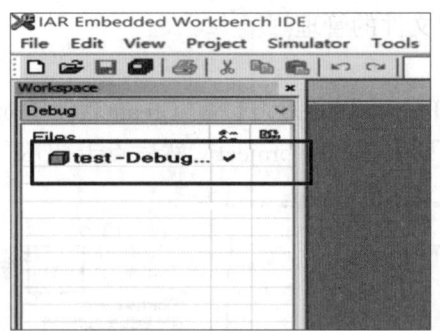

图 2-13　保存工程名称后的工作空间界面

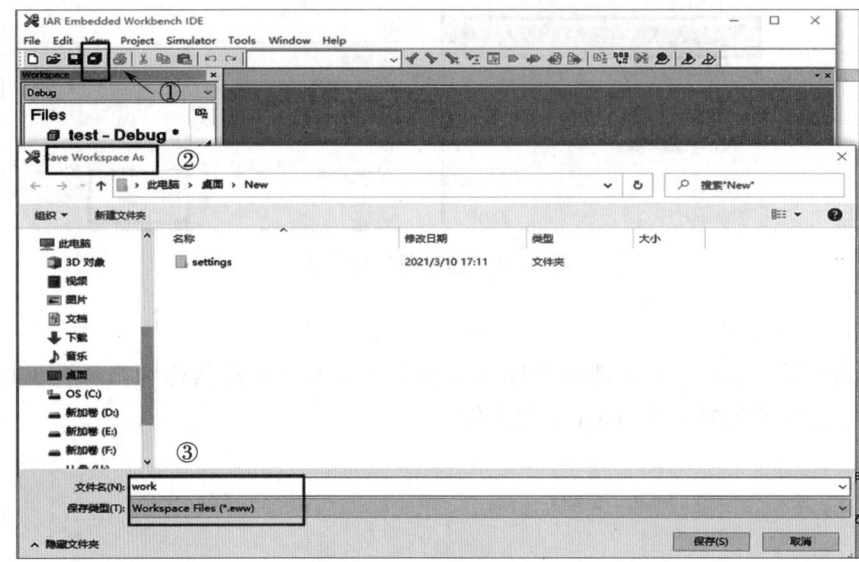

图 2-14　保存工作空间

5. 新建源文件

如图 2-15 所示,完成新建工程后,需要新建源文件进行后续代码编写。点击菜单栏中的"File"→"New"→"File",将自动生成"Untitled"文件。

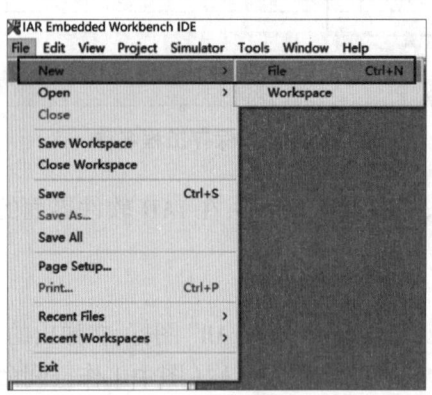

图 2-15　新建源文件

点击保存图标 ![save]，弹出的"另存为"对话框如图 2-16 所示，选择保存类型为"C/C++ Files"，输入源文件名称及后缀名，例程中文件命名为"src.c"。

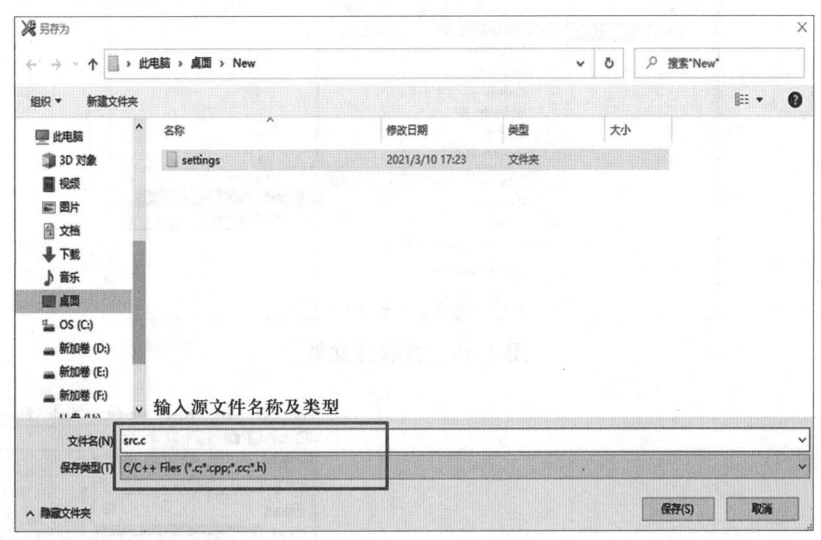

图 2-16　保存 .c 源文件

6. 编写源文件

接下来就可以在 src.c 源文件中编写源代码了。由于 IAR 是 C 语言编译器，而 C 语言的入口函数是 main( ) 函数。图 2-17 以一个空的 main( ) 函数作为示例，代码不产生任何实际意义。

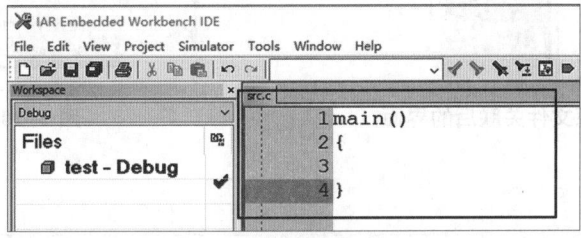

图 2-17　编写源代码示例

7. 关联源文件

编写完代码后，需要将源文件与工程文件关联起来。如图 2-18 所示，选中工作空间栏下的项目，单击右键，选择"Add"→"Add "src.c""。src.c 文件在编辑栏中已经打开，因此，会直接显示在"Add"选项中，如果需要添加的 .c 或者 .h 文件没有在编辑栏中打开，可以点击"Add Files"，在弹出的对话框中选择需要关联添加的文件。

源文件与创建的工程文件关联后的界面如图 2-19 所示，在工作空间栏中形成树状结构。

8. 配置工程

配置工程首先要选择芯片型号。如图 2-20 所示，在工作空间栏中，选中工程并单击右键，在选项中选择"Options..."。在如图 2-21 所示的界面中选择"General Options"，可以看到在"Device information"栏中的"Device"为"No device selected"。

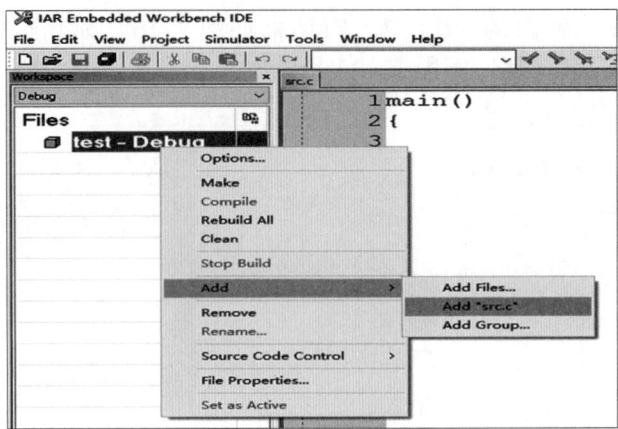

图 2-18 关联源文件

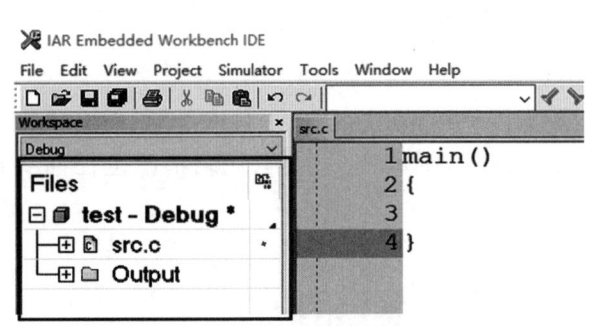

图 2-19 源文件关联后的界面

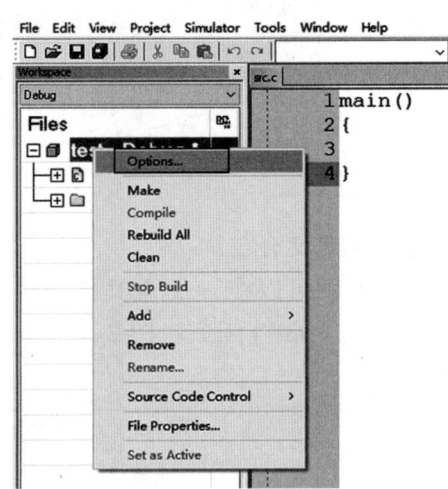

图 2-20 配置工程

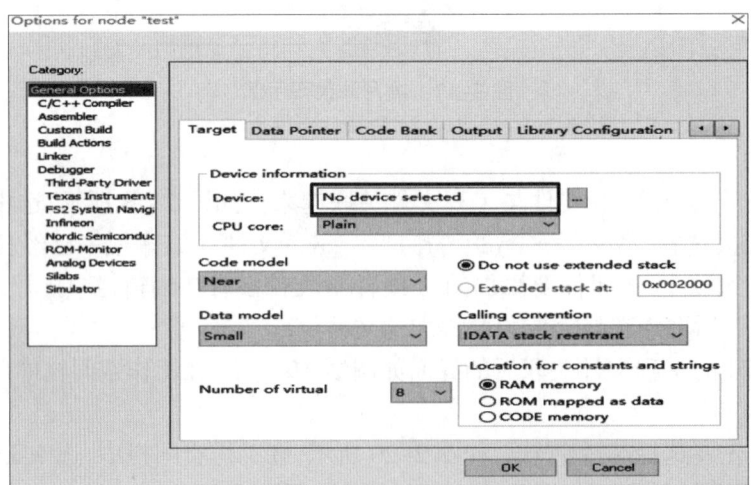

图 2-21 General Options 配置

点击图 2-21 中的"…"按钮,弹出对话框如图 2-22 所示。本书采用的主控芯片是 TI 公司的 ZigBee 芯片 CC2530F256。双击"Texas Instruments"文件夹(图 2-22),弹出的界面如图 2-23 所示,选择"CC2530F256.i51"配置文件,点击"打开(O)"按钮。

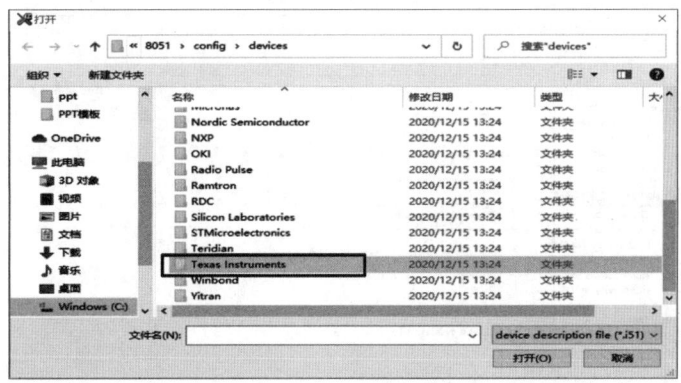

图 2-22 选择芯片型号

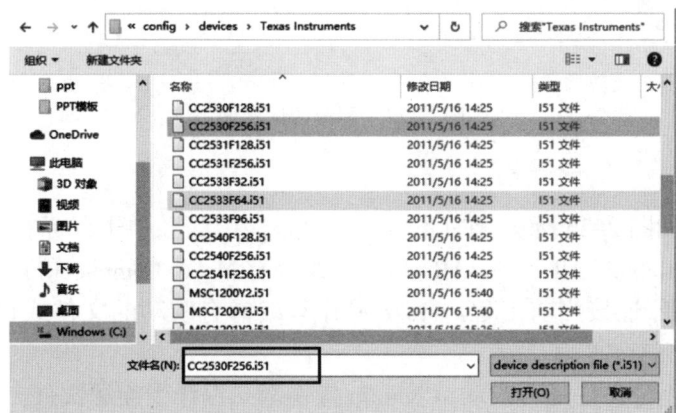

图 2-23 选择配置文件

配置后的界面如图 2-24 所示,"Device information"栏中"Device"为"CC2530F256"。

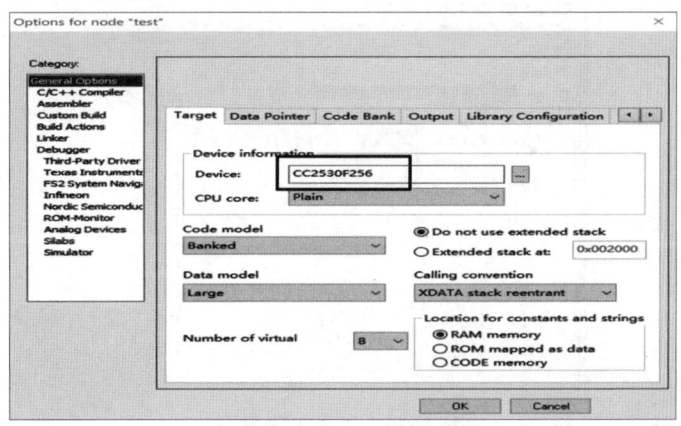

图 2-24 配置芯片型号

芯片型号选择完毕后,需要配置调试下载信息"Debugger"。如图 2-25 所示,选择"Debugger"→"Setup"→"Driver",将默认的仿真模式"Simulator"改为"Texas Instruments",然后点击"OK"按钮。

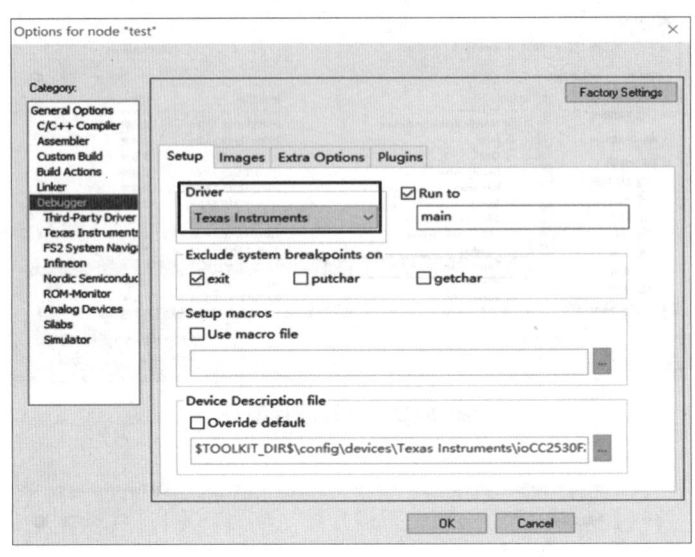

图 2-25　配置调试界面

9. 编译工程

编译工程界面如图 2-26 所示,在工作空间栏中,选中工程,单击鼠标右键,在弹出的界面中选择"Make"或者"Rebuild All"。在 IAR 软件中,编译有 Make、Compile 和 Rebuild All 三种操作。

（1）Make:编译、连接当前工程。Make 操作只编译有改动的文件或设置有变动的文件,工程窗口文件右边标有"*"。

（2）Compile:不论文件是否改动,Compile 操作都只编译当前源文件。

（3）Rebuild All:编译、连接当前工程。不论文件是否改动或设置是否变动,Rebuild All 操作都将编译连接整个工程。

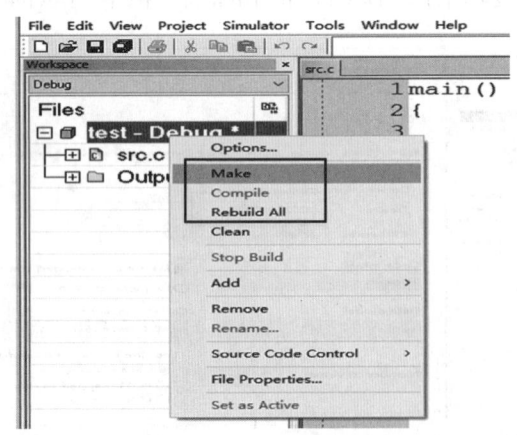

图 2-26　编译工程界面

编译结果显示在编辑窗口下方的消息窗口栏中。以一个空的 main( ) 函数作为示例,该函数编译结果显示没有错误,如图 2-27 所示。如果编译显示错误,可以双击错误提示定位到出错行。

图 2-27　编译信息窗口示例

10. 下载工程

点击菜单栏中的"Project"→"Download and Debugger",即可将程序下载至实训主控板。或者,选择工具栏 中的 图标进行程序的下载和调试。

四、拓展知识

IAR 软件编译、连接后默认生成扩展名为 .d51 的文件,而常用的闪存编程软件 SmartRF Flash Programmer 烧写的程序文件扩展名为 .hex。因此,需要配置 IAR 软件使得编译后输出的文件扩展名为 .hex。

单击鼠标左键,选中工作空间栏的项目,然后单击右键,选择"Options..."。在弹出的选项中,选择"Linker"→"Output"。编译默认的输出配置如图 2-28 所示。

如图 2-29 所示,勾选"Override default",将输出文件由 .d51 格式改为 .hex 格式,文件名称默认为工程名称,可以自定义修改。然后在"Format"栏中,选中"Other",最后点击"OK"按钮完成配置。

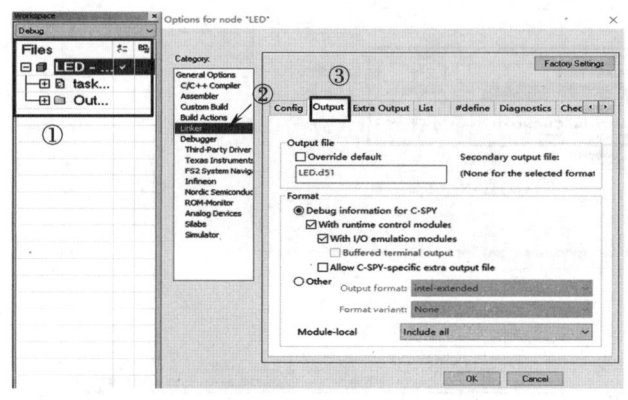

图 2-28　IAR 编译默认输出配置

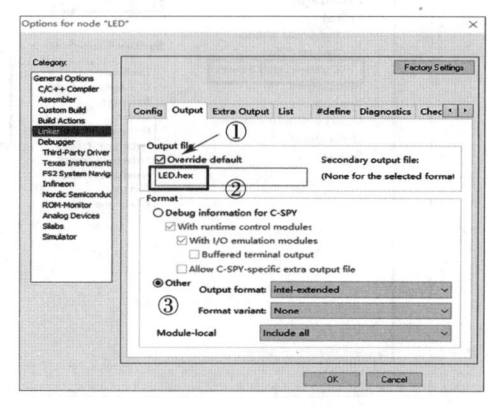

图 2-29　IAR 编译 .hex 输出格式配置

配置完成后,重新编译,在工程的保存路径下,可以发现 IAR 软件自动生成了 Exe、List 和 Obj 三个子文件夹。在 Exe 文件夹下有两个输出文件,其中 LED.d51 是默认配置下输出的文件,LED.hex 是 16 进制配置后编译输出的文件。

任务 3　IAR 编程环境的配置

一、任务描述

配置 IAR 编程环境,根据开发者偏好设置字体大小、关键字颜色、显示行号等信息。

二、任务实施

1. 设置字体大小

如图 2-30 所示,把鼠标移动到源文件编辑窗口,单击右键,在弹出的选项卡中选择"Options..."。

如图 2-31 所示,在弹出的"IDE Options"选项卡中,点击"Editor"→"Colors and Fonts",在右侧弹出的界面的"Editor Font"栏下,点击"Font...",选择字体和字号大小。

2. 设置字体颜色

除了设置字体类型和字号大小,还可以设置关键字、数据类型和预处理等字体颜色。以关键字为例,如图 2-32 所示,选择"Colors and Font"→"C Keyword"→"Color",在弹出的颜色框中选择偏好的颜色,最后点击"确定"按钮保存设置即可。

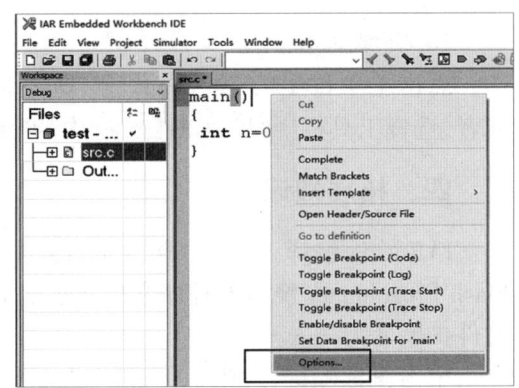

图 2-30　配置编辑窗口

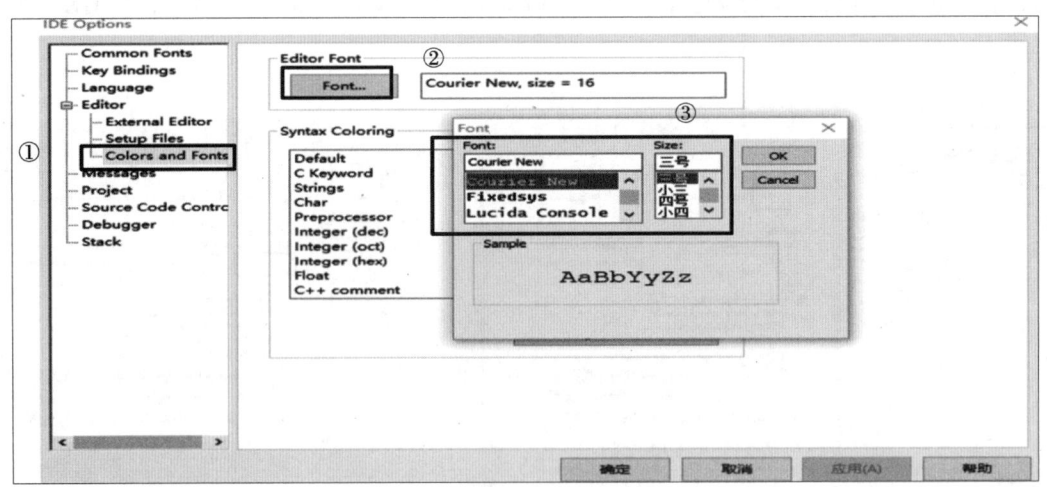

图 2-31　字体字号设置

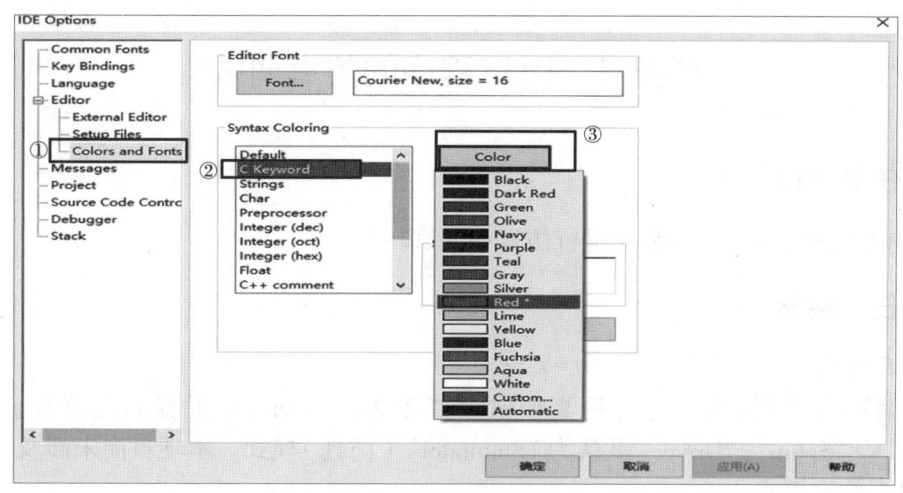

图 2-32 设置关键字颜色

3. 设置显示行号

如图 2-33 所示,在"IDE Options"界面中单击"Editor",然后在右侧弹出的界面中勾选"Show line numbers"即可在结果中显示行号。

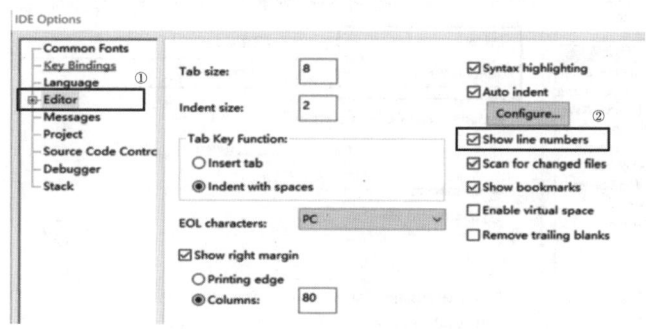

图 2-33 显示行号的设置

为验证上述配置效果,在 main( ) 函数中输入一条通用语句"int n=0;"。根据上述配置,编辑界面配置后的显示结果如图 2-34 所示,每行代码前显示了对应的行号,关键字、数据类型、预处理命令显示为设置的颜色。更多的配置可以根据开发者的偏好进行。

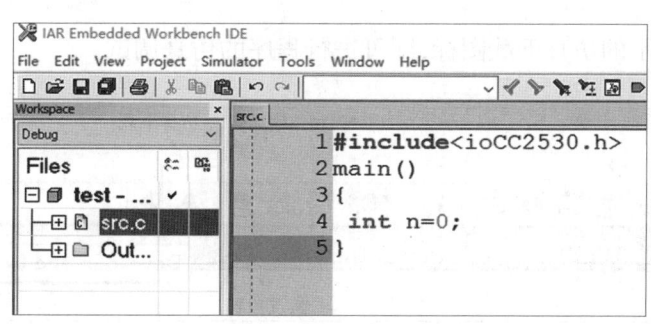

图 2-34 编辑界面设置效果

任务 4 IAR 程序的仿真调试

一、任务描述

在 IAR 软件中,对编写的程序进行仿真和调试。

二、任务实施

1. 仿真调试

程序编写完成后,需要进行仿真调试。如图 2-35 所示,在工程的配置界面中,选择"Debugger"→"Setup","Driver"默认为"Simulator"(仿真)模式。本项目尚未涉及具体硬件,因此,暂时用仿真模式。

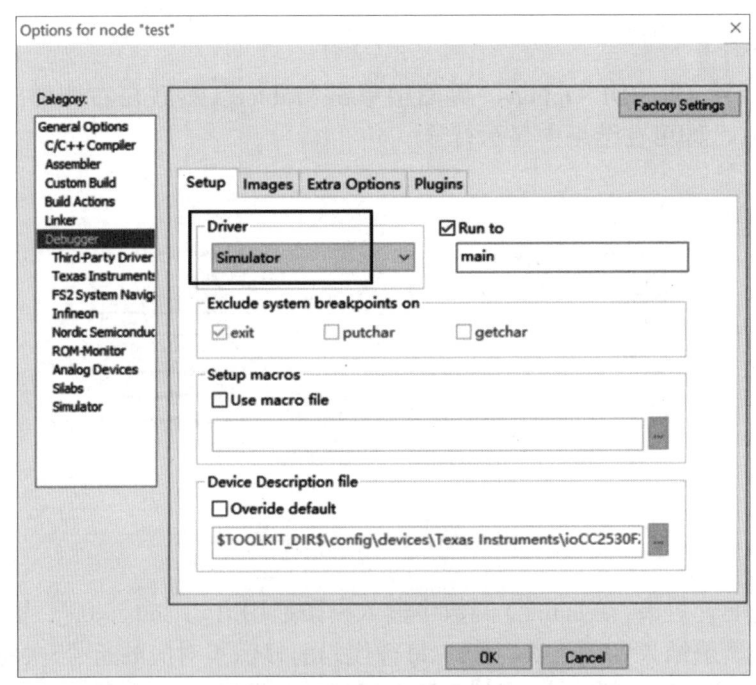

图 2-35 IAR 仿真模式配置

点击图 2-36 所示的仿真下载图标,即可进行程序的仿真调试。

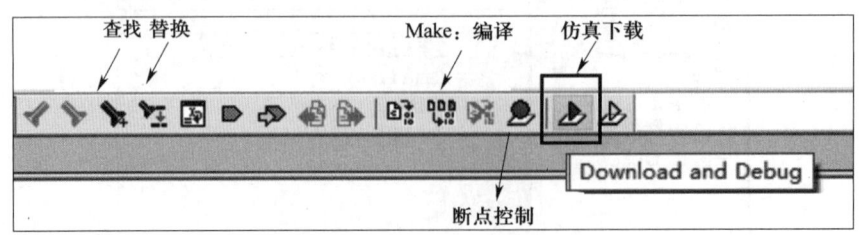

图 2-36 下载与调试图标

在编辑窗口上方自动弹出调试图标栏 ▱▮▱▱▱▱▱✕ 。

▱ 表示复位（Reset）。

▮ 表示暂停（Break），程序运行到断点后暂停执行。

▱ 表示单步执行（Step Into），一行一行执行代码，若遇到子函数则进入函数体并且继续单步执行。

▱ 表示跳过（Step Over），在单步执行时，遇到子函数不会进入子函数内执行，而是把子函数作为整体跳过该函数。在不存在子函数的情况下，跳过和单步执行效果一样。

▱ 表示跳出（Step Out）：当单步执行到子函数内时，点击该图标就可以执行完子函数余下部分，并返回到上一层函数；在不存在子函数的情况下，跳出与跳过、单步执行效果一样。

▱ 表示执行下一条语句（Next Statement）。

▱ 表示执行到光标处（Run to Cursor），全速执行时到光标处暂停执行。

▱ 表示全速运行（Go），点击该图标，程序从当前语句运行到程序结束，若遇到断点，则在断点处暂停执行。

✕ 表示停止调试（Stop Debugging）。

上述调试图标在"Debug"菜单栏下有对应的子菜单，如图2-37所示。其中，"GO"的快捷键为[F5]，"Step Over"的快捷键为[F10]，"Step Into"的快捷键为[F11]，"Step Out"的快捷键为[Shift+F11]。

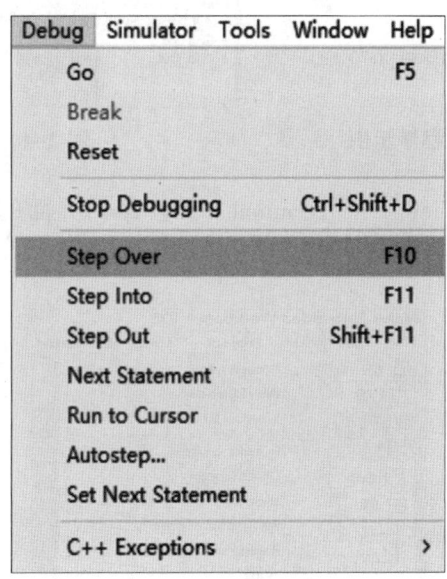

图2-37 调试菜单栏

2. 打印调试信息

在程序调试中通常使用printf()函数输出关键信息。在IAR软件中使用该函数需要进行相关配置。如图2-38所示，选择工程的"General Options"→"Library options"，在"Printf formatter"栏中，选择"Large"。在源程序的编辑界面的main()函数中添加printf()函数，如图2-39所示。

点击程序仿真下载图标 ![icon]，程序自动进入如图 2-40 所示的下载与调试界面。

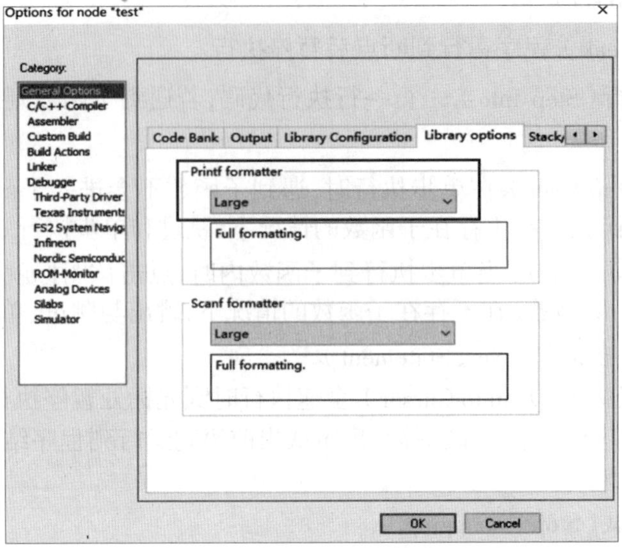

图 2-38　printf( ) 函数配置

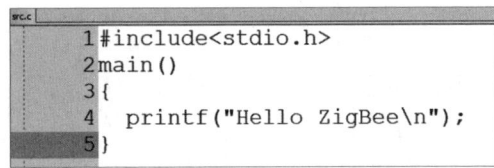

图 2-39　添加 printf( ) 函数程序示例

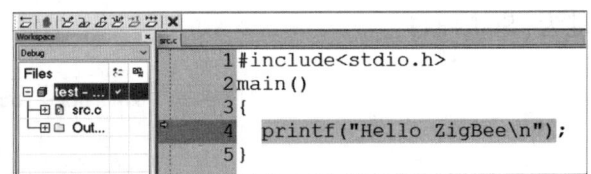

图 2-40　下载与调试界面

如图 2-41 所示，选择 "View" → "Terminal I/O"。编辑界面的右上方将弹出如图 2-42 所示的 "Terminal I/O" 窗口。

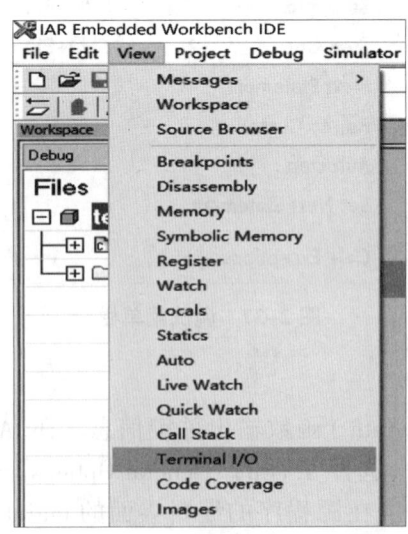

图 2-41　调出 Terminal I/O 设置

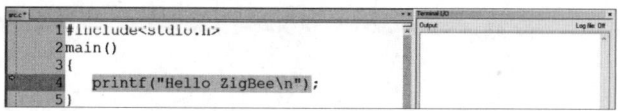

图 2-42　调出 Terminal I/O 窗口

点击全速运行图标,终端 I/O 显示"Hello ZigBee"字样,如图 2-43 所示。

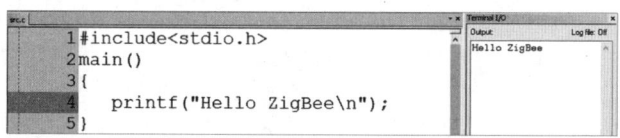

图 2-43　Terminal I/O 窗口显示调试信息

项目小结

本项目介绍了 ZigBee 开发软件的安装和使用,主要包含 IAR 软件的安装和使用。IAR 软件主要用于程序代码的编辑、编译和下载调试。需要重点掌握 IAR 软件新建工程、配置工程、调试下载等方法,为后续 ZigBee 节点的程序开发提供基础。

项目实训

1. 使用 IAR 软件新建工程和配置工程,其中,工程名称和源代码文件名自定义,芯片型号选择 CC2530F256,调试模式选择仿真模式。

2. 练习配置 IAR 软件编程环境,设置关键字颜色为红色,编辑框字体大小为 12 号,并显示行号。

学习单元 2

ZigBee CC2530 芯片应用开发

项目 3

CC2530 GPIO 应用开发

项目目标

1. 了解 CC2530 基本特性,包括 CPU 内核、Flash、I/O 引脚等特性。
2. 掌握 CC2530 GPIO 寄存器:端口寄存器、方向寄存器、功能选择寄存器和输入寄存器的基本特性及配置方法。
3. 掌握 C 语言位操作规则及寄存器配置的应用。
4. 掌握 CC2530 GPIO 程序设计基本思路。
5. 掌握 IAR 程序调试思路与技巧。

任务 1 尝试点亮 LED

一、任务描述

尝试点亮实训主控板上一个发光二极管(Light-Emitting Diode, LED),本任务以引脚 P1_0 对应的 LED 为例进行讲解。

LED 的电路原理如图 3-1 所示。其中,主控板 LED3、LED4、LED5、LED6 的负极分别通过一个 1 kΩ 限流电阻接地,正极分别接到 ZigBee CC2530 芯片的 P1_0、P1_1、P1_3、P1_4 引脚。

LED 点亮的基本原理是使 LED 正负极满足正向导通电压的要求。在本任务中,就是要让 LED 正极连接的引脚输出高电平。

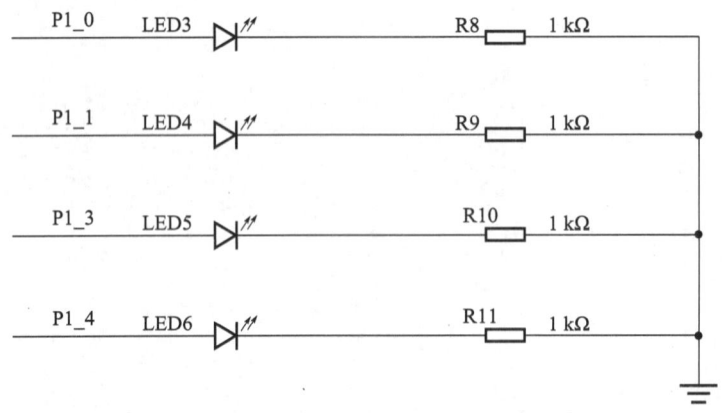

图 3-1 LED 电路原理

二、必备知识

1. CC2530 片上系统

CC2530 是一个面向 IEEE 802.15.4、ZigBee 和 RF4CE（Radio Frequency for Consumer Electronics）技术的片上系统芯片。

CC2530 是超薄无引线四方扁平封装［Very-thin quad flat no-lead, VQFN（RHA）］的芯片，如图 3-2 所示，有 40 个引脚，其中 21 个引脚为数字 I/O 引脚，其他引脚对应电源、接地、晶振、射频等。

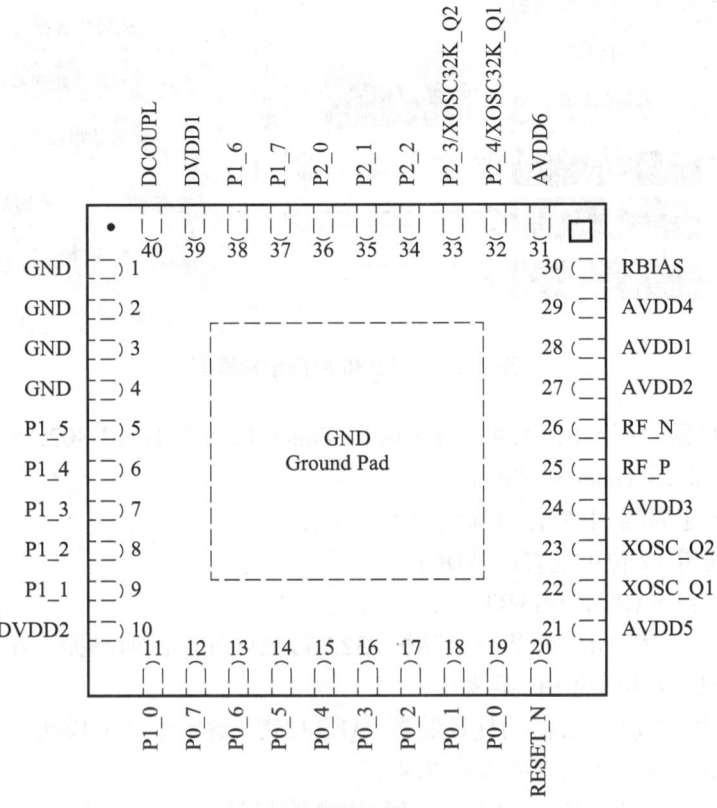

图 3-2　CC2530 芯片示意图

CC2530 单片机内部使用增强型 8051 内核，集成了 ZigBee RF 收发器，具有 8 KB 容量的 RAM，有 32 KB、64 KB、128 KB、256 KB 4 种不同容量的片内闪存 Flash，对应的芯片型号分别为 CC2530F32、CC2530F64、CC2530F128、CC2530F256。"F"后面的数字即表示该芯片闪存容量的大小（单位为 KB）。

CC2530 内部结构如图 3-3 所示。

CC2530 主要包含的资源如下：

（1）高性能、低功耗的增强型 8051 微控制器内核；

（2）32 KB、64 KB、128 KB、256 KB 四种系统内可编程闪存 Flash，8 KB 容量的 RAM；

（3）2.4 GHz IEEE 802.15.4 兼容的 RF 收发器；

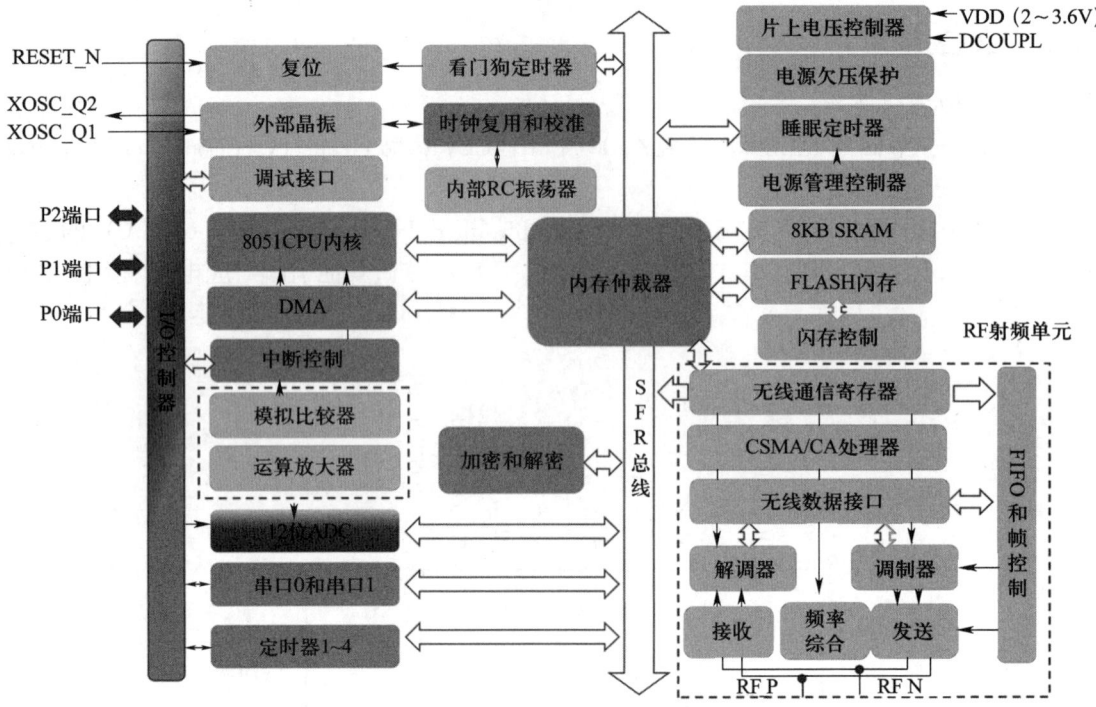

图 3-3　CC2530 内部结构框图

（4）4 个定时器：一个 16 位的高级定时器 Timer 1，一个 IEEE 802.15.4 定时器 Timer2；2 个 8 位的基本定时器 Timer 3、Timer 4；

（5）1 个睡眠定时器，1 个看门狗定时器；

（6）1 个 8 通道 12 位可配置的 ADC；

（7）2 个串口：USART0、USART1；

（8）4 个时钟源：32 MHz 外部高速晶振、32.768 kHz 外部低速晶振、16 MHz 内部高速 RC 振荡器、32.753 kHz 内部低速 RC 振荡器；

（9）2~3.6 V 宽电源输入，低功耗控制器、AES 加密/解密等功能模块。

SoC 和单片机是两类常见的嵌入式芯片。

单片机（Microcontroller Unit，MCU）：又称为微控制单元，一般是单一内核集成一些通用的外设，应用范围广。例如常见的 8051、AVR、Cortex-M 等芯片。单片机内部除了 CPU 外还有 RAM、ROM，加上简单的外围器件（如电阻、电容）即可运行代码。

SoC：在常见的微控制器芯片的基础上，集成了其他的内核或电路，是为某一特定领域打造的片上系统。SoC 是系统级的芯片，它既可以像 MCU 那样内置 RAM、ROM，同时又像 MPU 那样，可以存放系统级的代码，可以运行操作系统。例如 CC2530 SoC，它在 8051 内核和通用外设的基础上，集成了 ZigBee 无线收发器，可以运行复杂的 Z-Stack 协议栈。

2. CC2530 GPIO 端口寄存器

如图 3-3 所示，CC2530 有 3 个 I/O 端口，对应 21 个数字 I/O 引脚，通过寄存器可以配置成不同功能。

（1）GPIO（General Purpose Input Out）：当 I/O 引脚配置为 GPIO 时，引脚对应 P0、P1 和 P2

端口。其中 P0 和 P1 端口各有 8 个引脚，P2 端口有 5 个引脚。21 个引脚均可按位或者按字节访问。P1_0 和 P1_1 具备 20 mA 的输出驱动能力，其他所有的端口只具备 4 mA 的输出驱动能力。

（2）外设 I/O（Peripheral I/O）：I/O 引脚可配置为 ADC、定时器、USART 等。

（3）外部中断：I/O 引脚配置成输入时，可以用来产生中断，可以配置外部信号的上升沿或者下降沿触发。

实际电路中，没有使用的 I/O 引脚要接一个确定的电平，不能悬空。一种方式是不连接但是配置为 GPIO 输入模式（连接上拉电阻），另一种方式是配置为 GPIO 的输出。为了避免过多的功率消耗，不论哪种情况，CC2530 的引脚都不能直接连电源（VDD）或地（GND）。

CC2530 端口寄存器 P0、P1、P2 的基本特性见表 3–1。

表 3–1　P0、P1、P2 端口寄存器的基本特性

端口寄存器	位	复位值	R/W	描述
P0、P1	7~0	0xFF	R/W	P0、P1 端口；通用目的 I/O 口，可按位寻址
P2	7~5	000	R0	保留
	4~0	1 1111	R/W	P2 端口；通用目的 I/O 口，可按位寻址

其中，复位值表示上电复位默认值，0xFF 表示该寄存器上电复位默认值每一位都是 1，R/W 表示该寄存器可读可写。

P0、P1、P2 端口寄存器，可以按字节操作。如 P0=0x11，表示 P0 端口的第 0 和第 4 引脚输出高电平，其他引脚输出低电平。

P0、P1、P2 端口寄存器也可以按位操作。如 IAR 库文件 "ioCC2530.h" 中，P0、P1 和 P2 端口的位是通过 SFRBIT( ) 宏定义的，代码如下：

```
SFRBIT( P0, 0x80, P0_7, P0_6, P0_5, P0_4, P0_3, P0_2, P0_1, P0_0 )
SFRBIT( P1, 0x90, P1_7, P1_6, P1_5, P1_4, P1_3, P1_2, P1_1, P1_0 )
SFRBIT( P2, 0xA0, _P2_7, _P2_6, _P2_5, P2_4, P2_3, P2_2, P2_1, P2_0 )
```

注意，端口引脚间是下划线。因此，程序编写中：
P0 端口 8 个 I/O 位表示为 P0_x（x=0，1，2，…，7）；
P1 端口 8 个 I/O 位表示为 P1_x（x=0，1，2，…，7）；
P2 端口 5 个 I/O 位表示为 P2_x（x=0，1，2，…，4）。

综上，在 IAR 软件中，对 P0 端口的第 x（x=0，1，…，7）引脚赋值时，若让某一位输出高电平，则 P0_x=1；若让某一位输出低电平，则 P0_x=0。

三、任务实施

1. 新建工程

根据项目 2 新建工程流程建立本任务的工程项目，在项目中添加 .c 源文件，源文件名称自定义。

2. 编写代码

（1）引入 CC2530 头文件

在源文件中，添加 ioCC2530.h 头文件，代码如下：

```
#include<ioCC2530.h>
```

该文件是 CC2530 编程所需要的头文件，包含了 CC2530 寄存器的宏定义以及地址等相关参数。只有在引入该头文件后，才能在程序代码中直接使用相关寄存器的名称，例如 P0、P1DIR 等。

（2）编写代码

IAR 软件中，CC2530 的编程是基于 C 编译器进行的，因此，函数的入口是 main( ) 函数。根据电路原理图和任务分析可知，要保持 LED 点亮，只需要在 main( ) 函数中将 P1_0 对应的引脚赋值为高电平。对应代码如下：

```
/*---- 尝试点亮 LED 代码 ----*/
#include<ioCC2530.h>
main( )
{
//P1_0 赋值为高电平
P1_0=1;
}
```

（3）工程配置及代码编译

在"General Options"标签的设备信息"Device information"选择"CC2530F256"。然后在"Debugger"标签"Setup-Driver"选项中选择"Texas Instruments"，如图 3-4 所示。

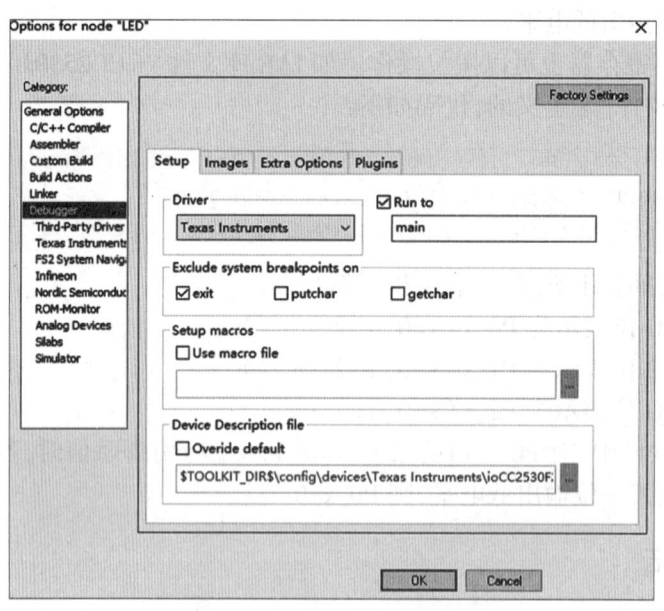

图 3-4　IAR 调试下载模式配置

最后，选中项目并单击右键，选择"Rebuild All"进行编译。

3. 程序下载及任务结果

点击仿真和下载按钮，程序下载完成界面如图 3-5 所示，其中箭头指向程序第 4 行代码,表示程序运行后暂停在第 4 行代码处,即该行程序代码还未执行。

点击全速运行按钮 ![btn],程序运行完成。但是,实训主控板上 P1_0 引脚对应的 LED 并未被点亮。

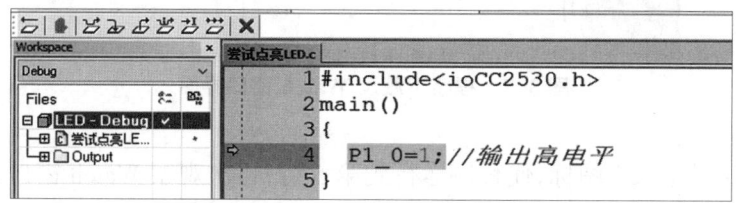

图 3-5　尝试点亮 LED 下载界面

4. 调试分析

可以通过调试观察变量或者寄存器的值分析未能成功点亮 LED 的原因。选中变量或寄存器的值,单击右键,选择 "Quick Watch" / "Add to Watch",如图 3-6(a)所示,将弹出 Watch/Quick Watch 窗口,显示待查看变量或寄存器的值。也可直接选择 "View" 菜单栏下的 "Watch" 标签,弹出观察窗口,如图 3-6(b)所示。在 "View" 菜单栏,还可以选择查看内存、局部变量、自动变量、静态变量等。

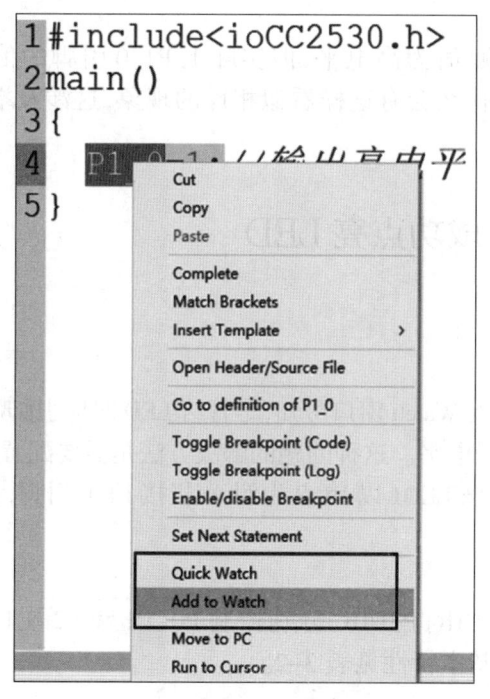

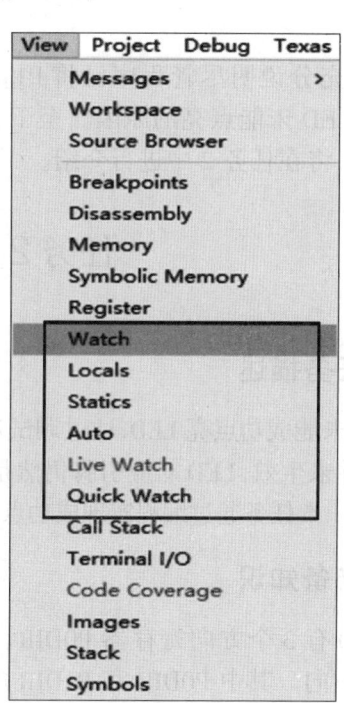

(a) 右键查看变量值　　　　　　　　(b) 菜单栏查看变量

图 3-6　查看变量值

程序暂停在第 4 行,表示这条语句尚未执行,此时,P1_0 的值为 0x00,如图 3-7 Watch 窗口所示。

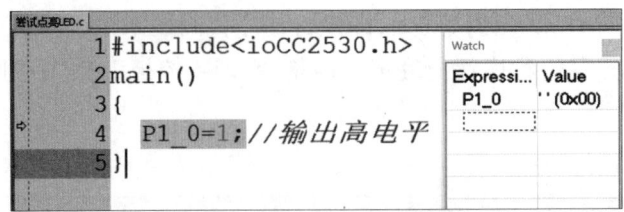

图 3-7　程序下载及 Watch 窗口界面

点击 ❨❩、❨❩ 或者 ❨❩ 图标,使程序运行到第 5 行,再次观察 Watch 窗口。此时 Watch 窗口中 P1_0 的值仍然是 0x00,如图 3-8 所示。

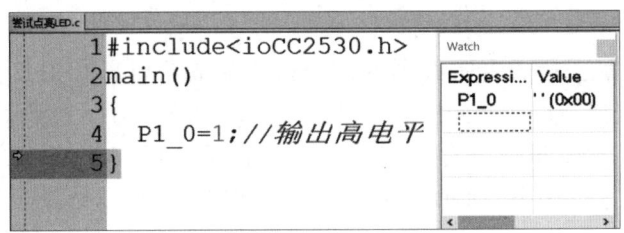

图 3-8　程序调试 Watch 窗口界面

图 3-8 充分说明尽管程序已将 P1_0 赋值为高电平,但实际上 P1_0 引脚的值仍是低电平,这就是 LED 未能点亮的原因。至于为什么会有这样看似相悖的现象,这涉及端口方向寄存器的配置,将在任务 2 中进行介绍。

任务 2　成功点亮 LED

一、任务描述

任务 1 未能成功点亮 LED,通过调试观察 Watch 窗口可知,尽管给 LED 对应引脚赋值了高电平,但实际并未生效,LED 对应引脚仍然是低电平。这种问题的解决方法是需要配置 I/O 引脚的方向寄存器。本任务通过编程实现成功点亮该 LED(以 P1_0 为例,正极接 P1_0 引脚,负极接地)。

二、必备知识

CC2530 有 3 个方向寄存器 P0DIR、P1DIR、P2DIR,分别控制 P0、P1 和 P2 端口各引脚的输入、输出方向。其中 P0DIR 和 P1DIR 的基本特性见表 3-2。

表 3-2　P0/P1 端口方向寄存器(P0DIR、P1DIR)的基本特性

位	复位值	R/W	描述
7~0	0x00	R/W	Px_7~Px_0 方向配置(x=0,1)。 0:输入　1:输出

方向寄存器 P0DIR/P1DIR 的 8 位分别控制 P0/P1 端口 8 个引脚的输入输出。若方向寄存器某一位等于 0，则表示端口对应引脚为输入；若方向寄存器的某一位等于 1，则表示端口对应引脚为输出。方向寄存器的复位值是 0x00，表示 CC2530 I/O 引脚上电复位后默认为输入。在点亮 LED 的任务中，应该将 LED 正极连接 CC2530 的 I/O 引脚设置为输出。这也是任务 1 未能成功点亮 LED 的原因。因此，如果想要完成本任务就需要配置 P1DIR 的第 0 位为 1，即设置 P1_0 引脚为输出模式。

P2 端口的方向寄存器 P2DIR 的基本特性见表 3-3，P2DIR 的前 5 位对应 P2 端口 5 个 I/O 引脚，当 P2DIR 的第 0~4 位中任一位取值为 0 时，表示 P2 端口的对应 I/O 为输入，当 P2DIR 的第 0~4 位中任一位取值为 1 时，表示 P2 端口的对应 I/O 为输出。

P2DIR 的第 5 位是保留位，第 6 位和第 7 位表示 P0 端口的外设优先级控制位，这部分内容将在外部中断单元介绍。

表 3-3 P2DIR 的基本特性

位	名称	复位	R/W	描述
7~6	PRIP[1:0]	00	R/W	端口 0 外设优先级控制。当 PERCFG 寄存器某些外设配置到相同引脚时，这两位确定外设优先级，具体为： 00：USART 0 > USART 1 > 定时器 T1 01：USART 1 > USART 0 > 定时器 T1 10：T1 通道 0-1 > USART 1 > USART 0 > T1 通道 2-3 11：T1 通道 2-3 > USART 0 > USART 1 > T1 通道 0-1
5	—	0	R0	保留
4~0	DIRP2_[4:0]	0 0000	R/W	P2_4~P2_0 I/O 方向。 0：输入 1：输出

方向寄存器不能按位操作，需要按字节配置方向寄存器。下面以 P1DIR 为例介绍方向寄存器的配置，P1DIR 可按表 3-4 进行配置。

表 3-4 P1DIR 寄存器配置（以 P1_0 为输出）

位	7	6	5	4	3	2	1	0
值	0	0	0	0	0	0	0	1

表 3-4 中，第一行表示 P1DIR 的 8 位二进制位，第二行表示 P1DIR 每一位的取值，只能取二进制 0 或者 1。对于本任务，只需要设置 P1DIR 的第 0 位为 1，其他位可以设置为 0 或者 1，表 3-4 中，P1DIR 的其他位设置为 0，因此，P1DIR=0000 0001b，这是二进制表示形式。在 C 语言代码中，数值不能直接采用二进制的表示方式，需要转换成十六进制或者十进制。简单起见，嵌入式开发中，寄存器配置通常设置为十六进制方式，即 P1DIR=0x01。

三、任务实施

1. 代码编写

在任务 1 的源代码基础上，增加方向寄存器的配置 P1DIR=0x01，完整代码如下：

```
/*------ 点亮 LED(P1_0)代码 ------*/
#include<ioCC2530.h>
main()
{
P1DIR=0x01;//P1_0 设置为输出模式
P1_0=1;//P1_0 赋值为高电平
}
```

2. 调试下载及任务结果

点击仿真和下载按钮 ，程序下载完成界面如图 3-9 所示，其中箭头指向程序第 4 行代码，表示程序运行后暂停在第 4 行代码处，即该行代码还未执行。

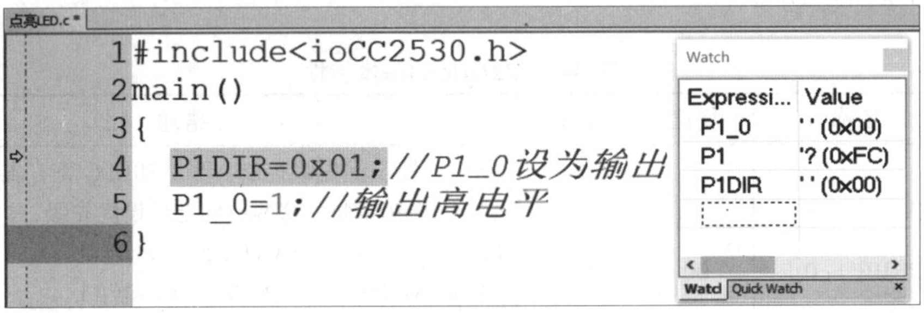

图 3-9 点亮 LED 下载界面和"Watch"窗口

从图 3-9 的"Watch"窗口可以看到，当程序暂停在第 4 行时，P1DIR=0x00，这正是 P1DIR 的上电复位值。另外还可以观察到，当程序暂停在第 4 行时，P1_0=0，P1=0xFC，都表明 P1_0 此时尚未输出高电平，LED 保持熄灭状态。

单步运行到第 5 行时观察窗口界面如图 3-10 所示，Watch 观察窗口中显示 P1DIR=0x01，表明此时 P1_0 引脚已经设置为输出；同时寄存器 P1=0xFD，可以观察到实训主控板上 P1_0 对应的 LED3 点亮。

由图 3-10 可知，当箭头到第 5 行时，这行代码尚未运行，而通过"Watch"窗口可以发现，P1_0 的值已经等于 1，实训主控板上对应的 LED 也已经点亮。这是什么原因呢？实际上，端口寄存器 P1 的复位值是 0xFF，即 P1 端口每一位 I/O 引脚复位值都是 1。然而，由于方向寄存器默认是输入模式，所以，P1 端口无法输出默认的复位值。方向寄存器配置引脚为输出模式后，I/O 引脚自动输出复位值高电平。类似于水管里的水，打开水龙头后，水自动流出。

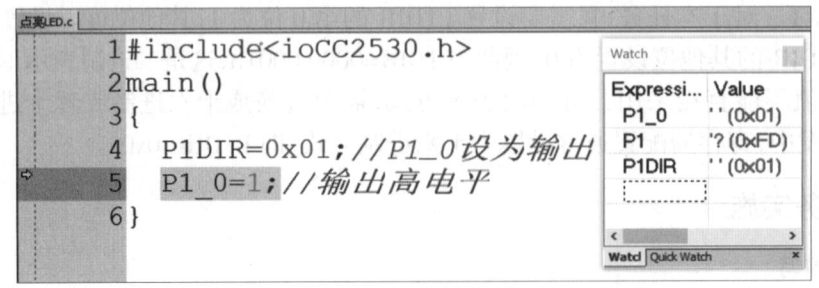

图 3-10 点亮 LED 程序调试及"Watch"窗口

四、拓展知识

为了节约资源，CC2530 的 21 个数字 I/O 引脚采用复用的设计方式，同一个 I/O 引脚可以配置为 GPIO 功能或者复用为外设功能。

CC2530 的 P0 端口、P1 端口和 P2 端口的 I/O 引脚，可以映射为 ADC、串口通信、定时器等外设功能。一般由功能选择寄存器控制选择具体功能。P0 和 P1 端口的功能选择寄存器 PxSEL（x=0,1）的基本特性见表 3-5。

表 3-5　PxSEL（x=0,1）的基本特性

位	名称	复位	R/W	描述
7~0	SELP0_[7:0]	0	R/W	P0_7~P0_0 功能选择。 0：通用 I/O　1：外设功能

根据表 3-5 功能选择寄存器特性表可知，当寄存器 P0SEL/P1SEL 某一位等于 0 时，表示该位对应的端口 P0/P1 引脚为通用 I/O；当寄存器 P0SEL/P1SEL 某一位等于 1 时，表示该位对应的端口 P0/P1 引脚为外设 I/O。功能选择寄存器每一位的复位值都是 0，表明上电复位后引脚默认为通用 I/O。

P2 端口功能选择寄存器 P2SEL 的基本特性见表 3-6。P2SEL 表示 P2 端口功能选择和 P1 端口外设优先级设置。当 P2SEL 的第 4~0 位中任意一位等于 0 时，表示该位对应的引脚为通用 I/O；当其中任意一位等于 1 时，表示该位对应的引脚为外设 I/O。

表 3-6　P2SEL 的基本特性

位	名称	复位	R/W	描述
7	—	0	R0	保留
6	PRI3P1	0	R/W	串口 0 和串口 1 映射到 P1 口相同引脚时，外设优先级控制。 0：USART0 优先　1：USART1 优先
5	PRI2P1	0	R/W	串口 1 和定时器 3 映射到 P1 口相同引脚时，外设优先级控制。 0：USART1 优先　1：定时器 3 优先
4	PRI1P1	0	R/W	P0_4 功能选择。 0：定时器 1 优先　1：定时器 4 优先
3	PRI1P0	0	R/W	串口 0 和定时器 1 映射到 P1 口相同引脚时，外设优先级控制。 0：USART0 优先　1：定时器 1 优先
2	SELP2_4	0	R/W	P2_4 功能选择。 0：通用 I/O　1：外设 I/O
1	SELP2_3	0	R/W	P2_3 功能选择。 0：通用 I/O　1：外设 I/O
0	SELP2_0	0	R/W	P2_0 功能选择。 0：通用 I/O　1：外设 I/O

P2SEL 的第 0 位、第 1 位和第 2 位分别控制 P2_0、P2_3 和 P2_4 引脚的功能，P2SEL 的第 7~3 位控制优先级。优先级设置与多个外设共用 I/O 引脚有关，本任务中不涉及优先级故暂不作介绍。

对于点亮 LED 任务，需要配置 LED 引脚 P1_0 为通用 I/O。因此，P1SEL=0xFE。最终，点亮 LED 任务完整代码如下：

```
/*----------- 点亮 LED（P1_0）完整代码 *-----------*/
#include<ioCC2530.h>
main()
{
    P1DIR|=0x01;  //P1_0 设置为输出
    P1SEL=0xFE;   //P1_0 为通用 I/O 功能
    P1_0=1;       // 点亮 LED
}
```

注意，由于 P1SEL 的复位值是 0x00，即上电后 I/O 口默认为通用 I/O，这是没有配置功能选择寄存器仍能点亮 LED 的原因。

任务 3　LED 闪烁

一、任务描述

电路原理如图 3-1 所示，LED3 正极连接 P1_0 引脚，负极接地。本任务要保持 LED 闪烁，实现 LED 点亮 1s，然后再熄灭 1s，亮灭交替循环往复。

二、必备知识

1. 进制转换

进制转换是寄存器操作的基础，表 3-7 给出了常见的二进制、十进制和十六进制的表示规则。

表 3-7　常见进制表示规则

进制	描　　述
二进制	二进制由 0 和 1 两个数字组成，使用时必须以 0b 或 0B（不区分大小写）开头。例如，int a=0b1011
十进制	十进制由 0~9 十个数字组成，没有任何前缀，和平时的书写格式一样。例如，int a=109
十六进制	十六进制由数字 0~9、字母 A~F 或 a~f（不区分大小写）组成，使用时必须以 0x 或 0X（不区分大小写）开头。例如，0x5B 表示十进制的 91

需要注意的是，并不是所有的编译器都支持二进制，只有一部分经过扩展的编译器支持，并且这与编译器的版本也有关。IAR 编译器不支持二进制写法，因此，在用 IAR 软件编程时，数值只能以十进制或者十六进制表示。

（1）二进制转换为十六进制

将二进制数转换为等值的十六进制数,通常采用四位一组法。四位一组法就是从低位到高位依次将每4位二进制数划分为一组,高位不足4位的加0补足4位,然后将每一组用对应的十六进制数的数码表示(四位一组基数为8,4,2,1),就得到相应的十六进制数。

例如,将一个二进制数10110110转换成十六进制数。首先,将给定的二进制数从低位到高位依次每4位划分为一组,再将每组用其对应的十六进制数表示,然后将十进制结果映射为对应的十六进制数,如图3-11所示。

（2）十六进制转换为二进制

将十六进制数转换为等值的二进制数的过程刚好和二进制转十六进制相反,只要将十六进制数的每一位分别用4位二进制数表示即可。

例如,将十六进制数0xD5转换为二进制数。首先,将给定的十六进制数从低位到高位每一位都用4位的二进制表示,然后从低位到高位将每组的二进制位顺序连接起来就是转换后的二进制数,如图3-12所示。

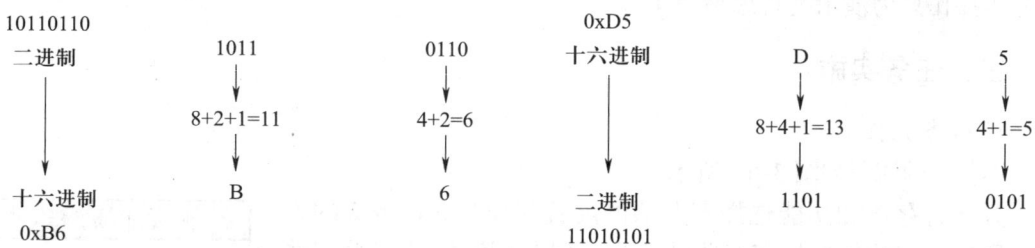

图3-11 二进制转化为16进制示例(四位一组法)　　图3-12 十六进制转化为二进制示例

2. C语言位操作

C语言位操作是寄存器操作的基础。位运算主要有按位与,按位或,按位异或,左移,右移,按位取反。表3-8总结了C语言常见的位操作规则。

表3-8 常见C语言位操作运算

运算符	功能	运算规则
&	按位与	参与与运算的二进制位都为1时,结果才为1
|	按位或	参与或运算的二进制位中只要有一位为1,结果为1;参与或运算的位同时为0时,结果为才为0
^	按位异或	参与运算的二进制位相异/不同时,结果为1;参与异或运算的二进制位相同时,结果为0
<<	左移	将操作数的二进制位均左移若干位,高位丢弃(不包括1),低位补0,每左移一位,相当于该数乘以2
>>	右移	将操作数的各二进制位均右移若干位,正数补左补0,负数左补1,右边移出的位丢弃
~	按位取反	参与运算的二进制位如果为0,按位取反后变1;参与运算的二进制位如果为1,按位取反后变0

位运算的操作数通常是十进制或十六进制，但是最终位运算操作都是以二进制补码形式进行的。换句话说，不管操作数是什么形式，都要写成二进制补码的形式进行位运算。

CC2530 的寄存器都是 8 位，可以看成无符号数。寄存器每一位的取值，都只能是 0 或 1。接下来介绍按位操作的应用。

（1）按位与运算：寄存器某一位设置为 0 的操作

与运算可理解为乘法运算。1 与一个二进制数 X 执行与运算，结果是保留该二进制数不变，即 1&X=X；0 与二进制数 X 执行与运算，结果等于 0，即 0&X=0。因此，当需要给寄存器的某一位清零时，往往用 0 跟该位执行与操作。

（2）按位或运算：寄存器某一位设置为 1 的操作

或运算可理解为加法运算。1 与一个二进制数 X 执行或运算，结果为 1，即 1|X=1；0 与二进制数 X 执行或运算，结果是保留该二进制数不变，即 0|X=X。因此，当需要给寄存器的某一位置 1 时，往往用 1 跟该位执行或操作。

需要注意的是，在实际进行寄存器配置过程中，只需要列出一个 4×9 的表格进行配置，上述分步操作只为演示配置思路。

三、任务实施

1. 任务流程

本任务的流程如图 3-13 所示。

方向寄存器和功能选择寄存器的配置与项目 3 任务 2 的方法相同。由于功能选择寄存器默认为通用 I/O 模式，所以功能选择寄存器可以不设置。

2. 设计关键函数

本任务的关键在于引入了延时的概念。

在图 3-13 所示的流程图中，需要延时设计。延时在实际中使用得非常频繁，因此，可以设计一个延时函数，在需要使用延时的时候直接调用即可。C 语言中可以通过让 CPU 循环执行无意义指令来实现延时。这种使用循环体执行无意义指令操作实现的延时，通常称为软件延时。

软件延时的基本原理是多次重复执行指令，比如一条指令执行需要 1 μs 的时间，那么执行 1 000 条这个指令就会消耗 1 ms 的时间。C 语言中常用 asm("NOP") 语句是插入汇编指令进行延时操作，该语句表示在 for 循环中插入一条 NOP 指令，这是一个空操作指令，它的执行将消耗掉一个 CPU 周期。

CC2530 是增强型的 8051 内核，16 MHz 晶振下，时钟周期为 1/16 μs，指令周期 = 时钟周期 =1/16 μs。实现微秒级定时可以重复执行 16 次 asm("NOP") 指令。微秒级延时函数定义如下：

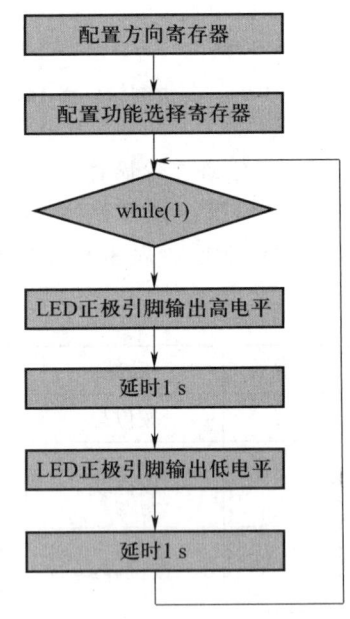

图 3-13 LED 闪烁任务流程

```
/*---------- 微秒级软件延时函数 ------------*/
void Delay_us(int us){
    while(us--)
```

```
        }
        asm("NOP");//asm 是 C 语言嵌入汇编语言的操作
        asm("NOP");//NOP 是空操作,占用一个时钟周期
        asm("NOP");
    }
}
```

对于 C 语言循环,编译器会加入很多用户看不到的底层实现代码,它们的执行也需要时间,因此,软件延时只能用到延时要求不高的场合。而且软件延时会浪费单片机资源,还容易被打断。

通常用双重循环表示毫秒级延时,代码如下:

```
/*————— 毫秒级软件延时函数 —————*/
void Delay_ms( int ms )
{
    int i, j;
    for( i=0; i<ms; i++ )
        for( j=0; j<535; j++ );
}
```

3. 编写完整代码

LED 闪烁的完整代码如下:

```
/*————————— LED(P1_0)闪烁任务代码 ————————*/
#include<ioCC2530.h>
#define LED P1_0//LED 的宏定义
void Delay_ms( unsigned int ms );
main( )
{
    P1DIR|=0x01;
    P1SEL&=~0x01;
    while( 1 )
    {
        LED=~LED; //LED 状态切换
        Delay_ms( 1000 ); // 延时 1s
    }
}
```

任务 4　LED 流水灯

一、任务描述

实现 LED 流水灯效果,即实训主控板通电后,图 3-1 所示的 4 个 LED 按以下方式工作:
① 通电后,LED3~LED6 熄灭;延时一段时间后,执行步骤②;
② 按照 LED3 → LED4 → LED5 → LED6 → LED5 → LED4 的顺序点亮;
③ 返回步骤②循环执行。

LED 流水灯是指一串 LED 依次点亮,实现变换闪烁的效果。流水灯中,同一时刻,只有一个 LED 点亮,其他 LED 熄灭。因此,流水灯设计的关键在于确保某一时刻只有一个 LED 正极对应的 CC2530 引脚输高电平,其他引脚输出低电平。此外,LED 依次点亮的顺序也很重要,实际中,可以根据需求设定流水灯方向。

二、任务实施

1. 任务流程

LED 流水灯任务流程如图 3-14 所示。首先要进行方向寄存器和功能选择寄存器的配置,然后按照每次只点亮一个 LED 的原则轮流点亮,本任务中按照 LED3 → LED4 → LED5 → LED6 → LED5 → LED4,此过程循环往复。

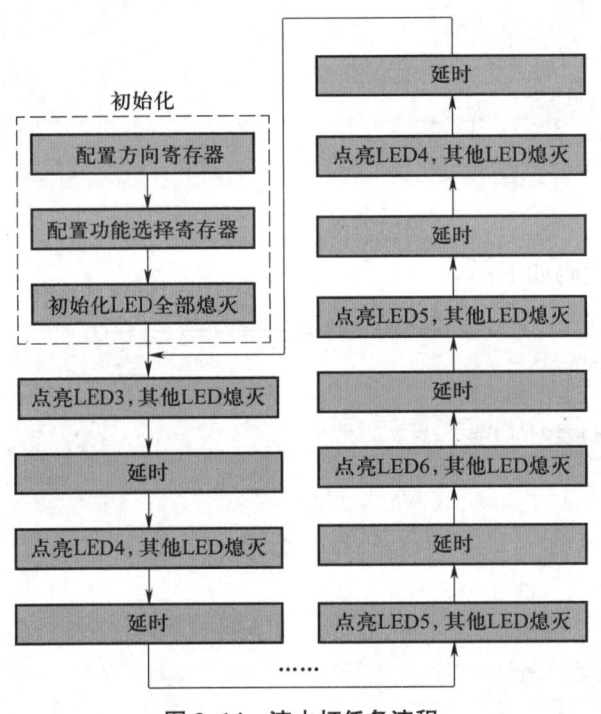

图 3-14 流水灯任务流程

如图 3-1 所示,4 个 LED 的负极都通过电阻接地,4 个 LED 正极连接在 CC2530 的引脚情况是:LED3 连接 P1_0,LED4 连接 P1_1,LED5 连接 P1_3,LED6 连接 P1_4。

2. 设计关键函数

(1) 设计 LED 初始化函数

LED 流水灯初始化需要配置方向寄存器、功能选择寄存器和端口寄存器初值。

寄存器设置的基本原则是满足任务要求的情况下,保持寄存器其他位原有的值不变。根据上述原则,先来配置方向寄存器。

根据 4 个 LED 正极连接 CC2530 的引脚情况,CC2530 方向寄存器 P1DIR 的第 0 位、第 1 位、第 3 位和第 4 位均需要设置为 1,表示对应引脚为输出。因此需要用或操作使相应位置 1。方向寄存器的配置 P1DIR|=0x1B。

接下来进行4个LED对应的功能选择寄存器P1SEL配置。4个LED正极连接的P1端口的引脚需要设置为通用I/O，因此，P1SEL的第0位、第1位、第3位和第4位均需要设置为0。因此需要用与操作将某一位清零。功能选择寄存器的配置P1SEL&=0xE4。

如果将4个LED的初始化设为低电平，即P1端口寄存器值相应位清0，类似于功能选择寄存器的配置，可以设置端口寄存器P1&=0xE4。

根据上述三个寄存器的配置，定义一个LED初始化函数void init_LED()，具体代码如下：

```
/*----------LED流水灯初始化函数------*/
void init_LED(void)
{
    P1DIR|=0x1B;   //4个LED引脚设为输出
    P1SEL&=0xE4;   //4个LED引脚设为GPIO
    P1&=0xE4;      //4个LED引脚初始为低电平
}
```

（2）设计流水灯代码

流水灯实现的关键是保持任意时刻只点亮一个LED并按顺序点亮。最直接的方法是逐个配置LED正极的输出电平，即某一时刻仅有一个LED正极输出高电平，其他LED正极输出低电平。

由于4个LED的正极都连接在P1端口的相关引脚，因此，可以统一配置P1端口使得单独点亮其中一个LED。LED3、LED4、LED5、LED6单独点亮，分别对应端口寄存器P1=0x01，0x02，0x08，0x10。

3. 编写完整代码

流水灯完整代码如下：

```
/*---------- 流水灯完整代码 ---------------*/
#include<ioCC2530.h>
//LED灯P1取值，一次仅亮一盏灯
char code[6]={0x01,0x02,0x10,0x08,0x10,0x02};
void delay_ms(int ms);
void init_LED();
main()
{
    init_LED();
    while(1)
    {
        for(m=0;m<6;m++)
        {
            P1=code[m];
            Delay_ms(1000);
        }
    }
}
```

4. 任务结果

编译下载程序后,实训主控板上 LED 将按照 LED3 → LED4 → LED5 → LED6 → LED5 → LED4 的顺序每隔 1 s 周期性逐个点亮,如此往复。

如果想改变 LED 流水灯顺序,无需修改 LED 初始化函数,仅需改变 LED 循环点亮数组元素的顺序。

任务 5　按键控制 LED

一、任务描述

编程实现实训主控板上按键 SW1(P1_2)控制 LED(P1_0)亮灭的功能。

按键控制 LED 亮灭,关键在于判断按键是否被按下。一旦 CPU 检测到按键被按下,就会主动切换 LED 状态,实现任务要求。按键电路原理如图 3-15 所示。按键 SW1 未按下时,CC2530 的 P1_2 引脚通过一个上拉电阻与电源相连接。因此,按键 SW1 未按下时,CC2530 的 P1_2 引脚是高电平,按下按键 SW1 后,CC2530 的 P1_2 引脚通过按键接地变为低电平。

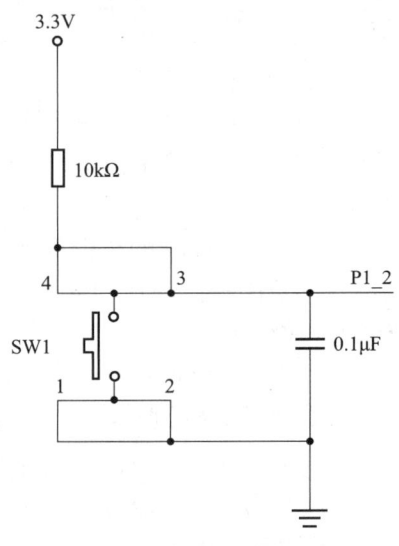

图 3-15　按键 SW1 电路原理

二、必备知识

1. 输入模式寄存器

对于 CC2530 主控,按键引脚相当于输入。当 CC2530 I/O 引脚为输入时,需要设置输入模式寄存器(P0INP、P1INP 和 P2INP),控制 P0、P1 和 P2 端口 I/O 引脚输入模式。

P0 端口和 P1 端口输入模式寄存器的基本特性见表 3-9。当第 7~0 位中的任一位的值为 0 时,表示对应引脚为上拉或下拉模式;当值均为 1 时,为三态模式。

表 3-9　P0、P1 端口输入模式寄存器(P0INP、P1INP)的基本特性

位	复位值	R/W	描述
7~0	0x00	R/W	Px_7~Px_0 I/O 输入模式配置(x=0,1)。 0:上拉或下拉(由 P2INP 决定)　1:三态(3-state)

注意,当 P1_0 和 P1_1 引脚为输入时,没有上拉或下拉,无需配置输入寄存器。

P2 端口输入模式寄存器见表 3-10。当第 4~0 位中的任一位的值为 0 时,表示 P2_0~P2_4 对应 I/O 引脚为上拉或下拉模式;否则,为三态模式。

表 3–10 P2 端口输入模式寄存器（P2INP）的基本特性

位	复位值	R/W	描述
7	0	R/W	选择 P2 端口所有引脚都为上拉或者下拉。 0：上拉　1：下拉
6	0	R/W	选择 P1 端口所有引脚都为上拉或者下拉。 0：P1 端口所有引脚均为上拉　1：P1 端口所有引脚均为下拉
5	0	R/W	选择 P0 端口所有引脚都为上拉或者下拉。 0：P0 端口所有引脚均为上拉　1：P0 端口所有引脚均为下拉
4~0	0 0000	R/W	P2_4~P2_0 输入模式配置。 0：上拉或下拉　1：三态（3-state）

表 3-23 中，P2INP 的第 5 位决定 P0 端口是上拉还是下拉模式。当第 5 位取值为 0 时，P0 端口为上拉模式，即 P2INP&=~0x20；当第 5 位取值为 1 时，P0 端口引脚为下拉模式，即 P2INP|=0x20。因此，P0 端口的输入模式配置如图 3-16 所示，需要配置 P0INP 和 P2INP。

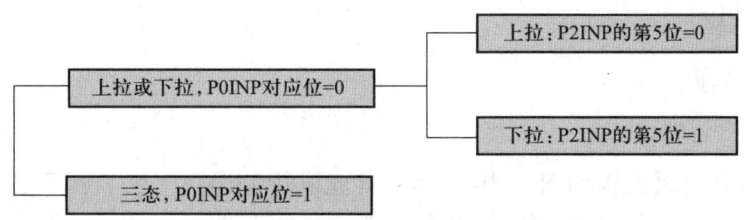

图 3–16　P0 端口输入模式配置

表 3-23 中，P2INP 的第 6 位决定 P1 端口是上拉还是下拉模式。当第 6 位取值为 0 时，为上拉模式，即 P2INP&=~0x40；当第 6 位取值为 1 时，P1 端口引脚为下拉模式，即 P2INP|=0x40。因此，P1 端口的输入模式配置如图 3-17 所示，需要配置 P1INP 和 P2INP。

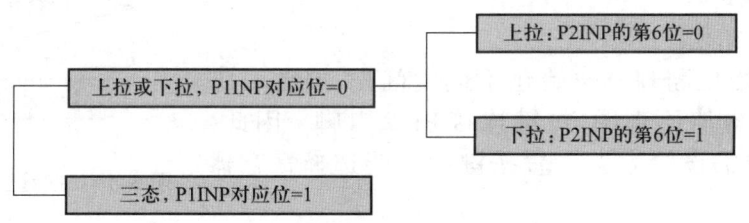

图 3–17　P1 端口输入模式配置

2. 上拉模式、下拉模式和三态模式

单片机 I/O 引脚上拉和下拉模式的示意如图 3-18 所示。

（1）上拉模式

上拉是指单片机的引脚通过一个电阻接电源 VCC 将这个引脚的电平固定为高电平。与 VCC 相连的这个电阻称为上拉电阻。上拉电阻起到限流作用。为了降低功耗，上拉电阻一般比较大，电流小；为确保足够的驱动电流，上拉电阻应当足够小，电流大。综合考虑，CC2530 的上拉电阻，一般为 1~10 kΩ。在实际应用中，通常使用 10 kΩ 的电阻作为上拉电阻。

（2）下拉模式

下拉是指单片机的引脚通过一个电阻接电源 GND 将这个引脚的电平固定为低电平。与 GND 相连的这个电阻称为下拉电阻。下拉电阻的选取原则与上拉电阻类似。

（3）三态模式

三态指高电平、低电平或高阻（断开）态。简单理解就是 I/O 引脚电平的高低由这个引脚的外部电路决定，当外部电路为高电平时，它是高电平；当外部电路为低电平时，它是低电平；当外部电路为高阻态时，它是高阻态，状态和外部电路完全相同。三态模式下，I/O 引脚未选通时为高阻态，选通后根据输出决定状态。输出高阻态可以避免其对系统上其他电路的不良影响。而输入高阻态，既可以避免对其他电路产生影响，还可以避免受到其他电路的影响。因此，单片机不用的引脚通常设为高阻态。

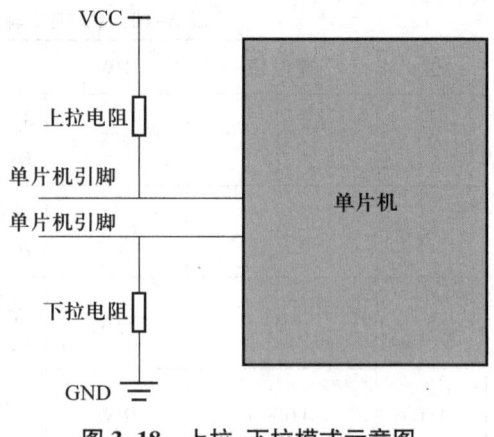

图 3-18 上拉、下拉模式示意图

三、任务实施

1. 任务流程

按键控制 LED 亮灭流程如图 3-19 所示。首先进行 LED 初始化，设置方向寄存器为输出模式，设置功能选择寄存器对应引脚为通用 I/O。然后进行按键初始化，设置方向寄存器对应引脚为输入模式，设置功能选择寄存器对应引脚为通用 I/O。然后判断按键是否被按下，如果被按下，则进行 LED 状态的切换，否则继续查询按键是否被按下。

2. 设计关键函数

（1）按键初始化

按键的初始化和 LED 初始化不同。首先，按键引脚为 GPIO。根据电路原理图，按键连接 P1_2 引脚。因此，P1SEL 的第 2 位需设置为 0，设置按键的功能选择寄存器 P1SEL&=~0x04;

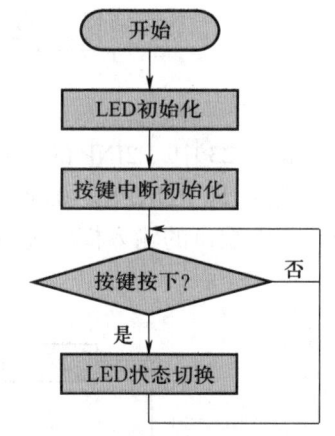

图 3-19 按键控制 LED 亮灭流程

其次，需要配置方向寄存器设置按键为输入模式。P1_2 为输入模式，因此，P1DIR 的第 2 位需设置为 0，即 P1DIR&=~0x04;

在输入模式下，还需要配置输入模式寄存器。由图 4-19 可知，若按键是上拉模式，则需要配置 P1INP 和 P2INP 使得 P1_2 为上拉模式，代码如下：

```
P1INP&=~0x04;  //P1_2 为上拉或者下拉模式
P2INP&=~0x40;  //P1 端口为上拉模式
```

根据上述寄存器配置，定义一个按键初始化函数，代码如下：

```
/*---------- 按键 SW1 初始化函数 ------------*/
void init_SW1( void )
{
    P1SEL&=~0x04;  //P1_2 为 GPIO
    P1DIR&=~0x04;  //P1_2 为输入
    P1INP&=~0x04;  //P1_2 为上拉或者下拉模式
    P2INP&=~0x40;  //P1 端口为上拉模式
}
```

（2）按键控制 LED 代码

本任务的关键是判断按键是否被按下。由图 3-15 可知，当按键被按下时，SW1 对应的引脚 P1_2 为低电平；当按键被未被按下或松开时，SW1 对应引脚 P1_2 为高电平。因此，可以通过循环查询 P1_2 电平的状态值来判断按键的状态。判断按键是否被按下的伪代码如下：

```
while(1)
{
    if( P1_2==0 )// 判断按键是否被按下
    {
        while( P1_2==0 );// 等待按键松开，或 while( !P1_2 );
        LED3=~LED3; // 任务处理
    }
}
```

如果按键引脚等于 0，则表示按键尚未松开，while( ) 循环里的判断结果为真，执行空等待操作后的"；"不能少。按键松开后，按键对应引脚为 1，此时，while( ) 循环判断结果为假，CPU 退出 while 循环的空等待操作，执行 LED 状态切换任务。

考虑到实际操作时，常会出现按键抖动的情况，通常延时 10 ms 左右以消除按键抖动的影响。如果某一时刻按键引脚为低电平，就再延迟 10 ms 左右，再次判断按键是否被按下，若仍为低电平，则可判断按键被按下。

3. 编写完整代码

为了便于代码移植，增加了按键和 LED 的宏定义，并将 LED 和按键的初始化分别写在不同的函数中，完整代码如下：

```
/*------- 按键 SW1 控制 LED 亮灭完整代码（按键 P1_2）------------*/
#include<ioCC2530.h>
#define LED P1_0
#define SW1  P1_2
void Delay_ms( int ms );// 延时函数
void init_LED3( );//LED3 初始化
void init_SW1( );// 按键 SW1 初始化
main( )
{
    init_LED3( );
    init_SW1( );
    while(1)
    {
        if( SW1==0 )
        {
```

```
    Delay_ms(10);// 延时去抖
    }
    if(SW1==0)// 如果按键仍等于 0
    {
    while(!SW1);// 等待按键松开
    LED3=~LED3;// 状态变化
    }
    }
    }
}
```

4. 任务结果

将代码编译无误下载到实训主控板后,按下按键 SW1,LED3(P1_0)点亮,再次按下 SW1,LED3(P1_0)熄灭,按下按键 SW1,LED3(P1_0) 状态发生变化,按键起到开关作用。

四、拓展训练

1. 任务描述

编程实现按键 SW2 控制 LED3(P1_0) 的亮灭。按键 SW2 的电路原理如图 3-20 所示。

2. 任务分析

按键 SW2 控制 LED 的程序设计思路与按键 SW1 控制 LED 的设计思路完全相同。区别在于按键的初始化和按键状态的判断不同,下面直接给出程序核心源代码。

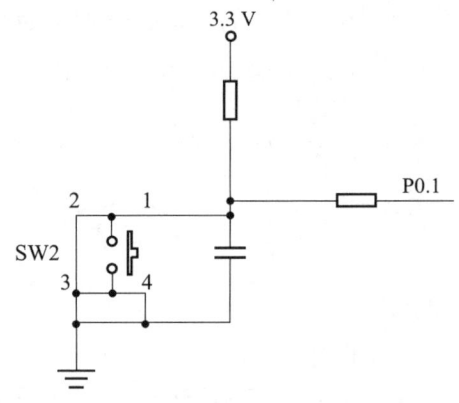

图 3-20　按键 SW2 原理图

```
/*-------- 按键 SW2 控制 LED 亮灭完整代码(按键 P0_1)----------*/
#include<ioCC2530.h>
#define LED3 P1_0
#define SW2  P0_1
void Delay_ms(int ms);
void init_LED3();//LED3 初始化
void init_SW2();// 按键 SW2 初始化
main()
{
init_LED3();
init_SW2();
while(1)
{
if(SW2==0)
{
Delay_ms(10);// 延时 10ms
}
if(SW2==0)// 如果按键仍等于 0
{
while(!SW2);// 等待按键松开
LED3=~LED3;//LED3 状态变化
}
}
}
```

上述代码中,按键 SW2 初始化函数定义为:

```
void init_SW2（void）
{
P0SEL&=~0x02;  //P0_1 为 GPIO
P0DIR&=~0x02;  //P0_1 为输入
P0INP&=~0x02;  //P0_1 为上拉或者下拉模式
P2INP&=~0x20;  //P0 端口为上拉模式
}
```

项目小结

本项目介绍了 CC2530 的 GPIO 应用,特别是端口寄存器、方向寄存器、功能选择寄存器和输入模式寄存器的配置和应用,项目小结如图 3-21 所示。从任务驱动的角度详细介绍了点亮 LED、LED 闪烁、LED 流水灯和按键控制 LED 的方法。

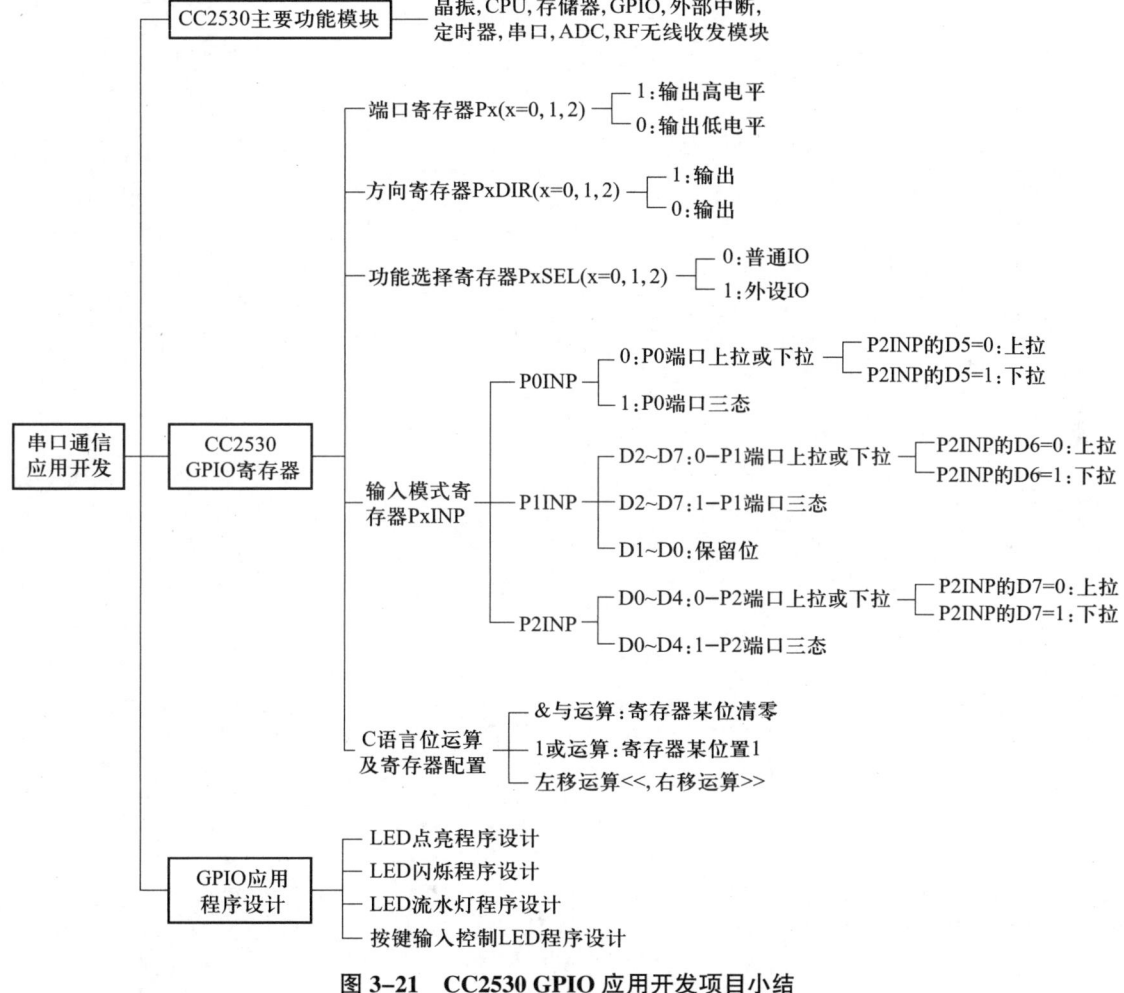

图 3-21　CC2530 GPIO 应用开发项目小结

项目实训

1. 编程实现按键 SW1(P1_2) 控制实训主控板上 LED(P1_1) 闪烁的开启与暂停任务。

具体任务描述：上电后 LED(P1_1) 处于熄灭状态；按下按键 SW1，LED 点亮；再次按下 SW1，LED 熄灭，如此反复，按键 SW1 控制 LED 的开关。其中，实训主控板上 LED 的电路原理图如图 3-1 所示，按键原理图如图 3-19 所示。

2. 编程实现按键 SW1(P1_2) 控制实训主控板上 4 个 LED 流水灯的开启与暂停。流水灯逐个点亮的顺序为 LED4 → LED3 → LED6 → LED5。

具体任务描述：上电后 4 个 LED 处于熄灭状态；按下按键 SW1，4 个 LED 按照指定顺序进行流水灯显示；再次按下 SW1，LED 流水灯暂停，LED 状态保持按键按下的状态；再次按下 SW1 按键，LED 流水灯显示从暂停状态继续进行 LED 流水灯显示，如此反复。其中，实训主控板上 LED 的电路原理图如图 3-1 所示，按键原理图如图 3-19 所示。

项目 4

外部中断应用开发

> **项目目标**
> 1. 了解中断的基本特性和基本过程。
> 2. 了解 CC2530 中断源、中断屏蔽和中断标志。
> 3. 掌握 CC2530 中断服务函数基本形式及设计思路。
> 4. 掌握外部中断触发方式寄存器、中断使能寄存器、中断标志寄存器。
> 5. 掌握 CC2530 外部中断程序设计基本思路。

任务 1 外部中断按键控制 LED

一、任务描述

利用外部中断实现按键 SW1 对 LED3（正极接 P1_0）亮灭状态的控制。

在 GPIO 按键控制 LED 状态的任务中，CPU 一旦检测到按键按下，即执行相应任务的指令。但在中断系统中，CPU 不再执行主函数中查询按键状态的指令，那么 CPU 如何知道何时产生了按键按下的操作呢？解决这一问题的关键在于理解中断的概念及过程。

二、必备知识

1. 初识中断

中断可理解为"打断"，指 CPU 暂停正在执行的程序，转而处理特殊事件的操作。CPU 在处理主程序时，另一子程序请求 CPU 迅速处理（中断发生）；CPU 暂时中断当前的工作，转去处理子程序（中断响应和中断服务）；待 CPU 将子程序处理完毕后，再回到原来主程序被中断的地方继续处理主程序（中断返回），如图 4-1 所示，这一过程称为中断。

例如，日常生活中，当你正在看书时，突然电话铃响了（中断发生），你暂时中断看书，转去接电话（中断响应和中断服务），等接完电话后，再回来继续看书（中断返回），如图 4-2 所示，这一过程就是中断。

中断主要过程为：进入中断→保护现场→中断处理→恢复现场→中断返回。

那么 CPU 是如何及时知道中断请求及中断发生的呢？实际上 CPU 会在每个机器周期（微秒级）查询每个中断请求的中断标志位，中断本质上是轮询。中断与查询不同，查询是通过指令实现轮询，占用较多的机器周期，CPU 被占用；而中断不单独占用 CPU。由于中断标志位查询是机器周期级，所以，通常认为 CPU 可以实时检测到中断源的发生。

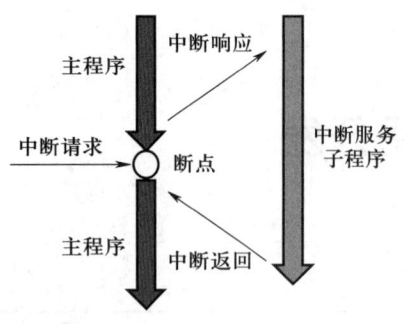
图 4-1 计算机中断过程示意图

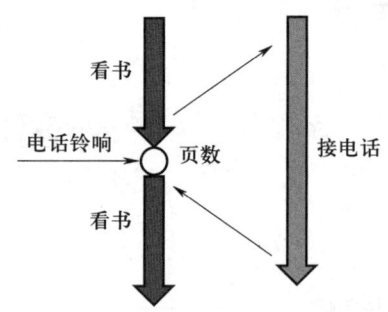
图 4-2 日常生活中的中断实例

中断使计算机系统具备应对突发事件的能力，提高 CPU 效率。如果没有中断系统，则 CPU 只能按照程序编写的先后顺序（毫秒或秒级），对各个外设进行依次查询和处理。轮询方式一定程度上考虑了事件处理的公平性，但是对于紧急事件的处理存在滞后性。

中断的主要作用有：

（1）提高 CPU 效率：中断可以使快速运行的 CPU 和慢速运行的外设并行工作。CPU 无需等待外设完成任务后再与 CPU 进行交互，从而有效提高 CPU 工作效率。

（2）实时处理：中断系统使 CPU 能够及时处理系统运行过程中的随机事件，增强实时性。

（3）异常处理：针对难以预料的情况或故障，中断系统能够保证 CPU 及时处理异常，避免系统瘫痪，保证系统可靠性。

2. 中断相关概念

计算机中断过程涉及到主程序、中断源、中断请求等相关概念。

（1）主程序：在发生中断前，CPU 正常执行的程序。

（2）中断源：引起中断的原因或者发出中断申请的来源。中断源可能来自 CPU 外部，也可能来自 CPU 内部。来自 CPU 外部的中断称为外部中断，来自 CPU 内部的中断称为内部中断。外部中断可分为可屏蔽中断和不可屏蔽中断两种。内部中断按事件是否正常可分为软中断和异常中断。单片机一般具有多个中断源，如外部中断、定时器/计数器中断、ADC 中断、串口通信中断等。

（3）中断请求：中断源向 CPU 提出中断处理的请求，也称为中断申请。

（4）中断标志位：中断源用来表示是否有中断请求的某些功能寄存器中的特殊位。在中断服务函数中，一般要清除中断标志位。若不清除，则此时中断标志位为 1，因此 CPU 在完成中断处理程序后，会返回主程序的断点，然后继续进入中断程序。

（5）断点：CPU 响应中断后主程序被打断的位置。当 CPU 处理完中断事件，会返回到断点位置继续执行主程序。

（6）中断向量：中断服务程序的入口地址。当 CPU 响应中断请求时，会跳转到该地址执行中断服务函数的代码。

（7）中断服务函数：CPU 响应中断后所执行的程序。例如，在按键控制 LED 亮灭任务中，按键按下后，CPU 响应按键中断，执行 LED 亮灭控制的程序函数即为中断服务函数。

3. CC2530 中断

CC2530 的中断是为了让 CPU 对内部或外部的突发事件及时地作出响应，并执行相应的中断程序。中断由中断源引起,中断源受相应的寄存器控制。对于中断系统,首先需配置相应的中断寄存器来开启中断,当中断发生时,CPU将跳入中断服务函数来执行此中断所需处理的事件。

CC2530有18个中断源,见表4-1。每个中断源都可以产生中断请求,中断请求可以通过设置中断使能SFR寄存器的中断使能位IEN0、IEN1或IEN2使能或禁止中断。

表4-1 CC2530中断源及其中断屏蔽和中断标志

中断号码	中断名称	描述	中断向量	中断屏蔽	中断标志
0	RFERR	RFTXRFIO下溢或RXFIFO溢出	03H	IEN0.RFERRIE	TCON.RFERRIF[①]
1	ADC	ADC转换结束	0BH	IEN0.ADCIE	TCON.ADCIF[①]
2	URX0	USART0接收完成	13H	IEN0.URX0IE	TCON.URX0IF[①]
3	URX1	USART1接收完成	1BH	IEN0.URX1IE	TCON.URX1IF[①]
4	ENC	AES加密/解密完成	23H	IEN0.ENCIE	S0CON.ENCIF
5	ST	睡眠计时器比较	2BH	IEN0.STIE	IRCON.STIF
6	P2INT	端口2输入/USB	33H	IEN2.P2IE	IRCON2.P2IF[②]
7	UTX0	USART0发送完成	3BH	IEN2.UTX0IE	IRCON2.UTX0IF
8	DMA	DMA传送完成	43H	IEN1.DMAIE	IRCON.DMAIF
9	T1	定时器1(16位)捕获/比较/溢出	4BH	IEN1.T1IE	IRCON.T1IF[①②]
10	T2	定时器2	53H	IEN1.T2IE	IRCON.T2IF[①②]
11	T3	定时器3(8位)捕获/比较/溢出	5BH	IEN1.T3IE	IRCON.T3IF[①②]
12	T4	定时器4(8位)捕获/比较/溢出	63H	IEN1.T4IE	IRCON.T4IF[①②]
13	P0INT	端口0输入	6BH	IEN1.P0IE	IRCON.P0IF[②]
14	UTX1	USART 1发送完成	73H	IEN2.UTXIE	IRCON2.UTX1IF
15	P1INT	端口1输入	7BH	IEN2.P1IE	IRCON2.P1IF[②]
16	RF	RF通用中断	83H	IEN2.RFIE	S1CON.RFIF[②]
17	WDT	看门狗定时器溢出	8BH	IEN2.WDTIE	IRCON.WDTIF

①表示当中断服务函数被调用时硬件清零;
②表示存在中断服务函数屏蔽和标志位。

中断向量是中断服务程序的入口地址,中断向量的地址存放着跳转到中断服务程序的跳转指令。每个中断源的中断向量都是具体的地址。CC2530的18个中断源对应了18个中断向量。IAR软件中,中断向量宏定义在头文件"ioCC2530.h"中,如图4-3所示。

```
 78
 79 /* ------------------------------------------------------------
 80  *                  中断名称      中断号,中断地址   Interrupt Vectors
 81  *
 82  */
 83 #define    RFERR_VECTOR     VECT(  0, 0x03 )   /* RF TX FIFO Underflow and RX FIFO Overflow  */
 84 #define    ADC_VECTOR       VECT(  1, 0x0B )   /* ADC End of Conversion                      */
 85 #define    URX0_VECTOR      VECT(  2, 0x13 )   /* USART0 RX Complete                         */
 86 #define    URX1_VECTOR      VECT(  3, 0x1B )   /* USART1 RX Complete                         */
 87 #define    ENC_VECTOR       VECT(  4, 0x23 )   /* AES Encryption/Decryption Complete         */
 88 #define    ST_VECTOR        VECT(  5, 0x2B )   /* Sleep Timer Compare                        */
 89 #define    P2INT_VECTOR     VECT(  6, 0x33 )   /* Port 2 Inputs                              */
 90 #define    UTX0_VECTOR      VECT(  7, 0x3B )   /* USART0 TX Complete                         */
 91 #define    DMA_VECTOR       VECT(  8, 0x43 )   /* DMA Transfer Complete                      */
 92 #define    T1_VECTOR        VECT(  9, 0x4B )   /* Timer 1 (16-bit) Capture/Compare/Overflow  */
 93 #define    T2_VECTOR        VECT( 10, 0x53 )   /* Timer 2 (MAC Timer)                        */
 94 #define    T3_VECTOR        VECT( 11, 0x5B )   /* Timer 3 (8-bit) Capture/Compare/Overflow   */
 95 #define    T4_VECTOR        VECT( 12, 0x63 )   /* Timer 4 (8-bit) Capture/Compare/Overflow   */
 96 #define    P0INT_VECTOR     VECT( 13, 0x6B )   /* Port 0 Inputs                              */
 97 #define    UTX1_VECTOR      VECT( 14, 0x73 )   /* USART1 TX Complete                         */
 98 #define    P1INT_VECTOR     VECT( 15, 0x7B )   /* Port 1 Inputs                              */
 99 #define    RF_VECTOR        VECT( 16, 0x83 )   /* RF General Interrupts                      */
100 #define    WDT_VECTOR       VECT( 17, 0x8B )   /* Watchdog Overflow in Timer Mode            */
101
```

图 4–3 "ioCC2530.h"头文件对中断向量的宏定义

4. IAR 中断服务函数编写

IAR 编译器使用关键词 __interrupt 来定义一个中断服务函数，使用 #progma vector 提供中断服务函数的入口地址。中断服务函数的一般格式如下，该函数没有返回值及函数参数。

```
/*—————————— 中断服务函数的一般格式 ——————————*/
#pragma vector= 中断向量
__interrupt void 函数名（void）
{
    // 中断事件处理及清除中断标志位
}
```

中断服务函数中的中断向量可以用图 4-3 中的中断名称或者中断地址表示。当相应的中断源发生且中断使能时，中断标志位将自动置 1，然后 CPU 自动跳转到中断服务程序的入口地址执行中断服务程序。待中断服务程序处理完毕后，清除中断标志位。因此，在中断服务函数里，通常需要进行如图 4-4 所示的操作。

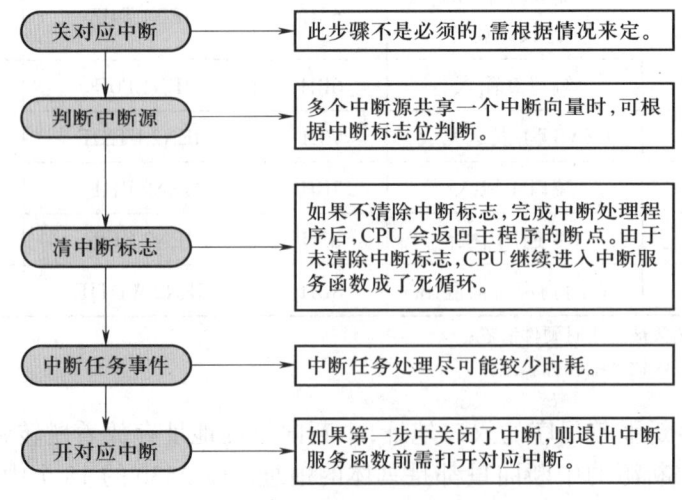

图 4–4 中断服务函数操作步骤

清除中断标志位分为硬件自动清除和软件手动清除两种方式。在表 4-1 的 18 个中断源中,中断号码为 0~3、9~12 的中断标志可由硬件自动清除。中断服务函数被调用后,这 8 个中断标志位由硬件自动清零,可以不必再使用软件清除中断标志。

5. CC2530 外部 I/O 中断

(1) 外部 I/O 中断向量

由表 5-1 可知,在 CC2530 的 18 个中断源中,有 3 个外部中断:P0INT、P1INT、P2INT,分别对应 P0 端口、P1 端口和 P2 端口。

P0 端口有 8 个 I/O 引脚,对应 P0_x(x=0,1,…,7),P0 端口的 8 个 I/O 引脚共用一个中断向量 0x6B。

P1 端口有 8 个 I/O 引脚,对应 P1_x(x=0,1,…,7),P1 端口的 8 个 I/O 引脚共用一个中断向量 0x7B。

P2 端口有 5 个 I/O 引脚,对应 P2_x(x=0,1,…,4),P2 端口的 5 个 I/O 引脚共用一个中断向量 0x33。

根据图 4-2 所示的"ioCC2530.h"头文件的宏定义,外部中断向量还可以表示为宏定义的形式。因此,同一个外部中断的程序有中断向量绝对地址和宏定义两种表达形式,见表 5-2。

表 4-2 外部中断向量的两种程序表达方式

中断名	外部中断向量宏定义	外部中断向量绝对地址
中断 0	#pragma vector = P0INT_VECTOR	#pragma vector = 0x6B
中断 1	#pragma vector = P1INT_VECTOR	#pragma vector = 0x7B
中断 2	#pragma vector = P2INT_VECTOR	#pragma vector = 0x33

(2) 外部 I/O 中断使能

CC2530 默认中断功能是禁止状态,如果要使用中断功能,需要配置相应寄存器,使能对应的中断功能。图 4-5 给出了 P0、P1 和 P2 端口中断使能框图。

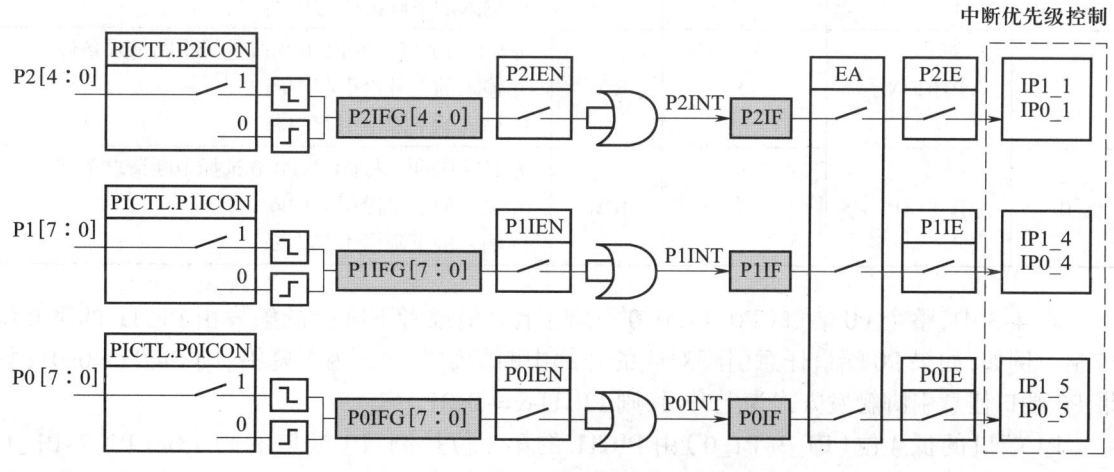

图 4-5 端口外部 I/O 中断使能逻辑框图

由图 4-5 可知,要使能 P0 端口外部 I/O 中断功能,需要使能 4 个使能控制开关,分别对应中断触发方式寄存器 PICTL.P0ICON、引脚中断屏蔽寄存器 P0IEN、使能总中断开关 EA 和端口中断 P0IE 使能。最后,如果对中断优先级有要求,还可设置 IP1_5 和 IP0_5 控制位。

类似地,要使能 P1 端口外部中断,需要使能四个使能控制开关,分别对应触发方式配置 PICTL.P1ICON、引脚中断使能 P1IEN、总中断使能 EA 和端口中断 P1IE 使能。最后,如果对中断优先级有要求,还可设置 IP1_4 和 IP0_4 控制位。

同样地,要使能 P2 端口外部中断,需要使能 4 个使能控制开关,分别对应触发方式配置 PICTL.P2ICON、引脚中断使能 P2IEN、总中断使能 EA 和端口中断 P2IE 使能。最后,如果对中断优先级有要求,还可设置 IP1_1 和 IP0_1 控制位。

① 配置 I/O 中断触发方式

上升沿或下降沿触发方式的选择是由中断控制寄存器 PICTL 控制,PICTL 的基本特性见表 4-3。

表 4-3 PICTL 的基本特性

位	名称	复位	R/W	描述
7	PADSC	00	R0	控制 I/O 引脚在输出模式下的驱动能力,选择输出驱动能力来补偿引脚 DVDD 的低 I/O 电压(为了确保在较低的电压下的驱动能力和较高电压下的驱动能力相同)。 0:最小驱动能力增强,DVDD1/2 ≥ 2.6 V 1:最大驱动能力增强,DVDD1/2 < 2.6 V
6~4	—	000	R0	保留
3	P2ICON	0	R/W	为端口 2 的输入 P2_4~P2_0 所有引脚选择中断请求条件。 0:输入的上升沿引起中断 1:输入的下降沿引起中断
2	P1ICONH	0	R/W	为端口 1 的 P1_7~P1_4 引脚选择中断请求条件。 0:输入的上升沿引起中断 1:输入的下降沿引起中断
1	P1ICONL	0	R/W	为端口 1 的 P1_3~P1_0 引脚选择中断请求条件。 0:输入的上升沿引起中断 1:输入的下降沿引起中断
0	P0ICON	0	R/W	为端口 0 的输入 P0_7~P0_0 选择中断请求条件。 0:输入的上升沿引起中断 1:输入的下降沿引起中断

表 4-3 中,整个 P0 端口(P0_7~P0_0 引脚)上升沿或者下降沿的触发由 PICTL 的第 0 位控制。例如,如果 P0 端口任意引脚对应的外部中断的触发方式为下降沿,则 PICTL|=0x01;如果 P0 端口任意引脚触发方式为上升沿,则 PICTL&=~0x01。

P1 端口的低 4 位(P1_3~P1_0)由 PICTL 的第 1 位控制,P1 端口的高 4 位(P1_7~P1_4)由 PICTL 的第 2 位控制。例如,如果外部中断对应的引脚 P1_3~P1_0 任意引脚为下降沿触

发,则配置 PICTL|=0x02；如果外部中断对应的引脚 P1_7~P1_4 任意引脚为下降沿触发,则配置 PICTL|=0x04。

② 使能引脚中断屏蔽寄存器

由图 4-5 可知,配置了中断触发方式后,接下来需要配置引脚中断屏蔽寄存。P0 端口中断屏蔽寄存器 P0IEN 的基本特性见表 4-4。

表 4-4 P0IEN 的基本特性

位	名称	复位	R/W	描述
7~0	P0_[7:0]IEN	0x00	R/W	P0.7~P0.0 中断使能。 0：中断禁止　1：中断使能

由表 4-4 可知,若要使能 P0 端口某个引脚的中断,需要将 P0IEN 对应位置 1。P0IEN 只可按字节操作,如果要使能 P0_1 外部中断,则需要配置中断屏蔽寄存器 P0IEN|=0x02。

P1 端口中断屏蔽寄存器 P1IEN 的特性与 P0IEN 类似,故不再赘述。

P2 端口中断屏蔽寄存器 P2IEN 的特性与 P0IEN、P1IEN 稍有不同,见表 5-5。P2IEN 的第 0~4 位控制 P2_0~P2_4 引脚中断使能。P2IEN 的第 5 位是 USB 中断使能位,P2IEN 的第 7 位~第 6 位是保留位。

表 4-5 P2IEN 的基本特性

位	名称	复位	R/W	描述
7~6	—	00	R0	保留
5	DPIEN	0	R/W	USB D+ 中断使能。 0：USB D+ 中断禁止　1：USB D+ 中断使能
4~0	P2_[4:0]IEN	0 0000	R/W	P2.4~P2.0 中断使能。 0：中断禁止　1：中断使能

P2IEN 控制通用 I/O 中断 P2 端口各 I/O 引脚的中断使能和禁止。P2IEN 只可以按字节操作,如果使能 P2_4 中断,则需要配置 P2IEN|=0x01<<4,或者 P2IEN|=0x10。

③ 使能总中断

由图 4-4 可知,配置了外部中断触发和中断屏蔽寄存器后,需要配置使能总中断开关 EA。实际上,EA 是中断使能寄存器 IEN0 的第 7 位,IEN0 特性见表 4-6。

表 4-6 IEN0 的基本特性

位	名称	复位	R/W	描述
7	EA	0	R/W	总中断开关。 0：总中断禁止　1：总中断使能
6	—	0	R0	保留
5	STIE	0	R/W	睡眠定时器中断使能控制。 0：中断禁止　1：中断使能
4	ENCIE	0	R/W	AES 加密解密中断使能控制。 0：中断禁止　1：中断使能

续表

位	名称	复位	R/W	描述
3	URX1IE	0	R/W	串口1接收中断使能控制。 0：中断禁止　1：中断使能
2	URX0IE	0	R/W	串口0接收中断使能控制。 0：中断禁止　1：中断使能
1	ADCIE	0	R/W	ADC中断使能控制。 0：中断禁止　1：中断使能
0	RFERRIE	0	R/W	RF内核中断使能控制。 0：中断禁止　1：中断使能

IEN0可以按字节操作，也可按位操作。如果使能总中断，则可配置寄存器IEN0|=（0x1<<7）；或直接按位赋值EA=1。

IEN0还包含了串口0和串口1接收中断使能、ADC中断使能位等。如果要将某一位中断使能，只需要将IEN0中对应的位设置为1；如果禁止中断，只需要将其设置为0。

④ 使能端口中断

由图4-4可知，最后还需要对端口中断使能。端口P0中断由P0IE控制。需要注意的是，P0IE不是一个寄存器，而是中断使能寄存器IEN1的第5位，IEN1寄存器的特性见表4-7。

表4-7　IEN1的基本特性

位	名称	复位	R/W	描述
7~6	—	00	R0	保留
5	P0IE	0	R/W	端口0中断使能。 0：中断禁止　1：中断使能
4~0	—	—	R/W	定时器中断和DMA中断使能控制位（本项目不涉及，暂不介绍）

IEN1可以按字节操作，也可按位操作。如果使能P0端口中断，则可配置寄存器IEN1|=（0x1<<5）；或直接按位赋值P0IE=1。

IEN1寄存器还控制定时器1~定时器4的中断使能，以及DMA中断使能等。如果要将某一位中断使能，只需要将IEN1中对应的位设置为1；如果禁止中断，只需要将其设置为0。

IEN1寄存器中没有P1端口和P2端口的中断使能位。如果要配置P1端口和P2端口的中断使能，则需要配置IEN2。IEN2特性见表4-8。

表4-8　IEN2的基本特性

位	名称	复位	R/W	描述
7~6	—	00	R0	保留
5	WDTIE	0	R/W	看门狗定时器中断使能。 0：中断禁止　1：中断使能

续表

位	名称	复位	R/W	描述
4	P1IE	0	R/W	端口 1 中断使能。 0：中断禁止　1：中断使能
3	UTX1IE	0	R/W	USART1 TX 中断使能。 0：中断禁止　1：中断使能
2	UTX0IE	0	R/W	USART2 TX 中断使能。 0：中断禁止　1：中断使能
1	P2IE	0	R/W	端口 2 中断使能。 0：中断禁止　1：中断使能
0	RFIE	0	R/W	RF 一般中断使能。 0：中断禁止　1：中断使能

IEN2 可以按字节操作，也可按位操作。如果使能 P1 端口中断，则可配置寄存器 IEN2|=（0x1<<4），或直接按位赋值 P1IE=1。

IEN2 控制看门狗定时器、P1 端口中断、串口发送中断、P2 端口中断、RF 中断的使能和禁止。如果使某一位中断使能，只需要将 IEN2 中对应的位设置为 1；如果将中断禁止，只需要将其设置为 0。

（3）外部中断状态标志

① 端口中断状态标志寄存器 PxIFG（x=0,1,2）

由图 4-4 可知，中断使能位全部配置后，一旦发生中断，中断状态标志寄存器相应位将置 1。P0/P1 端口中断状态标志寄存器特性见表 4-9，当某一位等于 1 时，表示该位对应引脚发生外部中断。例如，按键 SW1 按下后，按键引脚 P1.2 对应的 P1IFG 的第 2 位置 1。按键 SW2 按下后，按键引脚 P0_1 对应的 P0IFG 的第 0 位置 1。

表 4-9　PxIFG（x=0,1）的基本特性

位	名称	复位	R/W	描述
7~0	PxIF[7:0]	0x00	R/W0	端口 x=0,1 的引脚 P0_7~P0_0 中断状态标志。 0：未发生中断　1：发生中断

端口 2 的中断状态标志寄存器 P2IFG 的特性见表 4-10，与端口 0 和端口 1 的中断状态标志寄存器稍有不同，P2IFG 的第 4~0 位对应 P2_4~P2_0 的状态标志位，P2IFG 的第 5 位对应 USB 的中断状态标志。

表 4-10　P2IFG 的基本特性

位	名称	复位	R/W	描述
7~6	—	00	R0	保留
5	DPIF	0	R/W	USB D+ 中断使能。 0：未发生 USB D+ 中断　1：发生 USB D+ 中断
4~0	P2IF_[4:0]	0 0000	R/W	P2_4~P2_0 中断标志。 0：未发生端口中断　1：发生中断

P0IFG、P1IFG、P2IFG 不能按位操作，只能按字节操作。端口 I/O 中断发生后，中断标志寄存器的对应位自动置 1。在中断处理函数中判断是否有中断发生只需要判断寄存器 PxIFG（x=0,1,2）的值是否大于 0，或者 PxIFG（x=0,1,2）的某一位是否大于 0 即可。

② 端口中断状态标志位 PxIF（x=0,1,2）

如图 4-4 所示，除了外部 I/O 引脚中断状态标志寄存器 IRWN 相应位置 1，外部中断发生时端口中断状态标志位 PxIF（x=0,1,2）也置 1。其中，P0IF 是端口 0 的中断状态标志。P0IF 是 IRCON 的第 5 位。IRCON 的特性见表 4-11。

表 4-11　IRCON 的基本特性

位	名称	复位	R/W	描述
7	STIF	0	R/W	睡眠定时器状态标志。 0：无中断　1：发生中断
6	—	0	R/W	该位必须写 0；写 1 将总是使能中断源
5	P0IF	0	R/W	端口 0 中断标志。 0：无中断　1：发生中断
4~0	—	—	R/W	定时器 1~4 中断标志及 DMA 中断标志（本项目不涉及，暂不介绍）

P1IF 和 P2IF 是端口 1 和端口 2 的中断状态标志位。P1IF 和 P2IF 分别对应 IRCON2 的第 3 位和第 0 位。IRCON2 的特性见表 4-12。

表 4-12　IRCON2 的基本特性

位	名称	复位	R/W	描述
7~5	—	000	R0	保留
4	WDTIF	0	R/W	看门狗定时器中断标志。 0：无中断　1：发生中断
3	P1IF	0	R/W	端口 1 中断标志。 0：无中断　1：发生中断
2	UTX1IF	0	R/W	USART1 TX 中断标志。 0：无中断　1：发生中断
1	UTX0IF	0	R/W	USART2 TX 中断标志。 0：无中断　1：发生中断
0	P2IF	0	R/W	端口 2 中断标志。 0：无中断　1：发生中断

中断服务函数里，需要清除中断标志位。否则，CPU 跳出中断服务函数后，将再次回到中断服务函数执行中断函数指令。

三、任务实施

1. 电路分析

如图 3-19 所示，按键 SW1 对应 CC2530 引脚 P1_2，按键 SW1 为上拉模式，3.3 V 的直流电源通过一个 10 kΩ 的电阻连接在 P1_2 引脚。P1_2 引脚通过按键接地,按下按键时,P1_2 由高电平变为低电平,中断触发方式设置为下降沿触发。

2. 工作流程

按键中断控制 LED 亮灭的主程序工作流程如图 4-6 所示,与项目 3 任务 5 中按键控制 LED 配置类似,按键中断控制 LED 亮灭状态,首先需要在主程序中配置 LED 和按键 GPIO 相应寄存器,使得 LED 为输出模式,按键为上拉输入模式。

与项目 3 任务 5 按键控制 LED 配置不同的是,按键中断主程序中需要增加中断使能配置。外部 I/O 中断配置主要目标是使能外部中断各开关,使系统具有中断功能。使能中断功能后,CPU 进入 while(1) 循环空闲等待模式,不执行具体指令。

一旦按下按键,中断标志寄存器置 1,CPU 检测到中断标志位置 1,从空闲等待状态跳转到中断服务函数。执行完相关任务后,清除中断标志位,结束中断服务函数,再次返回主程序。按键中断服务函数流程如图 4-7 所示。

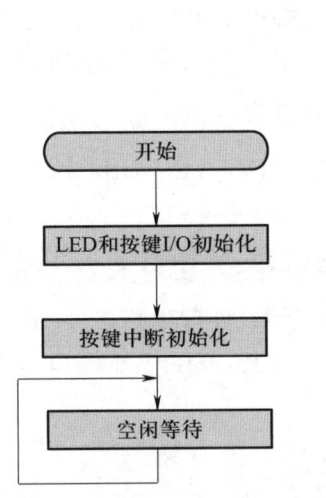

图 4-6 按键中断控制 LED 主程序流程

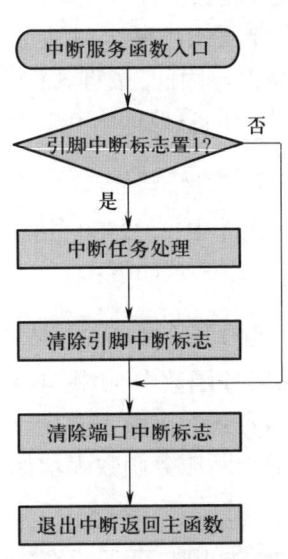

图 4-7 中断服务函数流程

由于同一个端口共用一个中断向量,例如,P0 端口的 8 个 I/O 引脚共用 0x6B 这一个中断向量入口地址。所以,在中断服务函数中,CPU 首先需要判断具体是哪个 I/O 引脚引起的中断。然后,进行对应中断事件的任务处理。最后,再清除中断标志位。

3. 设计关键函数

(1) 设计按键中断初始化函数

首先,进行触发方式配置。按键 SW1 配置为下降沿触发,SW1 对应 P1_2,对照表 5-3 PICTL 基本特性可知,PICTL 的第 1 位控制 P1_3~P1_0 的触发方式,因此需将 PICTL 的第 1 位置 1。PICTL 不能按位操作,需要对 PICTL 按字节整体操作。因此,对其执行操作 PICTL=0x02。

其次,配置引脚使能 P1IEN,需要配置按键引脚 P1_2 对应的使能位置 1。因此,P1IEN|=0x04,也可执行按位操作:P1IEN|=0x01<<2。

然后,打开总中断,即 EA=1。EA 是 IEN0 的第 7 位,因此,打开总中断也可按字节操作表示成 IEN0|=0x80,或 IEN0|=0x01<<7。

最后，使能端口中断，设置 P1IE=1。P1IE 是 IEN2 的第 4 位，IEN2 按字节操作，因此，IEN2 |=0x10，也可执行按位操作 IEN2 |=0x01<<4。综上，按键 P1_2 中断初始化函数 void init_IT_SW1( ) 的定义如下：

```
/*------------ 按键 SW1（P1_2）中断初始化函数 --------*/
void init_IT_SW1( void )
{
    PICTL|=0x02;  //P1_2 下降沿触发
    P1IEN|=0x01<<2;  //P1_2 使能
    EA=1;  // 总中断使能
    IEN2|=0x01<<4;  // 即 P1IE=1 端口中断使能
}
```

（2）设计中断服务函数

中断服务函数的任务是响应中断，处理中断任务，通常要求中断处理时间短。

首先需要写出中断入口地址和中断函数的定义。本任务是按键 SW1（P1_2）控制 LED3（P1_0）的亮灭。因此，按键 SW1 对应的中断向量是端口 1 中断向量，由表 4-1 可知，CC2530 端口 P1 的中断向量地址为 0x7B。中断服务函数的入口地址可直接表示如下：

```
#pragma vector=0x7B;  //P1 端口的外部中断地址
```

在 IAR 软件中，CC2530 外部中断 1 的宏定义为 P1INT_VECTOR。因此，中断服务函数的入口地址还可以表示如下：

```
#pragma vector=P1INT_VECTOR// 中断向量常用宏定义表示
```

在中断服务函数中，由图 4-4 可知，需要判断中断源、处理中断事件、清除中断标志位等。其中，中断服务函数名称是自定义的。本任务中定义位 P1_ISR，表示端口 1 的中断服务函数。因此，完整的中断服务函数表示如下：

```
/*------ 外部中断服务函数（按键 P1_2）--------*/
#pragma vector=P1INT_VECTOR // 中断向量入口地址
__interrupt void P1_ISR( void )// 中断函数定义
{
    if( P1IFG&0x04 )// 判断中断标志位，取 P1IFG 的第 2 位
    {
        LED3=~LED3;// 中断任务处理，LED3 状态切换，实现开关功能
        P1IFG&=~0x04;// 清除引脚中断标志位，单任务可直接清零 P1IFG=0；
    }
    P1IF=0;// 先清除引脚中断标志位 P1IFG，后清除端口中断标志位
}
```

本任务中中断处理是控制 LED 状态，这一任务比较简单，可以直接在中断服务函数中执行。对于比较复杂、耗时较多的中断任务，为了确保实时响应多任务中断，通常不直接在中断服务函数中处理中断任务，而是设定一个全局中断状态变量，在中断服务函数中设置该全局中断状态变量的值，在主函数中不断查询该中断状态变量执行相应任务。

注意，在外部 I/O 中断服务函数中，需要先清除引脚标志位，然后再清除端口中断标志位，

即上述代码块中第 8 行和第 9 行代码顺序不能交换;否则,并不能真正清除端口中断标志位 P1IFG。可以在调试中用 Watch 窗口单步执行观察不同情况下寄存器的变换情况。

(3)设计主函数

主函数中,只进行 LED 的初始化和按键中断初始化,然后就进入 while(1) 循环中空闲等待。真正的事件处理在中断服务函数中实现。中断控制的主函数代码如下:

```c
/*------ 按键中断控制 LED 主函数 ------*/
#include<ioCC2530.h>
#define LED3 P1_0
void init_LED3( void );
void init_SW1( void );
void init_IT_SW1( void );
main( )
{
init_LED3( );//LED3 GPIO 初始化
init_SW1( );// 按键 SW1 GPIO 初始化
init_IT_SW1( );// 按键 SW1 中断使能
while( 1 );
}
```

(4)任务结果

将代码编译无误下载到实训主控板后,按下按键 SW1,LED3(P1_0)点亮,再次按下 SW1,LED3(P1_0)熄灭。按下按键 SW1,LED3(P1_0)状态发生变化,按键起到开关作用。

任务 2 外部中断控制流水灯

一、任务描述

利用外部中断按键 SW2(P0_1)控制流水灯的开启 / 关停功能,即实训主控板通电后,4 个 LED 按以下方式工作:

① 通电后,LED3~LED6 熄灭;

② 按下 SW2 按键,流水灯状态启动,按照 LED3 → LED4 → LED5 → LED6 → LED4 的顺序依次点亮,循环显示展现出流水灯的效果;

③ 再次按下 SW2 按键,暂停流水灯状态;

④ 重复②~③,如此反复。

任务关键是使能按键中断,在中断服务函数中设置按键状态,在主函数中根据按键状态控制流水灯状态。

二、任务实施

1. 任务流程

按键中断控制 LED 流水灯流程如图 4-8 所示,在主程序中,首先进行 LED 初始化和中断初始化,然后在while(1)循环中,CPU根据按键状态来执行流水灯控制的任务。在中断服务函数中,只需要设置按键状态这个全局变量和清除中断标志。

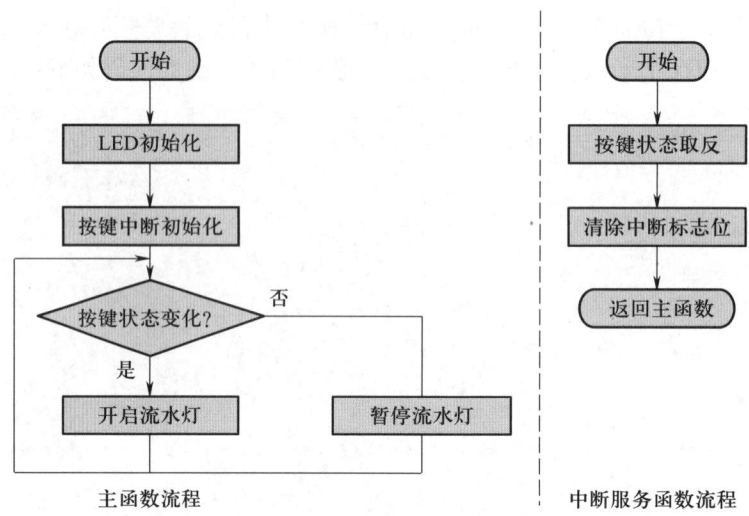

图4-8 按键中断控制LED流水灯程序流程

2. 设计关键函数

（1）设计初始化函数

按键中断控制流水灯任务中的I/O初始化,包含了流水灯初始化和按键SW2初始化。流水灯初始化在项目3中进行了详细介绍,按键SW2的初始化与按键SW1初始化类似。LED和按键的I/O初始化函数void init_IO()的定义如下：

```
/*————————LED流水灯初始化函数——————————*/
void init_IO（void）
{
//LED GPIO 初始化
P1DIR|=0x1B; //4个LED引脚设为输出
P1SEL&=~0x1B; //4个LED引脚设为GPIO
P1&=0xE4; //4个LED引脚初始为低电平
// 按键SW2（P0_1）GPIO初始化
P0SEL&=~0x02; //P0_1为GPIO
P0DIR&=~0x02; //P0_1为输入
P0INP&=~0x02; //P0_1为上拉或者下拉模式
P2INP&=~0x20; //P0端口为上拉模式
}
```

SW2按键中断初始化函数定义与SW1中断初始化定义相似,但是,由于按键SW2对应P0_1引脚,需要参考图4-5进行SW2中断使能。具体代码如下：

```
/*—————— 按键SW2（P0_1）中断使能初始化函数 ——————————*/
void int_IT_SW2（void）
{
```

```
//SW2-P0_1中断初始化
PICTL|=0x01; // 设置P0端口下降沿触发
P0IEN|=0x01<<1; // 按键SW1对应P0_1引脚中断屏蔽使能
IEN1|=0x01<<5; //P0IE是IEN1的第5位,对应P0IE置1
EA=1; // 使能总中断
}
```

按键SW2中断使能函数中,首先进行触发方式设定,PICTL的第0位为1时P0端口为下降沿触发。P0IEN的第1位置1使能P0.1的中断屏蔽标志位。P0IE位置1使能端口0中断,设置EA=1使能总中断。

(2)设计主函数

主函数中,首先需要初始化LED和按键的GPIO,然后进行按键中断初始化使能按键I/O中断。最后,在while(1)循环中,通过for循环实现流水灯效果。具体代码如下:

```
/*------------ 外部中断控制LED流水灯主函数 ---------------*/
#include<ioCC2530.h>
void Delay_ms( int ms );
void init_IO( ); //LED和按键GPIO初始化函数声明
void init_IT_SW2( void ); // 按键SW2中断初始化函数声明
// 数组定义对应P1逐个点亮LED电压设置
char code[6]={0x01,0x02,0x08,0x10,0x08,0x02};
char Flag=0; // 按键状态全局变量
main( )
{
init_IO( ); //LED和按键GPIO初始化函数调用
init_IT_SW2( ); // 按键SW2中断初始化函数调用
while(1)
{ // 根据按键状态进行流水灯控制
for( int i=0; i<6; i++ )
   {
if( Flag ){
    P1=code[i]; // 数组赋值
    Delay_ms( 1000 ); // 延时1s
    }
   }
}
}
```

(3)设计中断服务函数

在中断服务函数中,需要判断中断状态标志并进行相应中断事件处理,然后要清除中断标志位。本任务是按键SW2中断,对应中断向量入口地址位宏定义P0INT_VECTOR,具体代码如下:

```
/*------------ 按键SW2(P0_1)中断服务函数 ---------------*/
#pragma vector=P0INT_VECTOR //P0端口中断向量入口地址
__interrupt void P0_ISR( void )// 中断函数定义
```

```
}
if( P0IFG&0x02 )// 判断中断标志位,取 P0IFG 的第 1 位
{
// 中断任务处理,设置按键状态全局变量的取值
Flag=!Flag;
P0IFG&=~0x02;// 清除引脚中断标志位,单任务可直接清零 P0IFG=0;
}
P0IF=0; // 先清除引脚中断标志 P1IFG,后清除端口中断标志位
}
```

按键 SW2 的引脚 P0_1 中断标志位包含引脚中断标志位和端口中断标志位。在中断服务函数中,先根据 P1IFG 判断引脚 P0_1 中断;然后在中断任务处理中,设置按键状态全局变量 Flag 的取值。最后,对中断状态标志清零:先清除引脚中断标志位,再清除端口中断标志位。

3. 任务结果

将上述代码编译下载到实训主控板。4 个 LED 同时显示闪烁 5 次,然后接着显示流水灯效果,如此反复。

上述代码实际上存在一定的时间延迟。原因在于当按下按键时,如果 CPU 刚执行到代码 P1=code[i],那么中断服务函数返回后,CPU 返回现场仍将回到该行代码,需要执行下一行代码延时 1 s 后才进行按键状态标志判断,进而才能暂停 LED 流水灯。最大延时响应耗时在本任务中约为 1 s。

主函数调用延时函数时会造成延时响应,因此需进一步优化延时函数,可在延时函数中增加全局变量 Flag 标志的判断。改进后的延时函数如下:

```
/*---------- 改进的延时函数 ------------*/
void Delay_ms( int ms )
{
int i, j;
for( i=0; i<ms; i++ )
{
for( j=0; j<535; j++ )
{
if( !Flag )return;
}
}
}
```

在改进的延时函数中,每一次 for 循环判断,都增加对按键状态标志 Flag 的判断。如果按下按键(Flag=0),则 return 跳出函数不再执行当前的 for 循环延时。

改进后的代码既可以提高系统多任务响应的实时性,又可以将中断响应延时降低到最小。

项目小结

本项目介绍了 CC2530 的 I/O 中断应用程序开发,详细介绍了按键中断控制 LED 亮灭、按键中断控制 LED 流水灯和按键优先级的任务实施,项目小结如图 4-9 所示。需要重点理解中断过程和相关概念、CC2530 外部中断及中断使能初始化配置原理及方法,以及外部中断系统的设计,特别是中断服务函数的设计和应用。

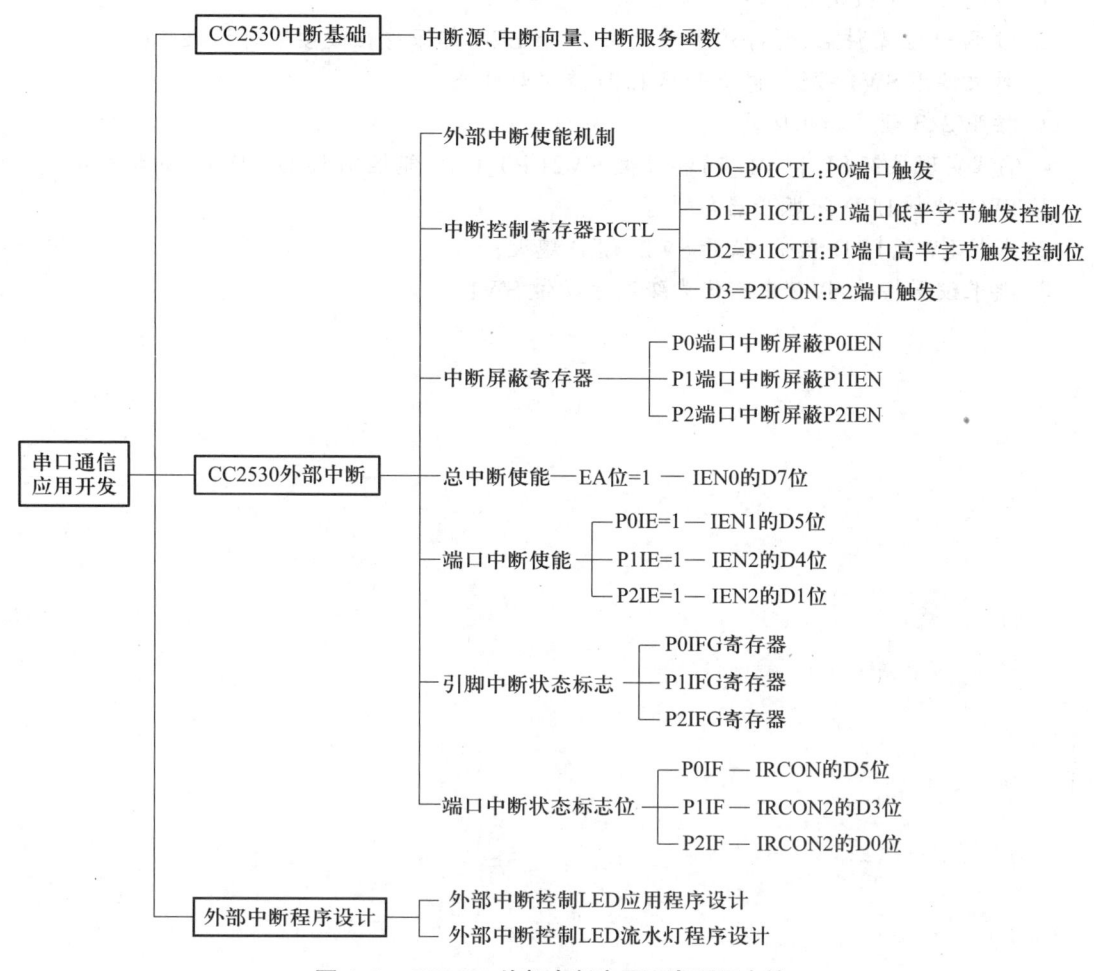

图 4-9　CC2530 外部中断应用开发项目小结

项目实训

1. 编程实现外部中断按键 SW2(P0_1)控制 LED(P1_0)亮灭:
① 上电初始化,LED 熄灭;
② 按下按键 SW2,LED 点亮;
③ 再次按下按键 SW2,LED 熄灭;
④ 按照②③顺序如此反复。

2. 编程实现外部中断按键 SW1(P1_2) 控制 LED(P1_0) 闪烁亮灭：
① 上电初始化，LED 熄灭；
② 按下按键 SW1，LED 闪烁；
③ 再次按下按键 SW1，LED 停止闪烁，LED 熄灭；
④ 按照②③顺序如此反复。
3. 编程实现外部中断按键 SW2(P0.1) 控制 LED 流水灯：
① 当没有按下按键时，系统按流水灯方式运行；
② 按下 SW2 案件后，暂停流水灯效果，4 个 LED 都保持在被按下时的状态；
③ 再次按下 SW1 按键，再次开启 LED 流水灯状态；
④ 按照②③顺序如此反复。
4. 编程实现按键 SW1(P1_2) 和按键 SW2(P0_1) 均能控制 LED(P1_0) 的状态：
① SW1 控制 LED 闪烁开启与暂停；
② 长按 SW2，LED 点亮，松开 SW2，LED 熄灭；
③ 要求设置按键 SW2 中断优先级高于按键 SW1。

项目 5

晶振与电源管理应用开发

> **项目目标**
> 1. 了解 CC2530 高速振荡器逻辑结构及特征。
> 2. 了解 CC2530 低速振荡器逻辑结构及特征。
> 3. 掌握 CC2530 时钟控制命令寄存器配置高速时钟源。
> 4. 了解 CC2530 的 5 种供电模式基本特征。
> 5. 掌握 CC2530 的 5 种供电模式配置。
> 6. 掌握 CC2530 主动模式与低功耗模式转换原理及方法。

任务 1 配置时钟源与系统时钟频率

一、任务描述

配置 CC2530 时钟源为系统提供主时钟,可灵活选择配置系统时钟频率。

二、必备知识

晶振犹如嵌入式系统的"心脏",上电后晶振将产生一个频率稳定的"心跳"信号。这个"心跳"就是 CPU 执行指令所必需的时钟信号。CPU 一切指令的执行都基于这个"心跳"信号提供的稳定频率。一般来说,时钟信号频率越高,CPU 的运行速度就越快。

通常一个嵌入式系统共用一个晶振,以便保持同步。不同子系统如果需要不同频率,则可以用不同锁相环(分频)提供所需要的时钟频率。

CC2530 共有 2 个高速振荡器为系统时钟提供时钟源,分别为 32 MHz 外部晶体振荡器(简称 32 MHz 晶振)和 16 MHz 内部 RC 振荡器(简称 16 MHz RC 振荡器)。图 5-1 为 CC2530 高速振荡器的逻辑框图。具体选择哪个时钟源由 CLKCONCMD.OSC 控制。当 CLKCONCMD.OSC=1 时,系统时钟由 16 MHz RC 振荡器提供时钟源;当 CLKCONCMD.OSC=0 时,系统时钟由 32 MHz 晶振提供时钟源。

32 MHz 晶振除了为内部时钟提供时钟源之外,还用于 RF 无线收发。16 MHz RC 振荡器也可以为内部时钟提供时钟源,但不能用于 RF 无线收发。

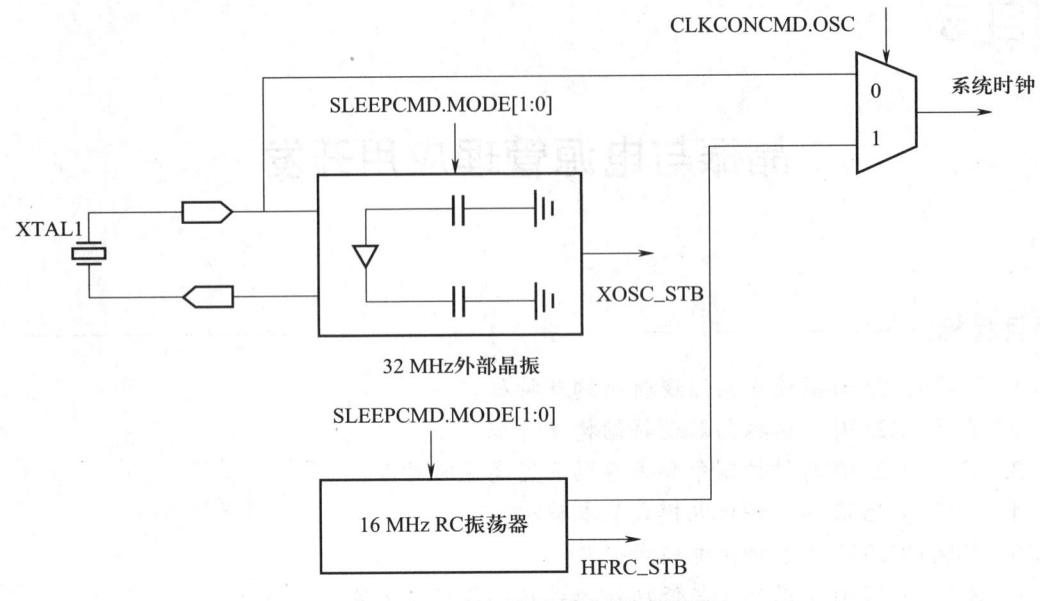

图 5-1 CC2530 高速振荡器逻辑框图

由于 32 MHz 晶振启动时间比较长,所以当选用 32 MHz 晶振作为主时钟源时,内部应首先选择 16 MHz RC 振荡器使系统运转起来,32 MHz 晶振稳定之后再将其作为主时钟源。如果要使用 RF 无线收发器,需要使用 32 MHz 晶振作为主时钟源并保持稳定。

CC2530 还有 2 个低速振荡器为睡眠定时器和看门狗定时器提供时钟源,分别为 32 kHz 外部晶体振荡器(简称 32 kHz 晶振)和 32 kHz 内部 RC 振荡器(简称 32 kHz RC 振荡器)。图 5-2 为 CC2530 低速振荡器逻辑框图。

32 kHz 晶振运行在 32.768 kHz 上,为系统提供一个稳定的时钟信号。

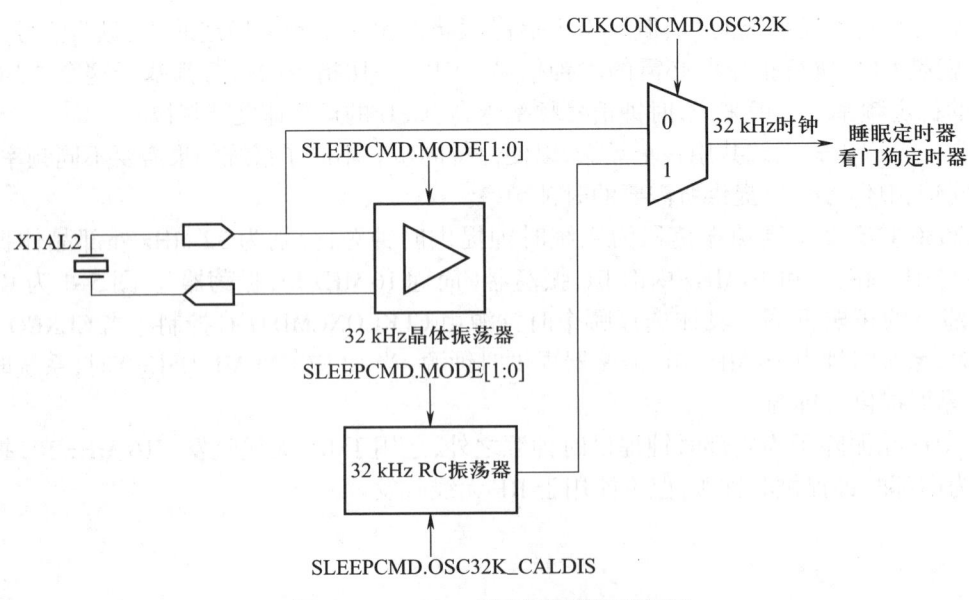

图 5-2 CC2530 低速振荡器逻辑框图

32 kHz RC 振荡器运行在 32.753 kHz 上,当系统时钟需要校准时使用此振荡器,校准只能发生在系统时钟工作由 16 MHz RC 振荡器转到 32 MHz 晶振时。需要注意的是 32 kHz 晶振和 32 kHz RC 振荡器不能同时使用。

由图 5-2 可知,CLKCONCMD.OSC32K 控制 32 kHz 时钟具体选择哪个时钟源。当 CLKCONCMD.OSC32K=1 时,系统时钟由 32 kHz RC 振荡器提供时钟源;当 CLKCONCMD.OSC32K =0 时,系统时钟由 32 kHz 晶振提供时钟源。

综上,CC2530 有 2 个外部晶体振荡器(32 MHz 高速晶振和 32 kHz 低速晶振)和 2 个内部 RC 振荡器(16 MHz 高速 RC 和 32 kHz 低速 RC)。其中,外部晶体振荡器精度高、耗电大、启动慢;RC 振荡器耗电小、启动快,但精度略低。

三、任务实施

由图 5-1 可知,具体选择哪个晶振作为系统时钟源由时钟寄存器 CLKCONCMD 控制。CLKCONCMD 的特征见表 5-1。CLKCONCMD 寄存器的第 6 位是 CLKCONCMD.OSC,控制系统时钟源的设定。CLKCONCMD.OSC 的复位值是 1,表示默认选择 16 MHz 的系统时钟源。

需要注意的是,CLKCONCMD 寄存器只能按字节操作。如果要设置 32 MHz 的系统时钟源,则需要将寄存器配置为 CLKCONCMD&=~0x40;

表 5-1 CLKCONCMD 的基本特性

位	名称	复位	描述
7	OSC32K	1	选择 32 kHz 时钟振荡器;设置该位只能发起一个时钟源改变,要改变该位,必须选择 16 MHz RCOSC 作为系统时钟。 0: 32 kHz XOSC 1: 32 kHz RCOSC
6	OSC	1	选择系统时钟源;设置该位只能发起一个时钟源改变。 0: 32 MHz XOSC 1: 16 MHz RCOSC
5~3	TICKSPD	001	定时器标记输出设置;不能高于通过 OSC 位设置的系统时钟设置。 000: 32 MHz 001: 16 MHz 010: 8 MHz 011: 4 MHz 100: 2 MHz 101: 1 MHz 110: 500 kHz 111: 250 kHz
2~0	CLKSPD	001	时钟速度;不能高于通过 OSC 位设置的系统时钟设置,标识当前系统时钟频率。 000: 32 MHz 001: 16 MHz 010: 8 MHz 011: 4 MHz 100: 2 MHz 101: 1 MHz 110: 500 kHz 111: 250 kHz

时钟速度 CLKCONCMD.CLKSPD 位反映了系统时钟频率,因此可以看成是 CLKCONCMD.OSC 位的映射。根据表 5-1,时钟速度设定 250 kHz~32 MHz 之间的任意值,但是不能高于 OSC 位设置的晶振频率。

注意，在调试 Debugger 模式下，不能对系统时钟分频。如果选择 32 MHz 时钟源，即 CLKCONCMD.OSC = 0，则 CLKCONCMD.CLKSPD=000；如果选择 16 MHz 时钟源，即 CLKCONCMD.OSC = 1，则 CLKCONCMD.CLKSPD=001。

另外，CLKCONCMD.OSC 不会立即改变时钟源的设定。当 CLKCONSTA.OSC=CLKCONCMD.OSC 时，时钟源设定才能生效。这是由于在改变时钟源之前必须保证时钟源的稳定。其中，CLKCONSTA 表示时钟控制状态寄存器，其基本特性见表 5-2。

表 5-2 CLKCONSTA 的基本特性

位	名称	复位值	描述
7	OSC32K	1	选择当前 32 kHz 时钟源。 0：32 kHz 晶振　　1：32 kHz RCOSC
6	OSC	1	选择当前系统时钟源。 0：32 MHz XOSC　　1：16 MHz RCOSC
5~3	TICKSPD	001	当前定时器滴答值时钟/标定时钟。 000：32 MHz　　001：16 MHz 010：8 MHz　　　011：4 MHz 100：2 MHz　　　101：1 MHz 110：500 kHz　　111：250 kHz
2~0	CLKSPD	001	当前时钟速度。 000：32 MHz　　001：16 MHz 010：8 MHz　　　011：4 MHz 100：2 MHz　　　101：1 MHz 110：500 kHz　　111：250 kHz

由表 5-2 可知，CLKCONSTA 寄存器的第 6 位表示当前系统的时钟源。复位值为 1，表示系统时钟源默认为 16 MHz RC 振荡器。一旦设定并稳定在 32 MHz 外部晶振状态下，CLKCONSTA 寄存器的第 6 位从 1 变为 0。

例 配置相关寄存器，使 CC2530 系统时钟稳定工作在 32 MHz。

解 主控芯片要工作在 32 MHz，需要设置 32 MHz 的外部晶振且不会立即改变时钟源。而当 CLKCONSTA.OSC=0 时，才表明 32 MHz 外部晶振稳定生效。

根据上述分析，定义一个 32 MHz 外部晶振时钟源初始化函数 init_clock( ) 如下：

```
/*—————————— 系统时钟源初始化函数（32MHz 系统时钟）——————————*/
void init_clock( void )
{
CLKCONCMD&=~0X40; // 选择系统时钟源为 32MHz 晶振
while( CLKCONSTA&0x40 );/* 等待 32MHz 晶振稳定 */
CLKCONCMD&=~0X47; // 设置时钟速度 32MHz
}
```

类似地，设置 32 kHz 外部晶振，初始化函数 void init_clock32 kHz( ) 如下：

```
/*--------------- 睡眠时钟初始化函数（32kHz 外部时钟）---------------*/
void init_clock32kHz( void )
{
CLKCONCMD&=~0X80; // 选择 32kHz 外部晶振
while( CLKCONSTA&0x80 );/* 等待 32kHz 晶振稳定 */
}
```

任务 2　主动模式与低功耗模式切换

一、任务描述

实现 CC2530 主动模式与低功耗模式 PM3 切换，即实现系统初始化后处于主动状态，LED3（P1_0）闪烁 5 次后进入 PM3 低功耗模式，按下按键 SW1（P1_2）后触发外部中断，退出 PM3 低功耗模式，LED 再次闪烁 5 次，然后再次进入低功耗模式，如此循环。

低功耗是 ZigBee 网络的一个重要特点。例如，在没有无线数据发送时，关闭 RF 射频收发器，从而节约能源。本任务以 LED 闪烁作为主任务，主任务处理完（闪烁 5 次）后进入低功耗模式 PM3 休眠。当需要进行主任务处理（LED 闪烁）时，通过外部中断再次唤醒设备进入主动模式。从而实现从主动模式到低功耗模式，以及从低功耗到主动模式的转化。

二、必备知识

CC2530 有 5 种供电模式：主动模式、空闲模式、PM1、PM2 和 PM3 模式，见表 5-3。

表 5-3　CC2530 供电模式

供电模式	高频振荡器	低频振荡器	稳压器（数字）
主动模式	32 MHz 晶振或 16 MHz RC 振荡器	32 kHz 晶振或 32 kHz RC 振荡器	ON
空闲模式	32 MHz 晶振或 16 MHz RC 振荡器	32 kHz 晶振或 32 kHz RC 振荡器	ON
PM1	无	32 kHz 晶振或 32 kHz RC 振荡器	ON
PM2	无	32 kHz 晶振或 32 kHz RC 振荡器	OFF
PM3	无	无	OFF

不同的供电模式对系统运行的影响不同。

（1）主动模式：也称为完全功能模式。在此模式下，稳压器的数字内核开启；高频振荡器 32 MHz 晶振或 16 MHz RC 振荡器运行，或二者都运行；低频振荡器的 32 kHz 晶振或 32 kHz RC 振荡器运行。此时 CPU、外设和 RF 无线收发器都是活动的，可以操作寄存器使

CPU 内核停止运行,进入空闲模式,也可以通过复位、外部中断或睡眠定时器到期唤醒空闲模式。

（2）空闲模式：当 CPU 内核停止运行时即进入空闲模式；当 CPU 处于工作状态时与主动模式相同。可以通过复位、外部中断或睡眠定时器到期唤醒进入主动模式。

（3）PM1：在 PM1 模式下,稳压器的数字部分开启；高频振荡器的 32 MHz 晶振或 16 MHz RC 振荡器都不运行；低频振荡器的 32 kHz 晶振或 32 kHz RC 振荡器运行。若发生复位、外部中断或睡眠定时器到期时系统将转到主动模式。当系统运行在此模式下时,将运行一个掉电序列。PM1 模式使用的上电和掉电序列较快,适用于等待唤醒事件的时间小于 3 ms 的情况。

（4）PM2：在此模式下,稳压器的数字部分关闭；高频振荡器的 32 MHz 晶振或 16 MHz RC 振荡器都不运行；低频振荡器的 32 kHz 晶振或 32 kHz RC 振荡器运行。当发生复位、外部中断或睡眠定时器到期时系统将转到主动模式。此模式适用于睡眠时间超过 3 ms 的情况。

（5）PM3：在此模式下,稳压器数字部分关闭；所有的振荡器都不运行。当发生复位、外部中断时系统将转到主动模式。PM3 适用于系统最低功耗运行的情况。

不同供电模式可以通过主动模式进行互相转换,如图 5-3 所示。

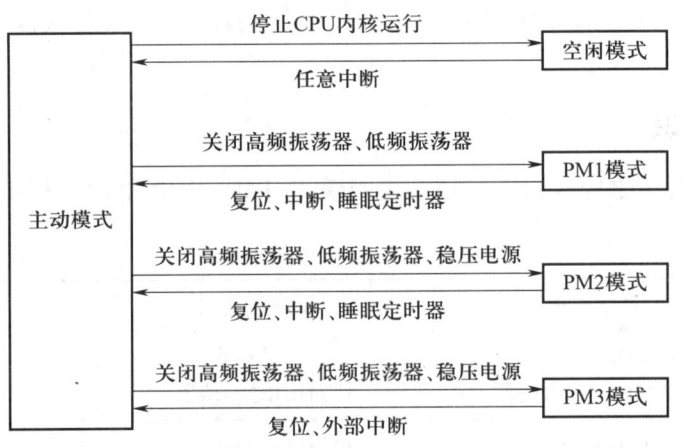

图 5-3　5 种供电模式的相互转换

根据 CC2530 数据手册,不同电源运行模式下的电流消耗不同,见表 5-4。

表 5-4　CC2530 不同供电模式下的电流消耗

电源运行模式	电流消耗
主动接收模式（CPU 空闲）	24 mA
主动发送模式 1 dBm 发射功率下（CPU 空闲）	29 mA
PM1（4 μs 唤醒）	0.2 mA
PM2（睡眠定时器运行模式）	1 μA
PM3（外部中断唤醒）	0.4 μA

假设一节 5 号干电池的电池容量为 1 500 mAh。如果该电池给 CC2530 供电，根据总电池容量 = 电流 × 时间，可以算出不同供电模式下耗电量，见表 5-5。

表 5-5 CC2530 不同供电模式下连续工作时长（1 500 mAh）

电源运行模式	连续工作时长
主动接收模式（CPU 空闲）	62.5 h
主动发送模式 1 dBm 发射功率下（CPU 空闲）	51.7 h
PM1（4 μs 唤醒）	7 500 h（312.5 天）
PM2（睡眠定时器运行模式）	1.5×10^6 h（62 500 天，171 年）
PM3（外部中断唤醒）	3.75×10^6 h（156 250 天，428 年）

具体选择哪个电源模式，需要通过电源管理寄存器来配置。CC2530 有 3 个电源管理寄存器，分别是睡眠控制寄存器（SLEEPCMD）、供电模式寄存器（PCON）和睡眠模式状态寄存器（SLEEPSTA）。

SLEEPCMD 的基本特性见表 5-6。

表 5-6 SLEEPCMD 的基本特性

位	名称	复位	R/W	描述
7	OSC32K_CALDIS	0	R/W	禁用 32 kHz RC 振荡器校准。 0：使能 32 kHz RC 振荡器校准 1：禁用 32 kHz RC 振荡器校准 此设置可以在任何时间写入，但是在芯片没有运行在 16 MHz RC 振荡器时不起作用
6~3	—	0000	R0	保留
2		1	R/W	总为 1，关闭不用的 RC 振荡器
1~0	MODE[1:0]	00	R/W	供电模式设置。 00：主动模式或空闲模式　10：PM2 01：PM1　　　　　　　　　　11：PM3

由表 5-6 可知，SLEEPCMD 的第 0 位和第 1 位共同决定供电模式。

供电模式选择后，系统尚未进入设定的供电模式，需要配合设置 PCON 寄存器才能真正进入 SLEEPCMD 设定的供电模式。PCON 的基本特性见表 5-7。

表 5-7 PCON 的基本特性

位	名称	复位	R/W	描述
7~1	—	000000	R0	保留
0	IDLE	0	R/W/H0	供电模式设置。 1：强制设备进入 SLEEP.MODE 设置的供电模式，停止 CPU 内核活动（中断可以清除此位）

假设模块要进入低功耗模式 PM3,则需按如下代码设置:

```
SLEEPCMD|=0x03;//PM3 模式
PCON|=0x01;// 强制设备进入 SLEEP.MODE 设置供电模式。
```

SLEEPSTA 的基本特性见表 5-8。

表 5-8 SLEEPSTA 的基本特性

位	名称	复位	R/W	描述
7	OSC32K_CALDIS	0	R	禁用 32 kHz RC 振荡器校准。 0:使能 32 kHz RC 振荡器校准 1:禁用 32 kHz RC 振荡器校准 此设置可以在任何时间写入,但是在芯片没有运行在 16 MHz RC 振荡器时不起作用
6	XOSC_STB	0	R	32 MHz 晶振稳定状态。 0:32 MHz 晶振上电不稳定 1:32 MHz 晶振上电稳定
5	—	0	R	保留
4~3	RST[1:0]	XX	R	状态位,表示上一次复位的原因。 00:上电复位和掉电探测　　10:看门狗定时器复位 01:外部复位　　　　　　　11:时钟丢失复位
2~1	—	00	R	保留
0	CLK32K	0	R	32 kHz 时钟信号(与系统时钟同步)

等待 32 MHz 晶振稳定的代码如下:

```
while(!(SLEEPSTA & 0x40));
```

三、任务实施

1. 任务流程

由主动模式进入低功耗模式的流程如图 5-4 所示,上电后,首先进行 LED 和按键的 GPIO 初始化,然后进行按键中断使能初始化。最后,在 CPU 执行 LED 闪烁任务后,主动进入 PM3 低功耗模式,然后又返回执行 LED 闪烁。需要注意的是,系统一旦进入 PM3 模式,CPU 已经停止运行,不再返回执行闪烁任务。需要退出低功耗模式进入主动模式才能再次 LED 闪烁任务。由供电模式切换关系图可知,可以通过复位或外部中断的方式退出 PM3 模式。本任务采用外部中断的方式。

中断服务函数中无需进行任何具体的中断事件处理,只需要清除对应的中断标志位。执行完中断服务函

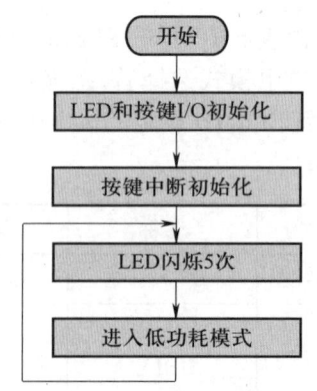

图 5-4 主动模式进入低功耗模式流程

数后，CPU 自动返回主程序，系统自动退出低功耗模式，再次执行 LED 闪烁的任务。

2. 设计关键函数

（1）设计初始化函数

I/O 初始化包括 LED（P1_0）和按键 SW1（P1_2）的 GPIO 初始化，以及 SW1 外部中断初始化函数，在项目 4 任务 1 中已详细介绍，不再赘述。

（2）设计低功耗模式函数

低功耗模式受 SLEEPCMD 寄存器和 PCON 寄存器的控制，定义一个电源模式函数 void PowerMode（unsigned char mode）具体代码如下，该函数的形式参数 mode 取值为 1、2、3 时分别代表进入低功耗 PM1、PM2、PM3 模式，mode 取其他值时进入主动模式。

```
/*—————————— 低功耗模式函数定义 ——————————*/
void PowerMode( unsigned char mode )
{
    // 配置寄存器
    if( mode<4 )
    {
        SLEEPCMD|=mode; // 后两位为模式选择位
        PCON|=0x01;  // 使选择的电源模式有效
    }
    else
    {
        SLEEPCMD&=~0x03;
        PCON=0X00;  // 主动模式
    }
}
```

（3）设计主函数

根据图 5-4，写出主函数代码如下。main( ) 函数前主要是头文件、LED 和按键的宏定义，以及 I/O 初始化、按键中断初始化和函数的声明。在 main( ) 函数中，CPU 进行 I/O 初始化和中断使能初始化，并在 while(1) 循环中执行完 LED 闪烁任务后，调用 PowerMode(3) 函数进入 PM3 低功耗模式。由于 PM3 模式下 CPU 内核停止运行，因此 LED 不再循环闪烁。

```
/*—————————— 电源模式切换主函数 ——————————*/
#include <ioCC2530.h>
#define LED P1_0
#define SW1 P1_2
void delay( unsigned int ms );
void init_IO( void );
void init_SW1( void );
void PowerMode( unsigned char mode );
void main( void )
{
    init_IO( ); //I/O 初始化
```

```
init_SW1();//SW1 中断使能初始化
while(1)
{
// 闪烁 5 次（模拟实际中的数据采集，例如水表读数）
for(i=0;i<10;i++)
{
LED=~LED;
Delay_ms(100);
}
PowerMode(3);// 进入低功耗 PM3 后不再闪烁，晶振已经关闭
}
}
```

要退出 PM3 低功耗模式，可通过外部中断唤醒。由于在主函数中使能外部中断后，一旦按下 SW1 按键，系统将自动跳转到中断服务函数中。

供电模式切换任务的中断服务函数定义如下。在该中断服务函数里，不做任何具体操作，仅需清除中断标志位，系统就将自动退出低功耗模式。

```
/*————————— 供电模式切换中断服务函数 —————————*/
//PM3 低功耗下，只有复位和外部 I/O 中断可以唤醒睡眠模式
#pragma vector=P1INT_VECTOR
_interrupt void p1_isr(void)
{
    P1IFG&=~0X04;// 清除引脚中断标志位
    P1IF=0;// 清除端口中断标志位
}
```

3. 任务结果

编译无误后将代码下载到实训主控板，可以观察到 LED 闪烁 5 次后熄灭（此时进入 PM3 低功耗模式）；按下 SW1 按键，LED 再闪烁 5 次后熄灭，如此反复。这表明系统可以主动进入低功耗模式，也可以通过按键外部中断退出低功耗模式进入主动模式。

需要注意的是，LED 闪烁 5 次后熄灭，是因为 LED 初始化为低电平，5 次闪烁后进入低功耗 PM3 模式不再执行闪烁代码，但是会保留最后一条代码执行的效果。如果 LED 初始化为高电平，5 次闪烁后不再闪烁但依然保持 LED 点亮状态。

项目小结

本项目介绍了 CC2530 的低功耗模式，以及如何配置睡眠模式寄存器和功率控制寄存器，使得设备进入指定的运行模式。同时，介绍了 CC2530 的 2 种外部晶振和 2 种内部振荡器，以及如何设置晶振。最后，介绍了 CC2530 由主动模式进入 PM3 低功耗模式，然后由外部中断打断退出低功耗模式，重新进入主动模式的开发过程。项目小结如图 5-5 所示。CC2530 的低功耗模式是 ZigBee 长续航的基础。实际中可以根据 CC2530 电源管理的基本原理开发更复杂的应用。

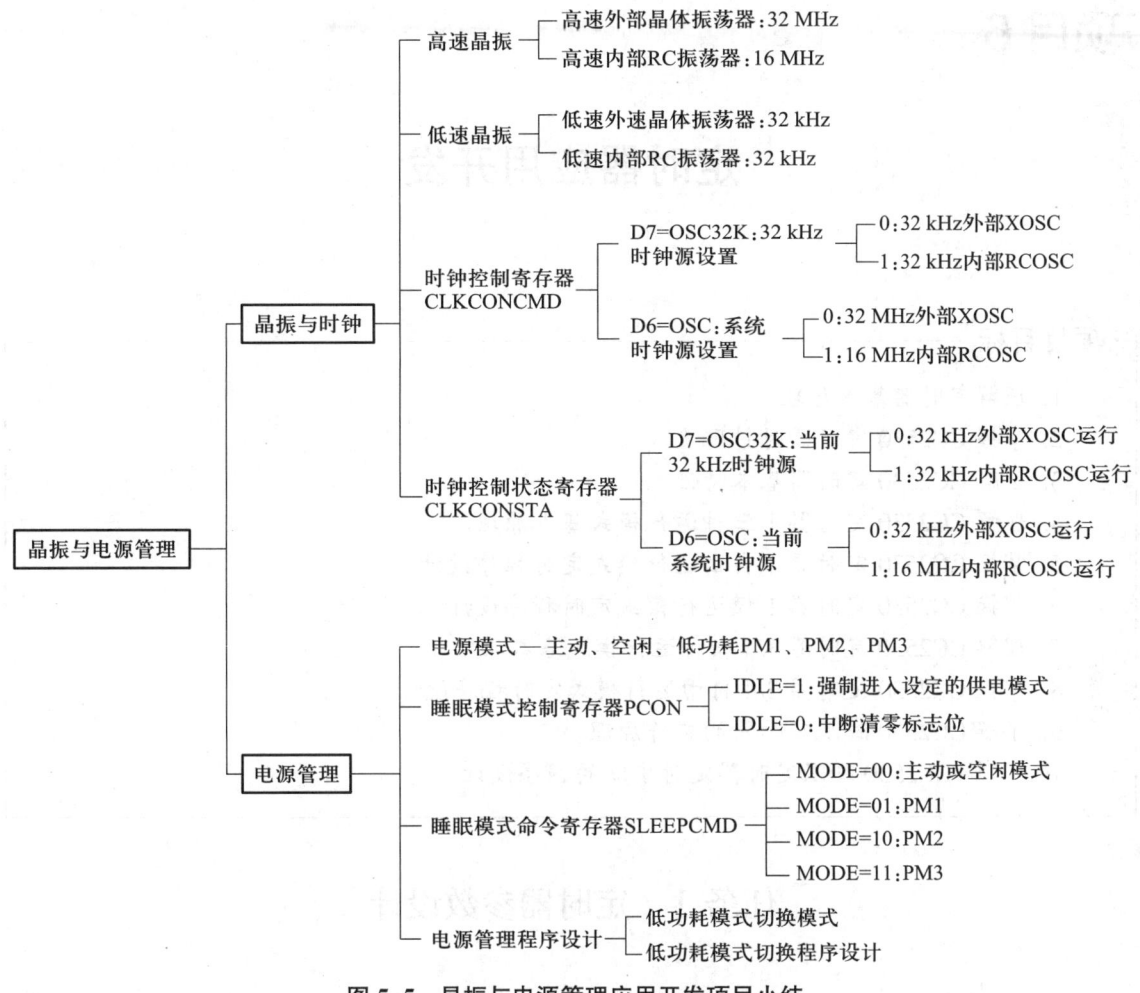

图 5-5　晶振与电源管理应用开发项目小结

项目实训

1. 设置 CC2530 主控系统时钟频率为 8 MHz，如何配置时钟控制寄存器？
2. 实现 CC2530 主动模式与低功耗模式 PM2 切换。

具体任务描述：系统初始化后处于主动状态，LED（P1_0）闪烁 5 次后进入 PM2 低功耗模式，按下按键 SW0（P1_0）后触发外部中断，退出 PM2 低功耗模式，LED 再次闪烁 5 次，然后再次进入低功耗模式，如此循环。

项目 6

定时器应用开发

> **项目目标**
>
> 1. 理解定时器基本原理。
> 2. 掌握 CC2530 定时器时钟配置。
> 3. 了解 CC2530 定时器基本特性。
> 4. 理解 CC2530 定时器 1 三种运行模式基本原理。
> 5. 掌握 CC2530 定时器 1 自由运行模式定时程序设计。
> 6. 掌握 CC2530 定时器 1 模运行模式定时程序设计。
> 7. 理解 CC2530 定时器 3/4 四种运行模式基本原理。
> 8. 掌握 CC2530 定时器 3/4 自由运行模式定时程序设计。
> 9. 了解 CC2530 睡眠定时器的工作原理。
> 10. 了解 CC2530 睡眠定时器定时中断的程序设计。

任务 1 定时器参数设计

一、任务描述

根据定时要求设计定时参数,配置对应定时控制寄存器。

二、必备知识

1. 定时器/计数器

定时器/计数器是能够对时钟信号或外部输入信号进行计数的外设。对系统时钟计数的一般称为定时器,对外部信号计数的通常称为计数器。不管是定时器还是计数器,二者本质一样,都是对信号进行计数。

定时器/计数器的核心是一个计数器,其计数操作示意如图 6-1 所示。它可以进行加 1(或减 1)计数,每出现一个计数信号,计数器就自动加 1(或自动减 1),当计数值从最大值变成 0(或从 0 变成最大值)时,定时器/计数器便向 CPU 提出中断请求。计数信号的来源可选择周期性的内部时钟信号(如定时功能)或非周期性的外界输入信号(如计数功能)。

定时器/计数器一般具有以下功能。

（1）定时功能：对内部时钟的个数进行计数，当计数值达到指定值时，说明定时时间已到。这是定时器/计数器的常用功能，可用来实现延时或定时控制。

（2）计数器功能：对外部的事件（脉冲）进行统计，其输入信号一般来自单片机外部开关型传感器，可用于生产线产品计数、信号数量统计和转速测量等方面。

（3）捕获：对规定时间间隔的输入信号的个数进行计数，当外界输入有效信号时，捕获计数器的计数值。通常用来测量外界输入脉冲的脉宽或频率，需要在外界输入信号的上升沿和下降沿进行2次捕获，通过计算2次捕获值的差值可以计算出脉宽或周期等信息。

（4）比较：当计数值与需要进行比较的值相同时，定时器/计数器向CPU提出中断请求。一般用于控制信号的输出。

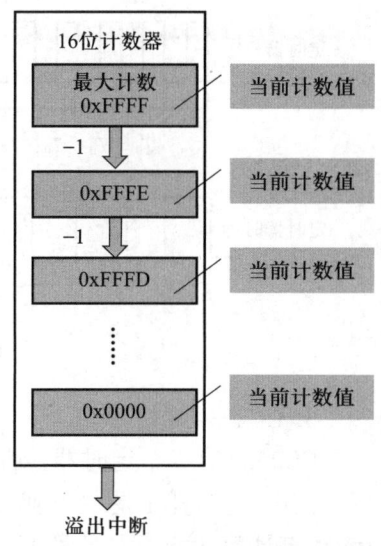

图 6-1 定时器/计数器计数示意

2. 定时器原理

定时器的本质是计数，根据定时器时钟的边沿递增或递减进行计数。

如图6-2所示，假设定时器时钟周期是T（频率$f=1/T$），若计数总数为n，则定时时长$t=nT=n/f$。

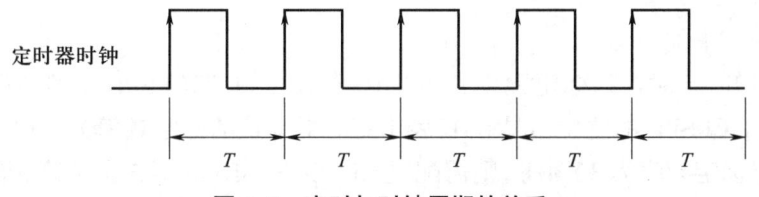

图 6-2 定时与时钟周期的关系

实际中，定时时长t通常与具体应用相关，是一个已知量。定时器的时钟周期T和计数总数n需要自行设计。

CC2530定时器的频率由定时器标定频率和分配系数共同决定。如图6-3所示，假设定时器标定频率为f_0，定时器时钟分频系数为P，则定时器的频率$f=f_0/P$。

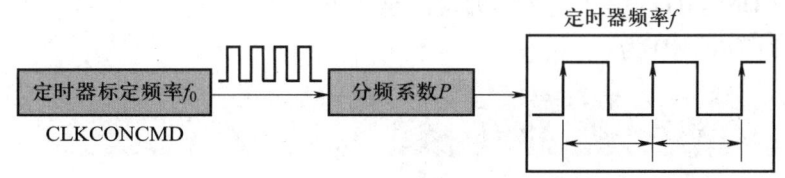

图 6-3 CC2530定时器频率与分频系数、标定频率的关系

例如，在图6-4中，定时器时钟周期T是定时器标定时钟周期T_0的2倍，相应地，定时器时钟频率是标定时钟频率的1/2，即$T=2T_0$，则有$f=f_0/2$，这里的"2"就是定时器时钟的分频系数。实际上，引入分频系数可以得到更加灵活的定时器时钟频率。

根据上述信息，很容易得到计数总数n、定时器标定频率f_0、分频系数P的关系为$n=tf_0/P$。

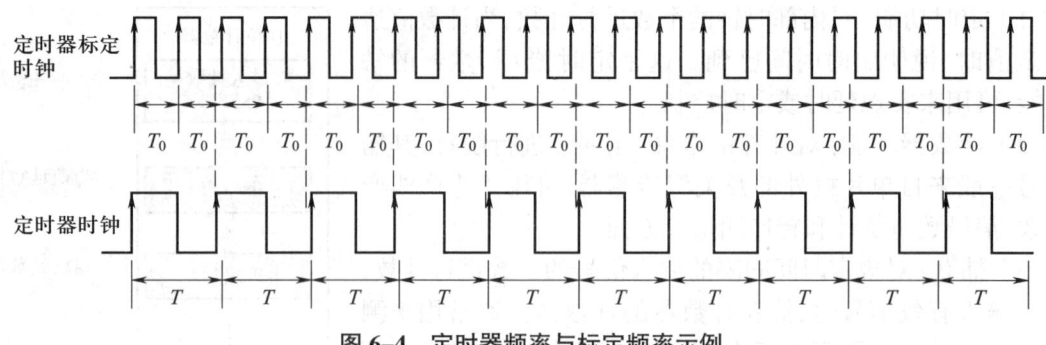

图 6-4 定时器频率与标定频率示例

3. CC2530 定时器

CC2530 有 5 个定时器：定时器 1、定时器 2（MAC 定时器）、定时器 3、定时器 4、睡眠定时器。其中，定时器 1 是一个独立的 16 位的定时器，支持典型的定时和输入捕获、输出比较以及 PWM 等计数功能。定时器 2 主要为 802.15.4 命令选通处理器算法提供定时，同时为 802.15.4 MAC 层提供通用计时。定时器 3 和定时器 4 功能相同，都是 8 位的通用定时器。睡眠定时器设置系统进入和退出 PM1 或 PM2 低功耗模式之间的周期；还可以用于当系统进入低功耗模式后，维持定时器 2 的定时。

三、任务实施

1. 设置定时器标定频率

由表 5-1 可知，定时器的标定频率 f_0 由 TICKSPD 控制，TICKSPD 是 CLKCONCMD 的第 5 位~第 3 位，而 TICKSPD 的复位值是 001，表示定时器默认的标定频率为 16 MHz。

假设定时器标定频率为 32 MHz，则需配置 CLKCONCMD 的第 5 位至第 3 位为 000。

```
CLKCONCMD&=0xC3;//32MHz 定时器标定频率,TICKSPD=000
```

当定时器标定频率设置为 32 MHz 时，系统时钟源必须设置为 32 MHz。否则，即使设置定时器标定频率为 32 MHz，实际的标定频率也达不到 32 MHz。由于系统默认时钟源是 16 MHz，所以设定 32 MHz 系统时钟源时，需配置时钟控制寄存器 CLKCONCMD&=~0x40。

另外，由于 CLKCONCMD 复位值是 0x49，16 MHz 频率对应的第 5 位~第 3 位为 001。因此，只需将 CLKCONCMD 的第 3 位清零即可满足要求。

可配置 CLKCONCMD 为：

```
CLKCONCMD&=0xF3;// 第 3 位清零，或表示成按位取反的方式
CLKCONCMD&=~(0x01<=3);// 第 3 位清零
```

2. 设置定时器分频系数

分频系数 P 取值与具体定时器有关，对于 CC2530 定时器 1，分频系数可取 1，8，32，128 中的任意一个值。对于 CC2530 定时器 3/4，分频系数可取 1，2，4，8，16，32，64，128 中的任意一个值。

定时器 1 分频系数的具体取值由定时器 1 控制寄存器 T1CTL 的第 3~2 位确定。T1CTL 的基本特性见表 6-1。

表 6-1 T1CTL 的基本特性

位	名称	复位	R/W	描述
7~4	—	00000	R0	保留
3~2	DIV[1:0]	00	R/W	分频器值；产生主动的时钟边缘用来更新计数器。 00：标记频率 /1　　10：标记频率 /32 01：标记频率 /8　　11：标记频率 /128
1~0	MODE[1:0]	00	R/W	选择定时器 1 模式。 00：暂停运行 01：自由运行，从 0x0000 到 0xFFFF 反复计数 10：模，从 0x0000 到 T1CC0 反复计数 11：正计数/倒计数，从 0x0000 到 T1CC0 反复计数且从 T1CC0 倒计数到 0x0000

根据表 6-1，可得不同分频系数下 T1CTL 寄存器的配置，见表 6-2。

表 6-2 不同分频系数下的 T1CTL 配置

分频系数 P 取值	第 1~0 位 DIV 取值	T1CTL 配置
1	00	复位值，可不配置
8	01	T1CTL|=0x01
32	10	T1CTL|=0x02
128	11	T1CTL|=0x03

定时器 3/4 分频系数的具体取值由定时器 3/4 控制寄存器 T3CTL/T4CTL 的第 7~5 位确定。T3CTL/T4CTL 的基本特性见表 6-3。

表 6-3 T3CTL/T4CTL 的基本特性

位	名称	复位	R/W	描述
7~5	DIV[2:0]	000	R/W	预分频值；用来自 CLKCON.TICKSPD 的定时器标记时钟，产生有效时钟沿 000：标记频率 /1　　001：标记频率 /2 010：标记频率 /4　　011：标记频率 /8 100：标记频率 /16　　101：标记频率 /32 110：标记频率 /64　　111：标记频率 /128
4~0	—	—	—	本项目不涉及，暂不介绍

根据表 6-3，可以得到不同分频系数下 T3CTL/T4CTL 寄存器的配置。表 6-4 以 T3CTL 为例给出了不同分频系数的配置，T4CTL 分频系数配置与之类似，不再赘述。

表 6-4 不同分频系数下的 T3CTL 配置

分频系数 P 取值	第 7 位 ~ 第 5 位 DIV 取值	T3CTL 配置
1	000	复位值,可不配置
2	001	T3CTL|=0x20
4	010	T3CTL|=0x40
8	011	T3CTL|=0x30
16	100	T3CTL|=0x80
32	101	T3CTL|=0xA0
64	110	T3CTL|=0xC0
128	111	T3CTL|=E0

任务 2　定时器 1 运行模式设置

一、任务描述

理解定时器 1 的运行模式,配置定时器 1 运行模式控制寄存器。

二、必备知识

CC2530 的定时器 1 有 3 种运行模式:自由运行模式、模运行模式、正计数/倒计数模式。根据 T1CTL 的特性表(表 6-1)可知,定时器 1 的运行模式的设定由 T1CTL 寄存器的第 1~0 位控制。

(1)定时器 1 自由运行模式

定时器 1 自由运行模式工作原理如图 6-5 所示。在自由运行模式下,计数器从 0 开始,在每个活动时钟边沿增加 1,当计数器达到 0xFFFF 时产生溢出中断 OVFL,计数器重新进入 0x0000 并开始新一轮的递增计数。溢出标志位于定时器 1 的状态标志寄存器 T1STAT 中。

定时器 1 自由运行模式下,计数周期固定为 0xFFFF+1,即 65 536。当计数值达到 0xFFFF 时,标志位 T1IF 和 OVFIF 置 1。

(2)定时器 1 模运行模式

定时器 1 模运行模式工作原理如图 6-6 所示。在模运行模式下,计数器从 0x0000 开始,在每个活动时钟边沿增加 1,当计数器达到 T1CC0 时产生溢出中断 OVFL,计数器重新进入 0x0000 并开始新一轮的递增计数。溢出标志位于定时器 1 的状态标志寄存器 T1STAT 中。

定时器 1 模运行模式下,计数周期为 T1CC0+1。T1CC0 是模运行模式的一个重要设计参数,由用户自定义设置。

T1CC0 是定时器 1 通道 0 捕获/比较值。T1CC0 是 16 位的数,由 2 个 8 位的寄存器 T1CC0H 和 T1CC0L 组成,即 T1CC0=[T1CC0H T1CC0L]。定时器 1 捕获/比较值高字节 T1CC0H 特性与定时器 1 捕获/比较值低字节 T1CC0L 特性描述见表 6-5。

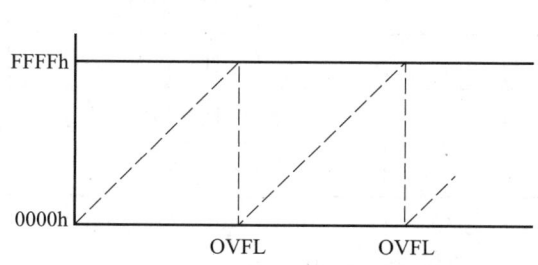

图 6-5 定时器 1 自由运行模式原理

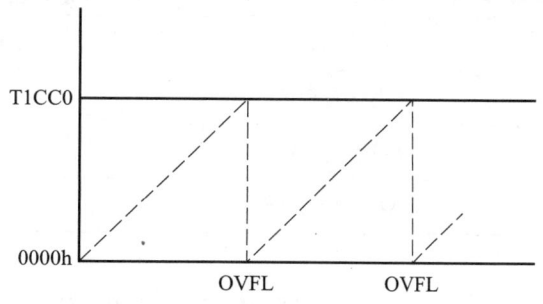

图 6-6 定时器 1 模运行模式原理

表 6-5 T1CC0H 与 T1CC0L 的基本特性

寄存器	位	名称	复位值	描述
T1CC0H	7~0	T1CC0[15:8]	0x00	T1CC0 的高字节。在比较模式下,写入 T1CCTL0.MODE = 1 更新 T1CC0[15:0] 的值
T1CC0L	7~0	T1CC0[7:0]	0x00	T1CC0 的低字节。将 T1CC0L 赋值后的数据存储在缓存中,直到对 T1CC0H 赋值后才写入到 T1CC0[7:0]中

确定了 T1CC0 数值后,需要分别赋值给 T1CC0H 和 T1CC0L。

给 T1CC0H 和 T1CC0L 赋值的一种方法是:T1CC0H=T1CC0/256;T1CC0L=T1CC0%256。

(3) 定时器 1 正计数/倒计数运行模式

定时器 1 正计数/倒计数运行模式工作原理如图 6-7 所示。正计数/倒计数工作模式下,计数器反复从 0x0000 开始,正计数到 T1CC0 值,然后再倒计数回 0x0000,产生溢出中断 OVFL,当达到最终计数值时,标志位 T1IF 和 OVFIF 被设置。溢出标志位于定时器的状态标志寄存器 T1SAT 中。

正计数/倒计数模式下,计数周期为 2(T1CC0+1)。

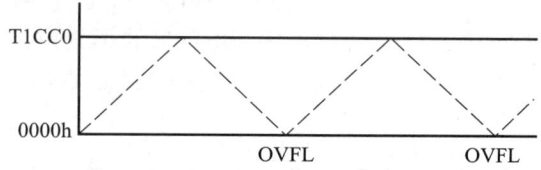

图 6-7 定时器 1 正计数/倒计数运行模式原理

三、任务实施

由表 6-1 可知,定时器 1 的运行模式由 T1CTL 寄存器的 MODE 位控制。

定时器 1 默认是暂停状态,根据 T1CTL 特性表,可得不同运行模式下的 T1CTL 配置,见表 6-6。

表 6-6 定时器 1 运行模式寄存器配置

运行模式	MODE[1~0]	T1CTL 配置
自由运行模式	01	T1CTL|=0x01
模运行模式	10	T1CTL|=0x02
正计数/倒计数模式	11	T1CTL|=0x03

任务 3　定时器 1 自由运行模式定时应用

一、任务描述

基于定时器 1 的自由运行模式,实现 LED(P1_0)每隔 1s 周期性闪烁。

二、必备知识

1. 定时器参数设置原则

由定时器原理,$n=tf_0/P$ 可知,理论上,可以任意选择不同的定时器标定频率 f_0 和分频系数 P 组合,以达到指定要求的定时时长 t。

如果计数总数 n 超出单轮计数周期,则需要采用多轮重复计数的方式。定时器计数总个数 n 与单轮计数周期 m、重复计数次数 k 存在以下关系:$n=km$

在自由运行模式下,$m=65\ 536$,因此,根据上述关系式计算出来的 k 往往是一个小数。然而,自由运行模式下,k 必须满足整数的要求。因此,需要选取合适的 f_0 及 P,使计数总数 n 为整数,同时 k 取尽可能小的整数,从而使实际定时误差最小。

假设选择定时器标定频率 $f_0=32$ MHz,分频系数 $P=32$,想实现 1 s 的定时,则定时器计数总个数 $n=tf_0/P=1\times 32\times 10^6/32=1\times 10^6$。根据 $n=km$,在自由运行模式下,$m=65\ 536$。重复计数次数 $k=n/m=15.25$,而 k 必须取整数,因此,四舍五入取 $k=15$。实际定时时长 $t=nf=kn_0P/f_1=1\times 15\times 65\ 536\times 32/32\times 10^6=0.983$ s,定时误差 $=0.017$ s。

2. 基于查询的定时原理

在自由运行模式下,当定时器/计数值达到 0xFFFF 时,定时器产生溢出中断标志。溢出标志位 OVFIF 是定时器 1 的状态标志寄存器中 T1STAT 的第 5 位,当计数器在自由运行下达到最终计数值时置 1。定时器 1 状态标志寄存器 T1STAT 的基本特性见表 6-7。

表 6-7　T1STAT 的基本特性

位	名称	复位	R/W	描述
7~6	—	00	R0	保留
5	OVFIF	0	R/W0	定时器 1 计数器溢出中断标志。当计数器在自由运行模式或模运行模式下达到最终计数值时置 1,当在正计数/倒计数模式下达到 0 时开始倒计数。写 1 不受影响

续表

位	名称	复位	R/W	描述
4	CH4IF	0	R/W0	定时器1通道4中断标志。当通道4中断条件发生时置位。写1不受影响
3	CH3IF	0	R/W0	定时器1通道3中断标志。当通道3中断条件发生时设置。写1不受影响
2	CH2IF	0	R/W0	定时器1通道2中断标志。当通道2中断条件发生时设置。写1不受影响
1	CH1IF	0	R/W0	定时器1通道1中断标志。当通道1中断条件发生时设置。写1不受影响
0	CH0IF	0	R/W0	定时器1通道0中断标志。当通道0中断条件发生时设置。写1不受影响

因此，可以通过 CPU 查询 T1STAT 的 OVFIF 位来判断是否溢出，对应的伪代码如下：

```
/*---------- 基于查询的定时器1定时伪代码 ----------*/
while(1)
{
    if(T1STAT&0x20)
    {
        /* 执行定时操作 */
        T1STAT&=~0x20;  // 溢出标志位 OVFIF 清零
    }
}
```

三、任务实施

1. 任务流程

自由运行模式下定时器查询方式流程如图 6-8 所示。由流程图可知，CPU 首先需要进行 LED 和定时器初始化，并定义重复计数次数变量初值为 0。然后进入循环不断查询溢出标志位是否置 1，如果溢出标志置 1，则对重复计数次数变量加 1，同时对溢出标志清零。如果溢出标志不为 1，则回到循环不断查询。如果重复计数次数达到计算出的目标值，则 LED 状态切换，同时对溢出次数清零。如果重复计数次数未达到目标值，则返回循环不断查询溢出状态标志。

2. 定时器初始化

定时器初始化的设计思路如图 6-9 所示，需要设置晶振、定时器标定频率、分频系数、运行模式等。

其中，晶振设置和标定频率的设置由 CLKCONCMD 寄存器控制，而分频系数和运行模式由 T1CTL 寄存器配置。在实际编写代码中，对同一个寄存器的操作，可以按逻辑分步配置，也可以整体配置。

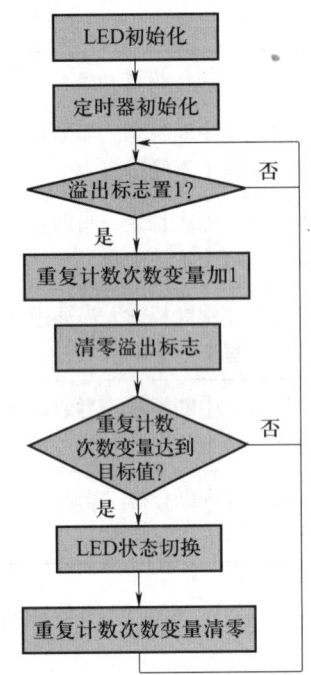
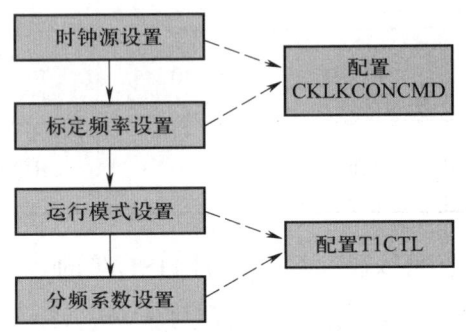

图 6-8 定时器 1 查询方式任务流程　　图 6-9 定时器 1 自由运行模式初始化设计思路

3. 设计定时器标定频率设置函数

以 32 MHz 的时钟源,32 MHz 的定时器标定频率为例。要设定定时器标定频率,需要配置定时器时钟控制命令寄存器 CLKCONCMD。根据上述定时器参数设置,32 MHz 定时器标定频率对应 CLKCONCMD 的 TICKSPD 为 000。由表 7-4 可知对应 CLKCONCMD 的配置如下:

```
CLKCONCMD&=~0x38;//D5~D3=000;
```

4. 设计定时器初始化函数

定时器初始化主要是配置相关寄存器驱动 CC2530 定时器正常运行。定时器初始化需要设置分频系数、运行模式等参数。

以 32 MHz 的定时器标定频率,分频系数 $P=32$ 为例(也可以选择其他值)。为实现每隔 1 s 周期定时根据定时器原理,计数总数 $n=tf=tf_0/P=1\times10^6$。自由运行模式下,定时器 1 每轮计数个数为 65 536,则重复计数次数 $k=n/65\ 536=15.26$,四舍五入取整 $k=15$。

定时器 1 初始化主要配置时钟控制命令寄存器 CLKCONCMD 和控制寄存器 T1CT,从而设置定时器运行模式、标定频率、分频系数等相关参数。

根据上述分析,定时器 1 初始化函数 init_Timer1( ) 定义如下:

```
/*--定时器1初始化函数(分频系数 P=32,自由运行)--*/
void init_Timer1(void)
{
    CLKCONCMD&=~0x38;//定时器标定频率设置
    T1CTL|=0X08;// 分频系数 P=32
    T1CTL|=0X01;// 自由运行模式
}
```

5. 编写基于定时器查询的完整代码

以采用 CPU 不断查询溢出状态标志位和溢出次数的定时方式为例,实现 LED 状态的控制。基于查询的 LED 每隔 1 s 周期性闪烁的完整代码如下:

```c
/*------------ 定时器 1 定时应用主函数(自由运行,查询方式)-------------*/
#include<ioCC2530.h>
#define LED P1_0
void init_clock(void); //32MHz 系统时钟频率设置初始化
void init_Timer1(void); // 定时器 1 运行模式初始化
void init_LED(void); //LED GPIO 初始化
main( )
{
  char nOVFIF=0; // 溢出次数
  init_clock( ); // 时钟初始化
  init_Timer1( ); // 定时器 1 初始化函数
  init_LED( ); //LED 初始化
  while(1)
  {
    if(T1STAT&0x20) // 判断是否溢出
    {
      nOVFIF++;
      T1STA&=~0x20; // 清除溢出状态
    }
    if(nOVFIF==15)
    {
      LED=~LED;
      nOVFIF=0;
    }
  }
}
```

在 main( )函数中,系统进行时钟初始化、定时器初始化后、LED 初始化,CPU 进入 while(1) 循环不断查询溢出状态标志是否置 1。如果溢出状态标志置 1,则溢出次数加 1,当溢出次数达到设计的数值后,进行 LED 状态切换,并清除溢出次数。

6. 任务结果

将上述代码编译无误后下载到实训主控板,可以观察到 LED 每隔 1 s 周期性闪烁。

分析:上述代码基于查询方式,在 LED 和定时器初始化后,CPU 不断查询溢出状态标志位是否置 1 并记录溢出次数。当溢出次数等于 15 时,定时器计数总个数 = 溢出次数 ×65 536= 983 040,由于定时器时钟频率 = 定时器标定频率 / 分频系数 =10^6,因此,总的定时时长 = 计数总个数 / 定时器时钟频率 =0.983 04 s。

四、任务拓展

前面介绍了基于查询方式的定时器周期性定时,虽然基于查询的方式易于理解,但查询方式占用大量 CPU 资源不利于实时响应,通常采用定时器中断的方式实现定时。要实现定时器中断,首先需要使能定时器中断。图 6-10 给出了定时器 1 的中断使能逻辑框图。

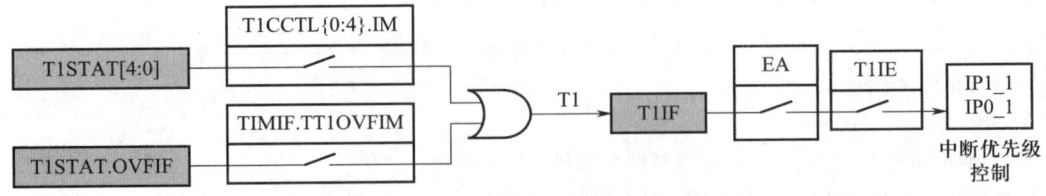

图 6-10　定时器 1 中断使能逻辑框图

由图 6-10 可知,要使能定时器 1 溢出中断,需要使能溢出中断屏蔽位 T1OVFIM;同时,打开总中断使 EA=1,并且使能定时器 1 中断设置 T1IE=1。

T1OVFIM 是定时器 1 中断屏蔽、定时器 3 和定时器 4 中断标志寄存器 TIMIF 的第 6 位,必须将屏蔽位置 1 才可以使能相应的中断。TIMIF 寄存器的基本特性见表 6-8。

表 6-8　TIMIF 的基本特性

位	名称	复位	描述
7	—	0	保留
6	T1OVFIM	1	定时器 1 溢出中断屏蔽
5	T4CH1IF	0	定时器 4 通道 1 中断标志。 0:无中断发生　1:发生中断
4	T4CH0IF	0	定时器 4 通道 0 中断标志。 0:无中断发生　1:发生中断
3	T4OVFIF	0	定时器 4 溢出中断标志。 0:无中断发生　1:发生中断
2	T3CH1IF	0	定时器 3 通道 1 中断标志。 0:无中断发生　1:发生中断
1	T3CH0IF	0	定时器 3 通道 0 中断标志。 0:无中断发生　1:发生中断
0	T3OVFIF	0	定时器 3 溢出中断标志。 0:无中断发生　1:发生中断

TIMIF 可以按字节操作,也可以按位操作。因此,可以设置 TIMIF|=0x40 或 T1OVFIM=1。其他位是定时器 3 和定时器 4 的溢出中断标志,在后续定时器 3 和定时器 4 定时任务中再作介绍。

由图 7-10 可知,设置 T1OVFIM 后,需要使能全局中断 EA=1,最后还需要使能 T1IE。T1IE 是中断使能寄存器 IEN1 的第 1 位。IEN1 的基本特性见表 6-9。

表 6–9 IEN1 的基本特性

位	名称	复位	描述
7~6	—	00	保留
5	P0IE	0	端口 0 中断使能。 0：中断禁止　1：中断使能
4	T4IE	0	定时器 4 中断使能。 0：中断禁止　1：中断使能
3	T3IE	0	定时器 3 中断使能。 0：中断禁止　1：中断使能
2	T2IE	0	定时器 2 中断使能。 0：中断禁止　1：中断使能
1	T1IE	0	定时器 1 中断使能。 0：中断禁止　1：中断使能
0	DMAIE	0	DMA 中断使能。 0：中断禁止　1：中断使能

IEN1 既可以按字节操作，也可以按位操作。因此，使能定时器 1 中断，可以配置 IEN1|=0x20 或 T1IE=1。

根据上述分析，定时器 1 中断初始化函数可定义如下：

```
/*---------- 定时器 1 中断使能初始化 --------*/
void Init_Timer1_IT ( void )
{
T1OVFIM=1; // 打开溢出中断屏蔽标志位
T1IE=1; // 使能定时器 1 中断
EA=1; // 开总中断
}
```

由图 6-10 可知，产生定时器 1 溢出中断后，定时器 1 中断标志 T1IF 将置 1。T1IF 是中断标志寄存器 IRCON 的第 1 位。IRCON 的基本特性见表 6-10。

表 6–10 IRCON 的基本特性（可按位操作）

位	名称	复位	描述
7	STIF	0	睡眠定时器中断标志。 0：无中断　1：发生中断
6	—	0	必须写为 0,写入 1 总是使能中断源
5	P0IF	0	端口 0 中断标志。 0：无中断　1：发生中断

续表

位	名称	复位	描述
4	T4IF	0	定时器 4 中断标志。当定时器 4 中断发生时设为 1 并且 CPU 指向中断向量服务例程时清除。 0：无中断　1：发生中断
3	T3IF	0	定时器 3 中断标志。当定时器 3 中断发生时设为 1 并且 CPU 指向中断向量服务例程时清除。 0：无中断　1：发生中断
2	T2IF	0	定时器 2 中断标志。当定时器 2 中断发生时设为 1 并且 CPU 指向中断向量服务例程时清除。 0：无中断　1：发生中断
1	T1IF	0	定时器 1 中断标志。当定时器 1 中断发生时设为 1 并且 CPU 指向中断向量服务例程时清除。 0：无中断　1：发生中断
0	DMAIF	0	DMA 完成中断标志。 0：无中断　1：发生中断

定时器 1 中断服务函数的基本形式如下：

```
/*--------- 定时器 1 中断服务函数基本形式 ---------*/
#pragma vector=T1_VECTOR
__interrupt void T1_ISR ( void )
{
    if ( 中断源判断 )
    {
        // 执行中断任务
    }
    // 清除定时器 1 中断标志,硬件自动清除
    T1IF=0;
}
```

上述代码中第 1 行是中断向量入口地址,定时器 1 的中断向量是宏定义 T1_VECTOR。第 2 行是中断服务函数名称定义,这里 C/C++ 编译器通过"interrupt"关键字扩展了 C 语言,用来表示这个函数是一个中断函数。

由于定时器 1 中断可源于 T1STAT.OVFIF 溢出中断,也可源于定时器 1 的 0~4 通道中断(详见图 6-10),因此,在中断服务函数中,一般需要先进行中断源的判断,然后根据中断源进行不同中断事件的处理。

在中断服务函数中,通常要清除中断标志位。定时器 1 至定时器 4 中断标志位由硬件清除。

基于中断的定时器主程序流程如图 6-11 所示。其中,定时器初始化包含了配置晶振、定时器标定频率、分频系数和运行模式的

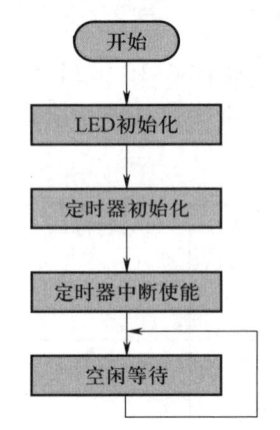

图 6-11　基于中断的定时器主程序流程

设置。此外,还增加了定时器中断初始化,配置 TIMIF、EA 和 IEN1 寄存器的中断使能位。

综上,基于中断的定时器周期性定时应用主函数如下:

```
/*---- 定时器1定时应用主函数(自由运行,中断方式)----*/
#include<ioCC2530.h>
#define LED P1_0
void init_clock( void );//32MHz 系统时钟频率设置初始化
void init_Tickspeed( void );// 定时器标定频率设置
void init_Timer1( void );// 定时器1运行模式初始化
void init_Timer1_IT( void );// 定时器1中断初始化
void init_LED( void );//LED GPIO 初始化
char nOVFIF=0;// 全局变量溢出次数
main( )
{
init_clock( );// 时钟初始化
init_Tickspeed( );// 标定频率
init_Timer1( );// 定时器1初始化函数
init_Timer1_IT( );// 定时器1中断初始化函数
init_LED( );//LED 初始化
while( 1 );
}
```

在 main( ) 函数中,进行 LED 初始化、定时器初始化和定时器中断初始化后,CPU 进入 while(1) 循环等待。具体任务处理在中断服务函数中执行。

定时器 1 中断服务函数流程如图 6-12 所示。在中断服务函数中,定时器溢出全局变量递增,当定时器溢出全局变量达到计算出的目标溢出次数时,进行定时中断事件处理,并对定时器溢出全局变量清零;否则,直接对定时器标志清零。由于定时器中断可以硬件清零,因此,也可以不用软件对定时器标志清零。

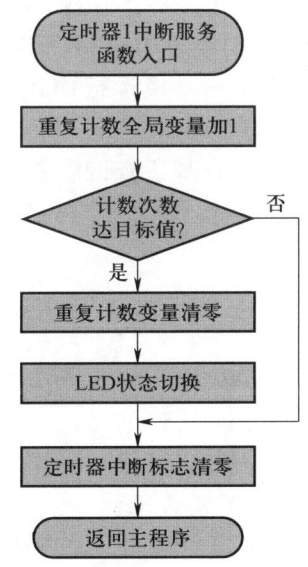

图 6-12 定时器中断服务函数流程

对应的中断服务函数的定义代码如下：

```
/*------ 定时器1中断服务函数（自由运行模式）-------*/
#pragma vector=T1_VECTOR
__interrupt void T1_ISR(void)
{
    nOVFIF++;
    if(nOVFIF>=15)
    {
        nOVFIF=0;
        LED=~LED;
    }
    T1IF=0;// 可选，硬件清除溢出标志
}
```

将上述代码编译无误后下载到实训主控板，可以观察到LED每隔1 s周期性闪烁。

分析：上述代码基于中断方式，在LED和定时器初始化后，CPU处于空闲状态，当定时器溢出时，CPU自动跳转到中断服务函数进行溢出次数递增。当溢出次数等于15时，定时器计数总个数 = 溢出次数 × 65 536 = 983 040，因此，总的定时时长 = 计数总个数 / 定时器时钟频率 = 0.983 04 s。

任务4　定时器1模运行模式定时应用

一、任务描述

基于定时器1的模运行模式，实现LED（P1_0）每隔1 s周期性闪烁。

本项目任务3介绍了基于自由运行模式的定时器定时，在自由运行模式下，根据定时器计数总数 $n=kn_0$ 计算出的溢出次数 k 往往是一个小数，因此，四舍五入得到的溢出次数 k 会导致定时误差。在某些定时精度要求非常高的应用场合，定时误差将不能满足实际需求。因此，CC2530提供了另外一种运行模式——模运行模式。在模运行模式下，定时器从0到T1CC0反复计数。通过合理设计比较值T1CC0，可以实现更加精确的定时。

与自由运行模式类似，模运行模式也有基于查询和基于中断的两种程序设计方式。程序设计流程与自由运行模式下对应的流程基本相同。本任务将分别介绍基于查询和基于中断的模运行模式下的定时器定时。

二、任务实施

1. 模运行模式定时器初始化设计思路

模运行模式下定时器1初始化设计思路如图6-13所示。与自由运行模式类似，模运行模式下，仍然需要设置晶振、标定频率、分频系数、运行模式。与自由运行模式不同的是，模运行模式初始化，除了配置T1CTL，还需要配置T1CCTL0、

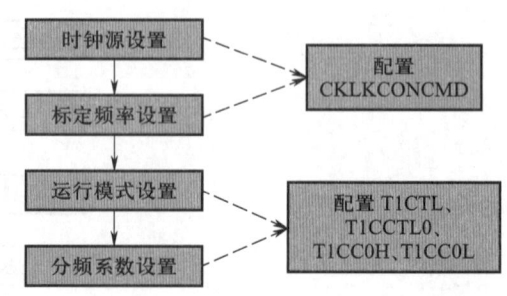

图6-13　模运行模式定时器1初始化设计思路

T1CC0H、T1CC0L 等寄存器。

2. 使能模运行模式

定时器1工作在模运行模式,首先,根据表 6–11 设置 T1CTL 为模运行模式,即 T1CTL|=0x10。此外,将定时器 1 通道 0 设为输出比较模式,需要配置定时器 1 通道 0 比较捕获控制寄存器 T1CCTL0。T1CCTL0 的基本特性见表 6–11。

表 6–11　T1CCTL0 的基本特性

位	名称	复位	R/W	描述
7	RFIRQ	0	R/W	设为 1 时,表示射频 RF 输入捕获
6	IM	1	R/W	通道 0 的中断屏蔽标志位,置 1 表示使能中断屏蔽
5~3	CMP[2:0]	000	R/W	通道 0 的比较模式。当定时器的值等于 T1CC0 值时,根据 CMP 值确定不同的输出值。其他配置详见呼吸灯项目
2	MODE	0	R/W	0:捕获模式　1:比较模式
1~0	CAP[1:0]	00	R/W	定时器 1 通道 3 中断标志。当通道 3 中断条件发生时设置。写 1 不受影响

由表 6–14 可知,T1CC0 的第 2 位 MODE 是输出比较模式的控制位,当 MODE=1 时,定时器 1 通道 0 为比较模式,模运行模式需设置 T1CCTL0|=0x04。

3. 设置模运行模式参数

与自由运行模式不同,在模运行模式下,定时器 1 不在计数值为 65 535 时溢出,而是在计数值达到 T1CC0 时产生通道 0 中断,T1STAT 寄存器的 CH0IF 位置 1。T1CC0 是自定义的,因此,T1CC0 设计原则是:设置合适的 T1CC0,使定时误差为 0。其中,T1CC0 不超过自由运行模式下最大计数值 65 535。

为了便于与自由运行模式对比,模运行模式下的例程仍选择 32 MHz 的时钟源,32 MHz 的定时器标定频率,分频系数 $P=32$(也可以选择其他参数)。在上述参数下,若要实现 1 s 定时,则根据定时器原理可知,计数总数 $n=tf_0/P=1\times 32\times 10^6/32=10^6 > 65\ 536$,即计数总数大于定时器 1 单次计数的最大值。要实现精确定时,计数总数 n、溢出次数 k 和 T1CC0 需要满足:$n=k(T1CC0+1)$。其中,k 是溢出次数,取值为正整数。

在给定的计数总数 n 下,满足上式条件的溢出次数 k 和 T1CC0 取值有多种组合。参数设置规则是:为减小多次溢出的延时,在满足条件的情况下,选择尽可能小的溢出次数和尽可能大的 T1CC0。

基于上述设置,本例可选择 $k=20$,T1CC0=50 000-1,以满足要求。

T1CC0 是由 2 个 8 位的寄存器 T1CC0H 和 T1CC0L 组成:T1CC0=[T1CC0H T1CC0L]。T1CC0H 和 T1CC0L 的特性见前文(表 6–8)。根据 T1CC0L 和 T1CC0H 的特性可知,需要先写 T1CC0L,然后再写 T1CC0H。确定了 T1CC0 后,需要反推 T1CC0H 和 T1CC0L 的值。常用的方法为:

$$T1CC0H=T1CC0/256$$

$$T1CC0L=T1CC0\%256$$

如何理解上述赋值方法？ T1CC0H=T1CC0/256,除以 256 即除以 2^8。根据 C 语言位运算,相当于右移 8 位,从而得到 T1CC0 高 8 位 T1CC0H。

T1CC0L=T1CC0%256;用 T1CC0 对 256 取余得到的值介于 0~255 之间,相当于取 T1CC0 低 8 位得到 T1CC0L。

综上,定时器 1 初始化函数定义如下,其中 nT1CC0 为形式参数将传递 T1CC0 的值。

```
/*---------- 定时器1初始化函数（分频系数 P=32,模运行模式）----------*/
void init_Modulo_T1( unsigned int nT1CC0 )
{
    T1CTL|=0X08; // 分频系数 P=32
    T1CTL|=0X02; // 模运行模式
    T1CCTL0|=0x04; // 通道 0 比较模式
    T1CC0L=nT1CC0%256;
    T1CC0H=nT1CC0/256;
}
```

4. 基于查询的模运行模式主函数

基于查询的模运行模式定时主函数流程与图 6-9 所示的自由运行模式流程相似,但模运行模式下溢出标志位不同,模运行模式下溢出标志位是 T1STAT 的第 0 位,而自由运行模式下溢出标志位是 T1STAT 的第 5 位;另外,溢出总次数也不同,在本例的参数设计中,溢出总次数是 20,而自由运行模式下溢出总次数是 15。

基于上述流程和分析,模运行模式下基于查询的主函数如下:

```
/*---- 定时器1定时应用主函数（模运行模式,查询方式）-----*/
#include<ioCC2530.h>
#define LED P1_0
void init_clock( void );//32MHz 系统时钟频率设置初始化
void init_Tickspeed( void );// 定时器标定频率设置
// 定时器1模运行模式初始化
void init_Modulo_T1( unsigned int nT1CC0 );
void init_LED( void );//LED GPIO 初始化
unsigned int T1CC0=50000-1;// 根据定时时长和分频系数等计算而来
main( )
{
    char nOVFIF=0; // 溢出次数
    init_clock( ); // 时钟初始化
    init_Tickspeed( ); // 标定频率初始化
    init_LED( ); //LED 初始化
    init_Modulo_T1( T1CC0 ); // 定时器1模运行模式初始化函数
    while( 1 )
    {
        if( T1STAT & 0x01 )// 判断是否溢出
        {
            nOVFIF++;
            T1STAT&=~0x01; // 清除溢出状态
        }
```

```
if(nOVFIF==20)
{
LED=~LED;
nOVFIF=0;
}
}
}
```

主函数中,定义了一个全局变量T1CC0,该参数表示模运行模式下单次溢出的最大计数值。T1CC0的具体取值由前述定时器参数设计得到,在主函数中作为init_Modulo_T1(T1CC0)函数的实际参数进行函数调用。

5. 任务结果

将上述代码编译无误后下载到实训主控板,可以观察到LED每隔1 s周期性闪烁。上述代码基于查询方式,在LED和定时器初始化后,CPU不断查询溢出状态标志位是否置1并记录溢出次数。当溢出次数等于20时,定时器计数总个数$n=20 \times 50\,000=1\,000\,000$,由于定时器时钟频率 = 定时器标定频率 / 分频系数 =10^6,因此,总的定时时长 = 计数总个数 / 定时器时钟频率 =1 s,实现了零定时误差。

基于中断的模运行模式下的主函数如下:

```
/*---------- 定时器1定时应用主函数(模运行模式,中断方式)----------*/
#include<ioCC2530.h>
#define LED P1_0
void init_clock(void);//32MHz 系统时钟频率设置初始化
void init_LED(void);//LED GPIO 初始化
void init_Modulo_T1(unsigned int T1CC0);// 模运行模式初始化
void init_Timer1_Modulo_IT(void);// 模运行模式中断初始化
int T1CC0=50000-1;// 根据定时时长和分频系数计算
char nOVFIF=0;// 全局变量溢出次数
main()
{
init_clock();// 晶振时钟初始化
init_Tickspeed();// 标定频率初始化
init_Modulo_T1(T1CC0);// 定时器1模运行模式初始化
init_Timer1_Modulo_IT();// 定时器1中断初始化函数
init_LED();//LED 初始化
while(1);
}
```

在主函数中,除了进行晶振初始化、标定频率初始化和模运行模式初始化和LED初始化,还需要调用定时器1中断初始化函数 init_Timer1_Modulo_IT() 使能定时器1中断。然后,CPU进行while(1)循环进行空闲等待。

其中,模运行模式下定时器1中断初始化函数与自由运行模式不同。由于模运行模式是通道0的比较模式,模运行模式定时器中断源位T1STAT.CH0IF,因此,需要使能T1CCTL0.IM中断屏蔽位。模运行模式的中断初始化定义如下:

```c
/*----------- 定时器1模运行模式中断使能初始化 ---------*/
void init_Timer1_Modulo_IT ( void )
{
// 通道0中断屏蔽位使能
    T1CCTL0|=0x40;
    EA=1; //IEN0
    T1IE=1; //IEN1
}
```

在中断服务函数中,溢出次数全局变量 nOVFIF 递增,当溢出次数等于目标值(本例中为20),对溢出次数清零,LED 状态切换。中断服务函数的定义如下,该函数调用后,CPU 将硬件自动清除定时器中断标志 T1IF,因此,硬件清除标志位 T1IF=0 是可选代码。

```c
/*----------- 定时器1中断服务函数(模运行模式)---------*/
#pragma vector=T1_VECTOR
__interrupt void T1_ISR ( void )
{
nOVFIF ++;
if( nOVFIF==20 )
{
nOVFIF=0;
LED=~LED;
}
T1IF=0; // 可选,硬件清零标志位
}
```

任务5　配置定时器 3/4 工作模式

一、任务描述

配置寄存器设置定时器 3 和定时器 4 的工作模式,设计定时参数。

二、必备知识

1. 定时器 3/4

除了定时器 1, CC2530 还有两个 8 位定时器,分别是定时器 3 和定时器 4。这两个定时器的功能完全相同,最大计数个数均为 256。定时器 3 和定时器 4 分别具有两个独立的捕获/比较通道,每个通道都复用一个 I/O 引脚。定时器 3/4 主要特性如下:

(1) 具有两个独立的捕获/比较通道;
(2) 设置、清除或切换输出比较;
(3) 时钟分频系数可取 1,2,4,8,16,32,64,128 中的任意一个值;
(4) 具有自由运行模式、向下计数模式、模运行模式和正计数/倒计数运行模式;
(5) 每一个捕获/比较事件或计数溢出时生成中断请求;

(6) 具有 DMA 触发功能。

定时器 3/4 的定时原理与定时器 1 的类似,在每个活动时钟边沿递增或递减。活动时钟边沿周期由寄存器位 CLKCONCMD.TICKSPD 定义。

2. 定时器 3/4 运行模式工作原理

定时器 3/4 具有自由运行、模运行模式、正计数/倒计数运行模式和向下计数模式。具体工作在哪个模式由 T3CTL/T4CTL 寄存器控制。

(1) 自由运行模式

定时器 3/4 的自由运行模式示意图如图 6-14 所示。在自由运行模式下,计数器从 0 开始,在每个活动时钟边沿增加 1,当计数器达到 0xFF 时,产生溢出中断 OVFL,计数器重新进入 0x00 并开始新一轮的递增计数,一轮计数总数为 256。当计数器达到 0xFF 时,中断标志 TIMIF.TxOVFIF 置 1。

由表 6-11 可知,定时器 3 的溢出中断标志 T3OVFIF 是 TIMIF 寄存器的第 0 位。定时器 4 的溢出中断标志 T4OVFIF 是 TIMIF 寄存器的第 3 位。在定时器 3/4 定时中,可以不断查询上述溢出标志位是否置 1 来进行定时判断。

(2) 模运行模式

定时器 3/4 的模运行模式示意如图 6-15 所示。在模运行模式下,定时器 3/4 从 0 到 T3CC0/T4CC0 反复计数,当计数达到 T3CC0/T4CC0 时,产生溢出中断 OVFL。在模运行模式下,定时器 3 一轮计数总数等于 T3CC0+1,定时器 4 一轮计数总数等于 T4CC0+1。

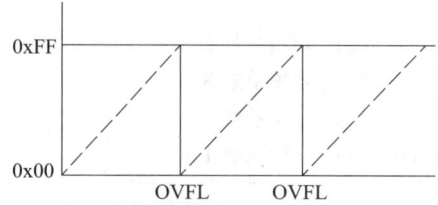

图 6-14 定时器 3/4 自由运行模式示意图

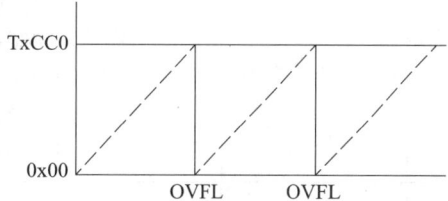

图 6-15 定时器 3/4 模运行模式示意图

T3CC0/T4CC0 是定时器 3/4 的通道 0 捕获/比较值,是一个不超过 255 的正整数。在模运行模式下,计数周期 T3CC0/T4CC0 是模运行模式的一个重要设计参数,由用户自定义设置。

需要注意的是,在模运行模式下,定时器 3/4 的计数值达到 T3CC0/T4CC0 时产生通道 0 中断,而非自由运行模式下的溢出中断。通道 0 中断下,TIMIF 寄存器的通道 0 中断标志位 T3CH0IF/T4CH0IF 置 1。

(3) 正计数/倒计数运行模式

定时器 3/4 的模运行模式示意如图 6-16 所示。在正计数/倒计数运行模式下,计数器反复从 0x00 开始,正计数达到 T3CC0/T4CC0 保存的值后,计数器将倒计数回 0x00。当计数值等于 0x00 时,中断标志位 TIMIF.T3OVFIF/TIMIF.T4OVFIF 置 1。

正计数/倒计数运行模式与模运行模式类似,但正计数/倒计数运行模式不需要设置为比较模式,因此无需配置通道 0 捕获/比较寄存器,即 T3CCTL0/T4CCTL0 寄存器。

(4) 向下计数模式

与定时器 1 不同,定时器 3/4 增加了向下计数模式,如图 6-17 所示。在向下计数模式下,计数器从 T3CC0/T4CC0 开始,在每个活动时钟边沿减 1,向下计数直到 0。当计数到 0 时,定时器 3 产生溢出中断 OVFL,中断标志位 TIMIF.T3OVFIF 置 1;定时器 4 同理。

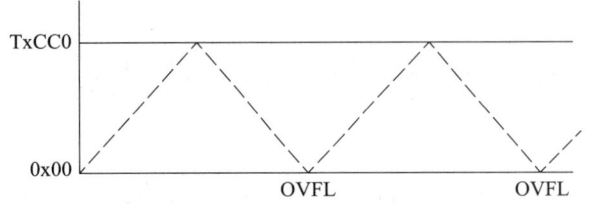

图 6-16 定时器 3/4 正计数 / 倒计数运行模式示意图

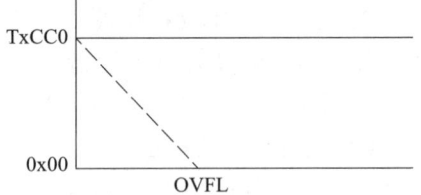

图 6-17 定时器 3/4 向下计数模式示意图

向下计数模式不重复计数,一般适用于事件超时的应用。

3. 定时器 3/4 运行模式工作控制

定时器 3/4 运行模式由 T3CTL/T4CTL 的第 1~0 位(MODE)控制,见表 6-12。当 MODE=00 时,表示自由运行模式;当 MODE=01 时,表示向下计数模式;当 MODE=10 时,表示模运行模式;当 MODE=11 时,表示正计数 / 倒计数运行模式。

表 6-12 T3CTL/T4CTL 的基本特性

位	名称	复位	描述
7~5	DIV[2~0]	000	预分频系数。对 CLKCON.TICKSPD 定时器标定时钟进行分频。 000:分频系数 1 001:分频系数 2 010:分频系数 4 011:分频系数 8 100:分频系数 16 101:分频系数 32 110:分频系数 64 111:分频系数 128
4	START	0	启动定时器。正常运行时设置为 1,暂停时清除为 0
3	OVFIM	1	溢出中断屏蔽 0:中断禁止 1:中断使能
2	CLR	0	清除计数器。写 1 到 CLR 复位计数器到 0x00,并初始化相关通道所有的输出引脚。总是读作 0
1~0	MODE[1~0]	00	选择定时器 3 运行模式。 00:自由运行,从 0x00 到 0xFF 反复计数 01:向下计数,从 T3CC0 到 0x00 计数 10:模,从 0x00 到 T3CC0 反复计数 11:正计数 / 倒计数,从 0x00 到 T3CC0 反复计数且从 T3CC0 倒计数到 0x00

注意,T3CTL/T4CTL 的 START 置 1 时,定时器才能启动,而定时器 1 不需要手动启动定时器。因此,如果要启动定时器 3,需要设置 T3CTL|=0x10。

T3CTL/T4CTL 的 DIV 位是分频系数,对定时器标定时钟 CLKCON.TICKSPD 进行分频,可根据情况设置 1, 2, 4, 8, 16, 32, 64, 128 中的任意一个值。

三、任务实施

1. 定时器 3/4 运行模式设置

根据 T3CTL/T4CTL 的基本特性（表 6-12）设置运行模式。注意，T3CTL/T4CTL 只能按字节操作，不能按位操作。假如定时器 3 工作在向下运行模式，配置 T3CTL|=0x01；如果工作在模运行模式，配置 T3CTL|=0x02。定时器 4 配置方法完全相同。定时器 3 和定时器 4 的运行模式配置见表 6-13。

表 6-13 定时器 3/4 运行模式配置

运行模式	定时器 3 寄存器配置	定时器 4 寄存器配置
自由运行模式	T3CTL|=0x00;//（默认配置）	T4CTL|=0x00;//（默认配置）
向下计数模式	T3CTL|=0x01;	T4CTL|=0x01;
模运行模式	T3CTL|=0x02;	T4CTL|=0x02;
正计数/倒计数模式	T3CTL|=0x03;	T4CTL|=0x03;

2. 定时器 3/4 定时参数设置

不论哪种定时器、哪种运行模式，定时器的基本原理都相同。下面以定时器 3 为例介绍定时参数设置，定时器 4 参数设置完全相同，不再赘述。

假设定时时长 $t=1$ s，定时器 3 的标定频率 $f_0=250$ kHz，分频系数 $P=1$，则计数总数 $n=tf_0/P=250\times10^3$。在自由运行模式下，重复计数轮数 $k=n/256=976.56$，四舍五入取整得 $k=977$；此时的定时误差 $=kmP/f_0-t=967\times256\times1/250\times10^3-1=-0.009\ 792$ s。在模运行模式下，取比较值 T3CC0=250-1，重复计数轮数 $k=n/($T3CC0$+1)=1\ 000$，计数误差为 0。在正计数/倒计数模式下，取比较值 T3CC0=250-1，重复计数轮数 $k=n/($T3CC0$+1)/2=500$，计数误差为 0。

综上，定时器参数不同，其定时误差可能不同。应选取合适的工作模式、标定频率 f_0 和分频系数 P，使得溢出次数 k 取尽可能小的整数，从而使实际的定时误差最小。

任务 6　定时器 3/4 定时应用

一、任务描述

基于定时器 3/4 的自由运行模式，实现 LED（P1_0）每隔 1 s 周期性闪烁。

本任务的关键是如何驱动定时器 3/4 自由运行模式，实现每隔 1 s 的周期性定时。定时器 3/4 与定时器 1 的基本原理相同，详见本项目任务 3，在此不作赘述。

本任务以定时器 3 在参数 $f_0=500$ kHz，分频系数 $P=1$，定时时长 $t=1$ 下的配置为例，进行定时器 3 的定时设计，定时器 4 设计思路基本相同，不再赘述。

二、任务实施

1. 定时器 3 初始化设计思路

定时器 3 初始化的设计思路（图 6-18）与定时器 1 初始化类似，主要包括晶振初始化、标定频率、分频系数和运行模式等。标定频率和分频系数与定时时长有关，是定时器参数设置的关键。定时器 3 的分频系数和运行模式由 T3CTL 设置。

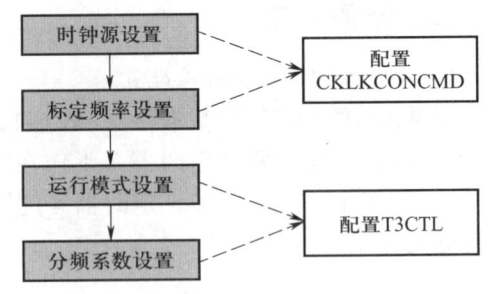

图 6-18 定时器 3 自由运行模式初始化设计思路

2. 定时器 3 标定频率、分频系数和运行模式初始化

设定定时器标定频率，需要配置定时器时钟控制命令寄存器 CLKCONCMD。根据上述定时器参数设置，标定频率 f_0=500 kHz，对应 CLKCONCMD 的 TICKSPD=110。由表 6-3 可知对应 CLKCONCMD 的配置，代码如下：

```
CLKCONCMD&=~（0x01<<3）；//D3=0
CLKCONCMD|=0x01<<4；//D4=1
CLKCONCMD|=0x01<<5；//D5=1
```

定时器 3 的分频系数 P 和运行模式由 T3CTL 控制，因此定时器 3 的初始化主要是配置 T3CTL。

定时器 3 在分频系数 P=1、自由运行模式下的初始化函数如下：

```
/*-------- 定时器 3 自由运行初始化函数（分频系数 P=1）----*/
void init_T3（void）
{
  CLKCONCMD&=~（0x01<<3）；//D3=0
  CLKCONCMD|=0x01<<4；//D4=1
  CLKCONCMD|=0x01<<5；//D5=1
  T3CTL&=0x1F；// 分频系数 P=1，默认设置可不配置
  T3CTL&=~0x03；// 自由运行模式，默认设置可不配置
  T3CTL|=0x10；// 启动定时
}
```

定时器 3 的分频系数和自由运行模式都是 T3CTL 控制位的复位值，可以不用配置。因此，只需要设置 T3CTL 的 START 为 1，启动定时器即可。

3. 设计基于查询方式定时器主函数

定时器 3 查询方式与定时器 1 相似。在定时器 3 查询方式下，首先进行 LED 和定时器初始化，然后进入 while(1) 循环不断查询溢出状态标志位是否置 1。如果溢出状态标志为 1，则表示完成一轮计数，重复计数次数变量加 1 并清除状态标志位。当溢出次数等于目标值后，进行 LED 状态切换并对重复计数次数变量清零。

基于定时器 3 查询方式下 LED 每隔 1 s 周期性闪烁的完整代码。本任务采用 CPU 不断查询溢出状态标志位和溢出次数的方式来定时，继而实现 LED 状态的控制，具体代码如下：

```c
/*------定时器3定时应用主函数(自由运行模式,查询方式)------*/
#include<ioCC2530.h>
#define LED P1_0
void init_clock( void );//32MHz 系统时钟频率设置初始化
void init_Tickspeed( void );//500kHz 标定频率设置
void init_T3( void );//定时器3自由运行模式初始化
void init_LED( void );//LED GPIO 初始化
main( )
{
  int nOVFIF=0;//重复计数次数/溢出次数
  init_clock( );//时钟初始化
  init_LED( );//LED 初始化
  init_Tickspeed( );//标定频率设置函数
  init_T3( );//定时器3初始化函数
  while(1)
  {
    if(TIMIF&0x01)//判断T3是否溢出
    {
      nOVFIF++;
      TIMIF&=~0x01;//清除溢出状态
    }
    if(nOVFIF==1953)
    {
      LED=~LED;
      nOVFIF=0;
    }
  }
}
```

4. 任务结果

将上述代码编译无误后下载到实训主控板,可以观察到 LED 每隔 1 s 周期性闪烁。上述代码基于查询方式,在 LED 和定时器初始化后,CPU 不断查询溢出状态标志位是否置 1 并记录重复计数次数。当重复计数次数为 1 953 时,定时器计数总个数 $n=1\,953\times256=499\,968$。实际定时时长 $=499\,968/(500\times10^3)=0.999\,936$ s,定时误差为 0.000 064 s。

基于查询方式对定时器 4 实现 LED 每隔 1 s 周期性闪烁时,只需将定时器 3 相关寄存器改为定时器 4 相关寄存器,其余操作完全相同,不再赘述。需要注意的是,定时器 4 溢出标志为 TIMIF 的第 3 位,而定时器 3 溢出标志为 TIMIF 的第 0 位,程序设计需要区分。

三、任务拓展

除了可以基于查询方式对定时器 3/4 进行周期性定时,还可以基于中断方式实现周期性定时。定时器 3/4 中断使能逻辑框图如图 6-19 所示。

定时器 3 中断源自 TIMIF 寄存器的第 2~0 位,经过比较控制寄存器 T3CCTL0、比较控制器 T3CCTL1 和控制寄存器 T3CTL 对应中断屏蔽位使能后,产生 T3IF 中断标志,经过全局中断 EA=1 使能和定时器 3 使能 T3IE=1,到达中断优先级控制模块。

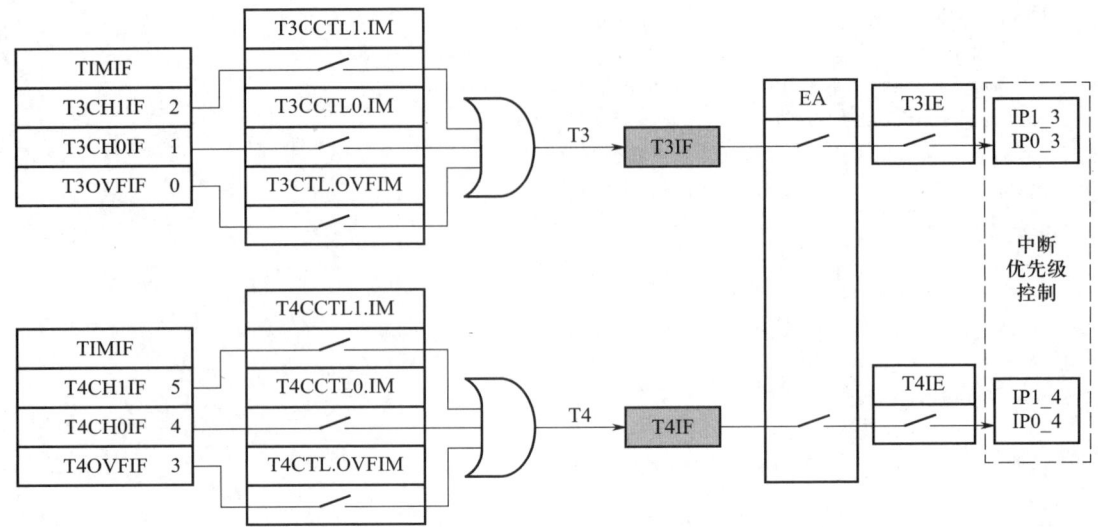

图 6-19 定时器 3/4 中断使能逻辑框图

类似地，定时器 4 中断源自 TIMIF 寄存器的第 5~3 位，经过比较控制寄存器 T4CCTL0、比较控制寄存器 T4CCTL1 和控制寄存器 T4CTL 对应中断屏蔽位使能后，产生 T4IF 中断标志，经过全局中断 EA=1 使能和定时器 4 使能 T4IE=1，到达中断优先口控制模块。

要使能定时器 3 溢出中断，需要使能溢出中断屏蔽位 T3OVFIM。同时，打开总中断标志位，EA=1，并且使能定时器 1 中断，设置 T3IE=1。

定时器 3 中断使能初始化函数的定义如下：

```
/*-- 定时器 3 中断初始化（中断使能）--*/
void init_T3_IT ( void )
{
// 打开溢出中断屏蔽标志位
T3CTL|=0x08;//T3CTL.OVFIM=1;
T3IE=1;// 使能定时器中断
EA=1;// 开总中断
}
```

定时器 4 中断使能初始化函数与之类似，只需将对应的定时器 3 中断使能寄存器改为定时器 4 的中断使能寄存器即可。

若想基于定时器 3 的自由运行模式，通过定时器中断方式实现 LED(P1_0)每隔 1 s 周期性闪烁，则基于上述中断使能，可以给出定时器 3 中断使能逻辑的主函数如下。为便于比较，定时器 3 中断方式下的定时器参数设计与查询模式完全相同，定时器标定频率 f_0=500 kHz，分频系数 P=1，要实现 1 s 定时自由运行模式下需要溢出 1 953 次。因此，可以复用查询模式下的定时器 3 函数定义，主要包括标定频率函数 init_Tickspeed( )，定时器 3 初始化函数 init_T3( ) 以及 LED 初始化和系统时钟初始化函数。需要注意的是，与基于查询定时的函数不同，重复计数次数变量定义在 main( ) 函数之外，是一个全局变量，用于记录定时器溢出的次数。

```c
/*------定时器3定时中断主函数(自由运行模式,中断方式)------*/
#include<ioCC2530.h>
#define LED P1_0
void init_LED(void);//LED GPIO 初始化
void init_clock(void);//32MHz 系统时钟频率设置初始化
void init_Tickspeed(void);//500kHz 标定频率设置
void init_T3(void);// 定时器3 自由运行模式初始化
// 定时器中断初始化函数声明
void init_T3_IT(void);
// 定义溢出次数全局变量
char nOVFIF=0;
main()
{
init_clock();// 时钟初始化
init_LED();//LED 初始化
init_Tickspeed();// 标定频率设置函数
init_T3();// 定时器3 初始化函数
init_T3_IT();// 定时器3 中断使能
while(1);//CPU 空循环等待
}
```

可以看到,上述主函数中,CPU 进行了时钟初始化、LED 初始化、标定频率初始化和定时器3 初始化和定时器3 中断使能后,进行 while(1) 循环等待。

当定时器3 计数溢出时,在中断服务函数中,代表溢出次数的全局变量 nOVFIF 递增。当溢出次数达到 1 953 时,定时间隔为 1 s。此时,进行 LED 状态的切换,并对溢出次数 nOVFIF 清零。中断服务函数的定义下,该函数被调用后,定时器3 中断标志自动清零,因此,在中断服务函数中对定时器3 中断标志不再软件清零。

```c
/*------定时器3 中断服务函数------*/
#pragma vector=T3_VECTOR
__interrupt void T3_ISR(void)
{
   nOVFIF ++;
   if(nOVFIF==1953)
   {
      nOVFIF=0;// 溢出次数清零
      LED=~LED;
   }
}
```

可以得到与定时器3/4 在自由运行模式、查询方式下同样的结果。定时器3/4 模运行模式设计思路与定时器1 模运行模式相似,不再赘述。

任务 7　睡眠定时器应用

一、任务描述

实现 CC2530 系统通过睡眠定时器周期性定时唤醒设备，即要求：LED（P1_0）闪烁 3 次后进入 PM2 低功耗模式，然后，定时 5 s 后自动唤醒，LED（P1_0）再次闪烁 3 次后进入 PM2 低功耗模式。

PM2 低功耗模式下，可通过睡眠定时器自动唤醒，需要驱动睡眠定时器中断，设置合理的睡眠定时器参数以达到指定要求的定时。

二、必备知识

1. 睡眠定时器工作原理

CC2530 的睡眠定时器（Sleep Timer）用于设定系统进入和退出低功耗模式 PM1 或 PM2 的周期。睡眠定时器还用于系统进入 PM1 或 PM2 低功耗模式后，维持 MAC 层定时器的定时。

睡眠定时器的基本特性：一个 24 位的向上计数器，运行在 32 kHz 时钟频率下［可以是 32 kHz（外部）晶振或 32 kHz（内部）RC 振荡器］；是一个 24 位比较器，具有中断和 DMA 触发；可配置具有 24 位的捕获功能。

睡眠定时器在复位后就立即启动，如果没有中断就继续运行。

CC2530 采用增强型 8051 内核，一条指令就是一个机器周期，因此每经过一个 1/32 的时钟周期，定时器计数值就会更新一次。这个计数值从 0 开始不断递增，直到溢出，然后继续从 0 开始递增至溢出。

当定时器的值等于 24 位比较器的值，就会发生一次定时器比较。通过写入寄存器 ST2：ST1：ST0 来设置比较值。ST0~ST2 的基本特性见表 6-14~ 表 6-16。其中，ST0 是睡眠定时器的第 7~0 位；ST1 是第 15~8 位；ST2 是第 23~16 位，共同组成 24 位比较器。

表 6-14　ST0 的基本特性

位	名称	复位值	读写	描述
7~0	ST0	0x00	R/W	睡眠定时器计数值或比较值。当读取数据，寄存器返回睡眠定时器的［23：16］位的计数值；当写入数据，寄存器设置比较值的［23：16］位

表 6-15　ST1 的基本特性

位	名称	复位值	读写	描述
7~0	ST1	0x00	R/W	睡眠定时器计数值或比较值。当读取数据，寄存器返回睡眠定时器的［15：8］位的计数值；当写入数据，寄存器设置比较值的［15：8］位

表 6-16　ST2 的基本特性

位	名称	复位值	读写	描述
7~0	ST2	0x00	R/W	睡眠定时器计数值或比较值。当读取数据,寄存器返回睡眠定时器的[7:0]位的计数值;当写入数据,寄存器设置比较值的[7:0]位

表 6-17 为 STLOAD 寄存器特性。当 STLOAD.LDRDY 值为 1,表示写入 ST0 发起加载新的比较值,写入寄存器 ST2:ST1:ST0 最新值。加载期间,如果 STLOAD.LDRDY 值为 0,软件不能开始一个新的加载,直到 STLOAD.LDRDY 置 1。读取 ST0 将得到 24 位计数器的当前值。因此,ST0 寄存器必须在 ST1 和 ST2 之前读取,以得到一个正确的睡眠定时器计数值。注意,如果电压降到 2V 以下且处于 PM2 模式,睡眠定时器将受到影响。

表 6-17　STLOAD 的基本特性

位	名称	复位值	读写	描述
7~1	—	0000000	R0	保留
0	LDRDY	1	R	载入状态位。当睡眠定时器载入 24 位比较值时该值为 0,当睡眠定时器开始载入一个新的比较值时该位为 1

2. 睡眠定时器中断

如图 6-20 所示,当发生一个定时器比较事件,睡眠中断标志 STIF 被置 1。使能全局中断 EA 和 ST 中断使能位 IEN0.STIE,将触发睡眠定时器中断。STIF 是 IRCON 的第 7 位,而 IRCON 的第 6 位是保留位始终为 0。

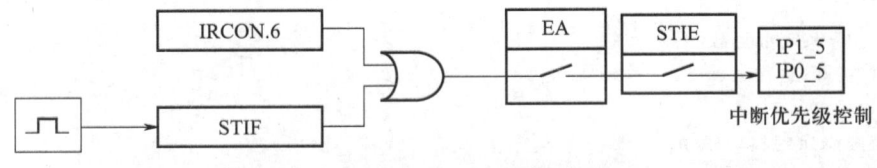

图 6-20　睡眠定时器中断使能逻辑框图

当设置一个新的比较值时,该比较值必须大于当前睡眠定时器计数值的 5 倍,否则,定时器比较事件可能会丢失。

睡眠定时器可以运行在 PM1 和 PM2 低功耗模式,但不能运行在 PM3 模式。睡眠定时器的值在 PM3 模式下不保存,在 PM1 和 PM2 下睡眠定时器比较事件用于唤醒设备,返回主动模式。复位后比较值的默认值是 0xFFFFFF。

3. 睡眠定时器参数设置

睡眠定时器参数,需要设置比较值 ST2:ST1:ST0。根据定时器工作原理,定时时长 $t=nT$。由晶振与时钟单元可知,睡眠定时器的时钟频率来自于 32 kHz 的低速晶振,准确地说,外部晶振时钟频率 f=32.768 kHz。低速晶振提供给睡眠定时器的时钟频率不再分频,即分频系数 P=1,因此,睡眠定时器的计数总数 $n=t \times 32\ 768$。通常情况下,定时时长 t 是与应用相关的已知量。计算出计数总数 n 后,就可以设置睡眠定时器的比较值和相应的寄存器。

当设置为 ST0 寄存器时,ST0 由睡眠定时器的第 7~0 位控制,ST0=(unsigned char) n。

当设置为 ST1 寄存器时,ST1 由睡眠定时器的第 15~8 位控制,ST1=(unsigned long)(n<<8)。

当设置为 ST2 寄存器时,ST2 由睡眠定时器的第 23~16 位控制,ST2=(unsigned long)(n<<16)。

三、任务实施

1. 低速晶振时钟设置

由于睡眠定时器工作在 32 kHz 的低速晶振下,因此,首先需要设置低速晶振。睡眠定时器可以选择 32 kHz 的外部晶振(运行在 32.768 kHz),也可以选择 32 kHz RC 振荡器(运行在 32.753 kHz)。系统默认选择内部 32 kHz RC 振荡器。如果要选择 32.768 kHz 的精确晶振,则需要设置低速晶振时钟。32 kHz 外部晶振的初始化函数定义如下:

```
/*----- 低速外部晶振的初始化函数 ----*/
void init_clock32kHz( void )
{
    // 定时时钟为 32k( XCOS )
    CLKCONCMD|=0x80;
    while( !( CLKCONSTA&0x80 ));// 等待 32kHz 外部晶振稳定
}
```

2. 睡眠定时设计

根据睡眠定时器参数设置规则和定时时长,确定比较值,并设置对应的 ST2、ST1、ST0 寄存器值。睡眠定时函数定义如下,函数的形式参数单位为 s。

```
/*----- 睡眠定时函数 -----*/
void ST_Period( uint sec )
{
// 设置睡眠定时器比较值
    ulong sleepTimer=0;
    sleepTimer |=ST0;// 顺序不能有误,ST0 在 ST1 和 ST2 前
    sleepTimer |=( ulong )ST1<<8;// 设置睡眠定时器初始值
    sleepTimer |=( ulong )ST2<<16;// 设置睡眠定时器初始值
    sleepTimer +=( ( ulong )sec *( ulong )32768 );// 加上睡眠定时时长
    ST2=( uchar )( sleepTimer>>16 );// 设置比较终值
    ST1=( uchar )( sleepTimer>>8 );
    ST0=( uchar )sleepTimer;
    while( !STLOAD&0x01 );// 等待加载完成
}
```

上述代码中,uint、ulong 和 uchar 是 unsigned int、unsigned long 和 unsigned char 的宏定义。程序中,CPU 首先读取当前 ST2、ST1、ST0 的值,得到当前睡眠定时器的计数值,然后在此基础上加上定时间隔,计算出比较值,再赋值给睡眠定时器 ST2、ST1、ST0 三个寄存器。此时,进入

空闲模式、PM1 或 PM2 模式的睡眠定时器依旧会持续计数,直到计数器的计数值等于设置的比较值,此时会产生一个睡眠定时器中断,而中断一旦产生,空闲模式、PM1、PM2 任意一种模式就会返回到正常模式。

3. 睡眠定时器中断初始化

由图 6-20 可知,睡眠定时器中断使能需要开总中断 EA,使能睡眠定时器中断 STIE,以及对睡眠定时器中断标志清零。睡眠定时器中断初始化函数定义如下:

```
/*---- 睡眠定时器中断初始化函数 ----*/
void init_SleepTimer( void )
{
    EA=1; // 开中断
    STIE=1; // 睡眠定时器中断使能;0:中断禁止;1:中断使能
    STIF=0; // 睡眠定时器中断标志;0:无中断未决;1:中断未决
}
```

4. 硬件延时函数设计

本任务 LED 闪烁涉及延时函数的应用。GPIO 应用中 LED 闪烁采用软件延时,本任务采用定时器进行硬件延时函数设计。以定时器 3 自由运行模式,毫秒级延时为例进行讨论。假设定时器标定频率 f_0=250 kHz,分频系数 P=1,则定时时长 $t=n/f_0=256/(250\times10^3)=1.024$ ms ≈ 1 ms。基于上述配置,定时器 3 在 1 ms 时基下的初始化函数的定义如下:

```
/*1ms 时基下定时器 3 模式初始化函数,自由运行模式,250kHz 标定频率,分频 1*/
void init_T3( void )
{
    // 定时器标定频率 =250kHz, CLKCONCMD:D5~D3:111
    CLKCONCMD|=( 0X01<<3 ); //D3=1
    CLKCONCMD|=0X01<<4; //D4=1
    CLKCONCMD|=0X01<<5; //D5=1
    // 运行模式,分频系数 P=1 对应位是 T3CTL 默认值
    T3CTL|=mode; // 运行模式
    T3CTL|=0x10; // 启动定时器 3:D4=1
}
```

启动定时器 3 后,可基于查询模式定义硬件延时函数 Delay_ms( ) 如下:

```
/* 硬件延时函数,ms 级定时 */
void Delay_ms( int ms )
{
    for( int i=0; i<ms; i++ )
    {
        while( T3OVFIF==0 ); // 等待溢出
        T3OVFIF=0; // 溢出标志清零
    }
}
```

5. 设计主函数

主动模式与睡眠模式 PM2 切换主函数的代码如下，CPU 首先进行 LED 初始化、低速晶振初始化、睡眠定时器中断使能初始化后，进入 while(1) 循环，闪烁 3 次后设置睡眠周期，然后进入低功耗模式 PM2。当达到定时周期，系统将自动进入睡眠定时器中断服务函数。

```c
/*---- 主动模式与睡眠模式 PM2 切换主函数 ----*/
#include <ioCC2530.h>
#define LED P1_0  //P1_0 口控制 LED
void init_LED( void );
void PowerMode( char mode );
void init_clock32kHz( void );
void init_SleepTimer( void );
void ST_Period( uint sec );
void Delay_ms( int ms );
void init_T3( void );
void main( void )
{
    init_LED( );          //设置 LED 相应的 I/O 口
    init_clock32kHz( );   //低速晶振初始化
    init_SleepTimer( );   //睡眠定时器中断使能
    init_T3( );           //定时器 3 毫秒级时基初始化
    while( 1 )
    {
        for( uchar i=0; i<6; i++ )  //LED 闪烁 3 次提醒用户将进入睡眠模式
        {
            LED=~LED;
            Delay_ms( 1000 );  //延时 1s
        }
        ST_Period( 5 );        //设置睡眠时间，睡眠 5s 后唤醒系统
        PowerMode( 2 );        //进入睡眠模式 PM2
    }
}
```

在睡眠定时器中断服务函数中，仅需清除睡眠定时器标志位 STIF，然后系统自动返回主程序退出低功耗模式。

```c
/*------ 睡眠模式中断服务函数 --------------*/
#pragma vector=ST_VECTOR
__interrupt void ST_ISR( void )
{
    STIF=0;  //清除标志位
}
```

6. 任务结果

将上述代码编译下载到实训主控板中后，可以观察到：LED 闪烁 3 次后暂停，然后等待 5 s 后再次闪烁 3 次，然后再次暂停，如此反复。

暂停闪烁是因为系统进入低功耗模式，数字核心模块关闭，所以 CPU 不再执行指令。暂停 5 s 后再次闪烁，表示睡眠定时器定时 5 s 后通过定时中断自动退出低功耗模式。系统再次进入主动模式执行闪烁代码，再次观察到 LED 闪烁。

项目小结

本项目介绍了 CC2530 定时器的原理及应用；重点介绍了定时器 1 和定时器 3/4 的工作模式和运行原理；详细介绍了基于查询和基于中断的定时器参数设计、定时器寄存器配置以及定时程序设计；最后，介绍了睡眠定时器的原理和设计思路，以及睡眠定时器在唤醒低功耗模式中的应用。本项目小结如图 6-21 所示。

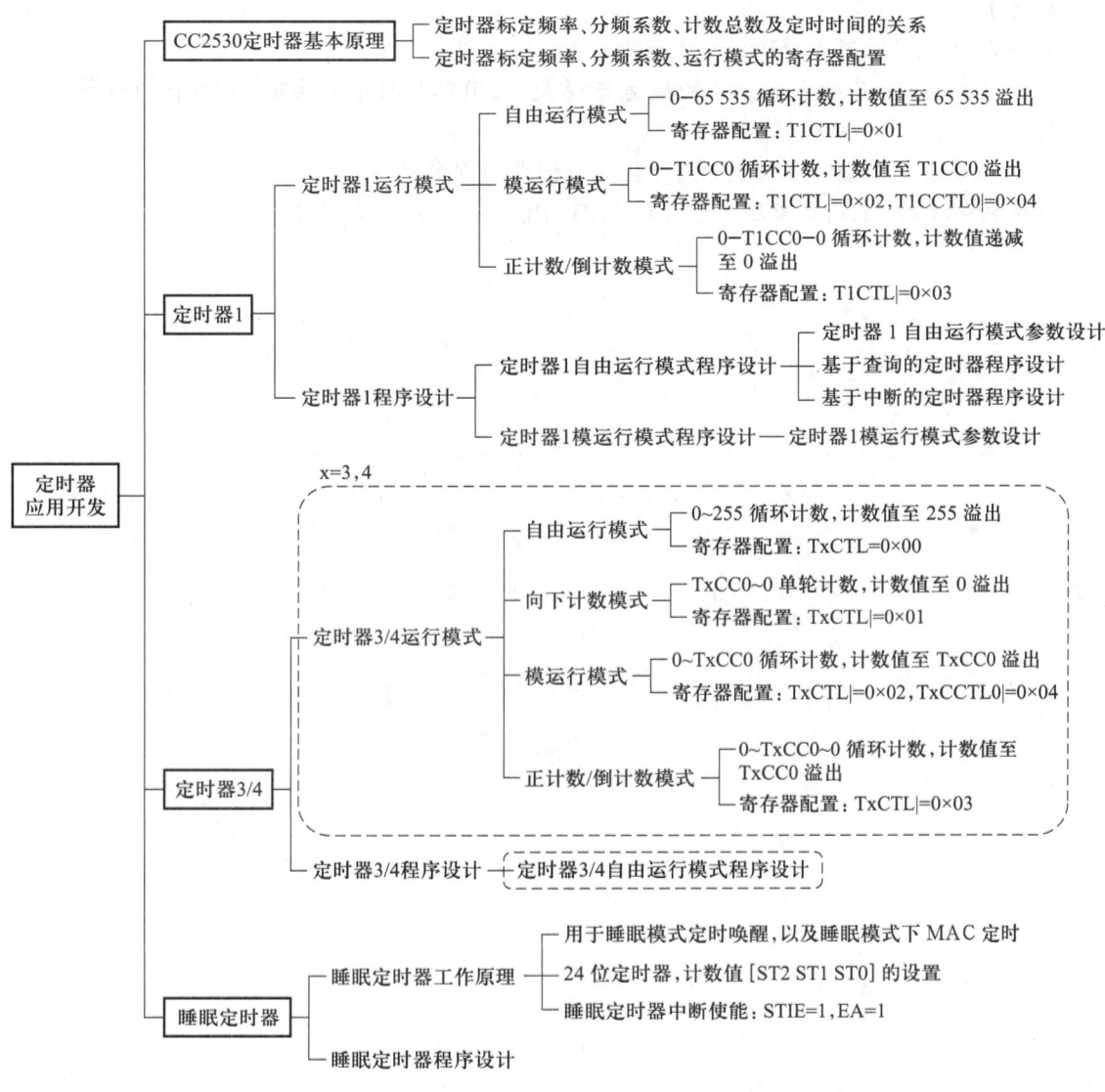

图 6-21 定时器应用开发项目小结

项目实训

1. 定时器 1 自由运行模式下周期性定时。

具体任务描述:要求定时周期为 2 s,定时器标定频率为 500 kHz,分频系数为 8。分析此情况下的定时误差。

2. 编程实现定时器 1 自由运行模式周期定时。

具体任务描述:基于定时器 1 的自由运行模式利用定时器中断方式实现 LED(P1_0)1.5 s 周期性定时,定时器标定频率为 250 kHz,分频系数为 1。

3. 编程实现定时器 1 模运行模式下精准定时。

具体任务描述:采用中断方式实现 LED(P1_0)每隔 2 s 周期性闪烁。定时频率为 32 MHz,分频系数为 1。

4. 编程实现定时器 4 模运行模式周期定时。

具体任务描述:基于定时器 4 的模运行模式,采用定时器中断实现 LED(P1_0)每隔 1 s 周期性闪烁。

5. 编程实现定时器 4 正计数/倒计数运行模式周期定时。

具体任务描述:采用定时器中断实现 LED(P1_0)每隔 1 s 周期性闪烁。

项目 7

串口通信应用开发

项目目标

1. 理解串口通信的要素和特点。
2. 理解串口 I/O 映射。
3. 理解串口通信波特率。
4. 理解掌握串口通信波特率寄存器配置。
5. 掌握串口通信发送的基本流程和程序设计思路。
6. 掌握串口接收的基本流程和程序设计思路。

任务 1　终端节点向计算机发送数据

一、任务描述

将实训设备作为终端节点,通过串口通信每隔 2 s 向计算机发送字符串 "Hello,ZigBee!",发送的字符通过串口调试助手软件显示。

二、必备知识

1. CC2530 串口通信原理

（1）CC2530 串口 I/O 映射控制

由项目 3 可知,CC2530 主控有 21 个数字 I/O 引脚。CC2530 的 I/O 引脚除了可以作为通用 I/O,还可以作为外设 I/O,外设 I/O 是 CC2530 的第二功能。

由表 7-1 可知,CC2530 的外设功能有 ADC、串口 0（USART 0）、串口 1（USART 1）、定时器 1（TIMER 1）、定时器 3（TIMER 3）、定时器 4（TIMER 4）、32kHz XOSC 和 DEBUG 等。

表 7-1　串口通信外设 I/O 映射表概览

外设	P0								P1								P2			
	7	6	5	4	3	2	1	0	7	6	5	4	3	2	1	0	4	3	2	1	0
ADC	A7	A6	A5	A4	A3	A2	A1	A0													T
串口 0 SPI Alt. 2				C	SS	MO	MI				MO	MI	C	SS							

续表

外设	P0								P1								P2				
	7	6	5	4	3	2	1	0	7	6	5	4	3	2	1	0	4	3	2	1	0
串口0 UART Alt.2			RT	CT	TX	RX					TX	RX	RT	CT							
串口1 SPI Alt.2			MI	MO	C	SS					MI	MO	C	SS							
串口1 UART Alt.2			RX	TX	RT	CT			RX	TX	RT	CT									
定时器1 Alt.2	3	4		4	3	2	1	0						0	1	2					
定时器3 Alt.2										1	0		1	0							
定时器4 Alt.2															1	0		1			0
32 kHz 晶振																	Q1	Q2			
DEBUG																			DC	DD	

当 I/O 为外设功能时,需要将对应的功能选择寄存器 PxSEL 置 1。

① ADC 的输入通道 A0~A7 映射为 P0_0~P0_7。

② CC2530 有 2 个串口,即 USART 0 和 USART 1,都有 UART 和 SPI 两种串行通信模式。每个串口都可映射为"外设位置1"和"外设位置2"。USART0 在"外设位置1"映射为 P0_2~P0_5,在"外设位置2"映射为 P1_2~P1_5。USART1 在"外设位置1"映射为 P0_2~P0_5,在"外设位置2"映射为 P1_4~P1_7。

③ 定时器1有5个通道用于比较/捕获。当映射到位置1时,通道0~4对应P0_2~P0_6。当映射到位置2时,比较/捕获通道0~2对应P1_2~P1_0,通道3~4对应P0_7~P0_6。

④ 定时器3有2个通道用于比较/捕获。当映射到位置1时,通道0~1对应P1_3~P1_4。当映射到位置2时,通道0~1对应P1_6~P1_7。

⑤ 定时器4也有2个通道用于比较/捕获。当映射到位置1时,通道0~1对应P1_0~P1_1。当映射到位置2时,通道0对应P2_0,通道1对应P2_3。

⑥ XOSC 外部晶振 XOSC 1 和 XOSC 2 接口引脚对应 P2_3 和 P2_4。

⑦ DEBUG 调试数据和时钟信号分别映射到 P2_1 和 P2_2 引脚,即 DD 调试数据和 DC 调试时钟线。当处于调试模式时,调试接口控制这些引脚的输入、输出方向,并且禁用上述引脚的上拉和下拉模式。

外设 I/O 具体选择位置 1 还是位置 2 由外设配置寄存器 PERCFG 设置,PERCFG 的基本特性见表 7-2,该寄存器只能按字节操作。

表 7-2 PERCFG 的基本特性

位	名称	复位	R/W	描述
7	—	0	R0	保留
6	T1CFG	0	R/W	定时器 1 I/O 位置控制。 0：外设位置 1　1：外设位置 2
5	T3CFG	0	R/W	定时器 3 I/O 位置控制。 0：外设位置 1　1：外设位置 2
4	T4CFG	0	R/W	定时器 4 I/O 位置控制。 0：外设位置 1　1：外设位置 2
3~2	—	0	R0	保留
1	U1CFG	0	R/W	USART1 I/O 位置控制。 0：外设位置 1　1：外设位置 2
0	U0CFG	0	R/W	USART0 I/O 位置控制。 0：外设位置 1　1：外设位置 2

根据表 7-1 和表 7-2，可以对外设 I/O 映射控制寄存器 PERCFG 进行配置。

例 1　假设串口 0 连接在外设位置 1，如何配置 PERCFG？

解　串口 0 外设由 PERCFG 的第 0 位控制。当第 0 位 U0CFG=0 时，PERCFG &=~0x01；串口 0 外设 I/O 映射在位置 1，对照表 7-2 外设 I/O 映射表可知，SPI 同步串口通信和 UART 异步串口通信 I/O 映射位置相同，P0_2~P0_5 为串口 0 映射的 I/O 位置 1。

当第 0 位 U0CFG=1 时，PERCFG |= 0x01；串口 0 外设 I/O 映射到位置 1，即 P1_5~P1_2 映射为串口 0 的 I/O 位置，SPI 同步串口通信和 UART 异步串口通信都映射到上述 I/O 引脚。

（2）CC2530 外设 I/O 优先级

如果 I/O 映射冲突，即不同外设映射在相同 I/O 引脚，此时需要对有冲突的外设设置优先级。P0 端口外设优先级通过寄存器 P2DIR 设置，P2DIR 的基本特性见表 3-4。

例 2　当 USART0、USART1、定时器 1 均映射到 P0 端口，如果要使优先级 USART1 > USART0 > 定时器 1，如何设置 P2DIR？

解　对照表 3-4 可知，上述优先级要求 P2DIR 的第 7 位 =0、第 6 位 =1。同时，P2DIR 是按字节操作，需要分步位操作来实现上述设置：P2DIR |= 0x40；P2DIR &=~(0x01<<7)。

P1 端口外设优先级通过寄存器 P2SEL 设置。P2SEL 寄存器的特性在前文已有说明，见表 3-6。

例 3　USART0、USART1 均映射到端口 P1，如果要使得优先级 USART1 > USART0，如何设置 P2SEL？

解　对照表 3-7 可知，上述优先级要求 P2SEL 的第 6 位 =1。P2DIR 是按字节操作，因此，配置 P2SEL |=(0x01<<6)。

（3）CC2530 串口通信参数配置

CC2530 有 2 个串行通信接口：USART0 和 USART1。每个 USART 都有 2 种通信模式：UART 模式和 SPI 模式。其中，UART 模式为异步串行通信接口；SPI 是一种高速、全双工、同步的通信总线。

CC2530 串口 I/O 映射见表 7-3。

表 7-3　CC2530 串口 I/O 映射

功能	P0 端口								P1 端口							
	7	6	5	4	3	2	1	0	7	6	5	4	3	2	1	0
串口 0 SPI			C	SS	MO	MI										
Alt. 2											MO	MI	C	SS		
串口 0 UART			RT	CT	TX	RX										
Alt. 2											TX	RX	RT	CT		
串口 1 SPI			MI	MO	C	SS										
Alt. 2											MI	MO	C	SS		
串口 1 UART			RX	TX	RT	CT										
Alt. 2											RX	TX	RT	CT		

UART 模式是异步串行接口，在 UART 模式中，有 2 种接口选择方式：2 线接口（使用引脚 RXD/RX、TXD/TX）和 4 线接口（使用引脚 RXD、TXD、RTS/RT 和 CTS/CT）。

SPI 通信是 4 线接口，支持全双工，通常是单个主设备和多个从设备通过片选信号实现从设备寻址。目前，大部分 EEPROM、FLASH、AD 转换器等都支持 SPI 通信。

串口 0/ 串口 1 选择哪种工作模式由串口控制和状态寄存器 U0CSR/U1CSR 设置。UxCSR（x=0，1）的基本特性见表 7-4。

表 7-4　UxCSR（x=0，1）的基本特性

位	名称	复位	R/W	描述
7	MODE	0	R/W	USART 模式选择。 0：SPI 模式　1：UART 模式
6	RE	0	R/W	UART 接收器使能，在 UART 完全配置前不能接收。 0：禁止接收器　1：使能接收器
5	SLAVE	0	R/W	SPI 主或者从模式选择。 0：SPI 主模式　1：SPI 从模式
4	FE	0	R/W0	UART 帧错误状态。 0：无帧错误检测　1：字节收到不正确停止位
3	FRR	0	R/W0	UART 奇偶校验错误状态。 0：无奇偶校验检测　1：字节收到奇偶错误
2	RX_BYTE	0	R/W0	接收字节状态，UART 模式和 SPI 模式。当读 U0DBUF 时该位自动清零，可以通过写 0 清除，这样能有效丢弃 U0BUF 中的数据。 0：没有收到字节　1：接收字节就绪
1	TX_BYTE	0	R/W0	发送字节状态，UART 和 SPI 从模式。 0：字节没有传送　1：写到数据缓存寄存器的最后字节已经传送
0	ACTIVE	0	R	USART 发送 / 接收主动状态。 0：USART 空闲　1：USART 在传送或者接收模式忙碌

串口默认工作在 SPI 模式,如果要工作在 UART 模式,需要设置 UxCSR 寄存器的第 7 位 MODE=1。对于串口 0,UART 模式需设置 U0CSR|=0x80;对于串口 1,UART 模式需设置 U1CSR|=0x80。

UxCSR 寄存器的第 6 位是 UART 接收器使能位 RE。上电复位后默认为禁止接收。如果要进行串口接收,需要将 RE 置 1。对于串口 0,串口通信接收功能需设置 U0CSR|=0x40;对于串口 1,串口接收需设置 U1CSR|=0x40。

如果确定了异步串口通信 UART 模式,需要设置奇偶校验位、数据位、停止位等参数信息,参数配置由串口控制寄存器 UxUCR 控制。UxUCR 的基本特性见表 7-5。上电复位后默认是禁止硬件流控制,禁止奇偶校验、8 位数据位、1 位停止位等。终端节点上串口控制寄存器的设置需要与串口软件串口配置参数相匹配。假设串口软件上数据位设置为 9 位,但串口控制寄存器 UxUCR 的 BIT9 设置为 0 表示 8 位数据位,则上位机和下位机串口通信参数不匹配,将造成数据通信解析乱码等问题。

表 7-5   UxUCR(x=0,1)的基本特性

位	名称	复位	R/W	描述
7	FLUSH	0	R/W1	清除单元。当设置时,该事件将会立即停止当前操作并返回单元的空闲状态
6	FLOW	0	R/W	UART 硬件流使能。用 RTS 和 CTS 引脚选择硬件流控制的使用。 0:流控制禁止 1:流控制使能
5	D9	0	R/W	UART 奇偶校验位。当使能奇偶校验,写入 D9 的值决定发送的第 9 位的值。如果收到的第 9 位不匹配收到的字节的奇偶校验,接收报告 ERR。 0:奇校验 1:偶校验
4	BIT9	0	R/W	UART9 位数据使能。当该位置 1 时,使能奇偶校验位传输即第 9 位。如果通过 PARITY 使能奇偶校验,第 9 位的内容是通过 D9 给出的。 0:8 位传输 1:9 位传输
3	PARITY	0	R/W	UART 奇偶校验使能。除了为奇偶校验设置该位用于计算以外,其他情况必须使能 9 位模式。 0:禁用奇偶校验 1:使能奇偶校验
2	SPB	0	R/W	UART 停止位数。选择要传送的停止位的位数。 0:1 位停止位 1:2 位停止位
1	STOP	0	R/W	UART 停止位的电平必须不同于开始位的电平。 0:停止位低电平 1:停止位高电平
0	START	0	R/W	UART 起始位电平,闲置线的极性采用选择的起始位级别的电平的反电平。 0:起始位低电平 1:起始位高电平

串口通信数据接收和发送共用一个串口通信收发数据缓冲寄存器 UxDBUF(x=0,1)。由于 UxDBUF 是双缓冲的,所以在发送开始后会立即触发 TX 完成中断标志 UTX0IF,并且

数据缓冲器被卸载,也就是说,当字节正在发送时,新的字节能够装入数据缓冲器 UxDBUF。UxDBUF(x=0,1)的基本特性见表 7-6。

表 7-6　UxDBUF(x=0,1)的基本特性

位	名称	复位	R/W	描述
7~0	DATA[7:0]	0x00	R/W	USART 接收和发送数据。当向该寄存器写数据时,数据被写到内部发送数据寄存器;当从该寄存器读取数据时,数据来自内部数据寄存器

(4)CC2530 串口通信波特率设置

波特率是串口通信中的重要参数。在信息传输中,携带数据信息的信号单元叫作码元(因为串口是按比特进行传输的,所以其码元就代表一个二进制数)。每秒通过信号传输的码元数称为码元的传输速率,简称波特率,常用符号"Baud"表示,其单位为波特每秒(Bps)。串口常见的波特率有 4 800、9 600、115 200 等。

通信信道每秒传输的信息量称为位传输速率,简称比特率,其单位为每秒比特数(bps)。比特率可由波特率计算得出,即比特率 = 波特率 × 单个调制状态对应的二进制位数。例如当波特率为 9 600 Bps 时,其串口的比特率为 9 600 Bps × 1 bit=9 600 bps 则串口发送或者接收 1 bit 数据的时间为 1 波特,即 1/9 600 s。

终端节点通过串口发送 8 bit 数据时,会自动在发 8 bit 有效数据前发一个波特时间的起始位,也会自动在发完 8 bit 有效数据后发一个停止位。同理,串口助手接收终端节点发送的数据前,必须检测到一个波特时间的起始位才能开始接收数据,接收完 8 bit 的数据后,再接收一个波特时间的停止位。因此,在串口通信中,传送 1 字节有效数据需要传输 10 bit。也就是说,如果串口通信波特率是 9 600 Bps,则 1 s 只能传送 9 600/10=960 字节,而不是 9 600/8=1 200 字节。

CC2530 串口波特率的设置是由串口波特率控制寄存器 UxBAUD 和串口通用控制寄存器 UxGCR 决定的。UxBAUD(x=0,1)和 UxGCR(x=0,1)的基本特性分别见表 7-7、表 7-8。

表 7-7　UxBAUD(x=0,1)基本特性

位	名称	复位	R/W	描述
7~0	BAUD_M	0x00	R/W	波特率小数部分的值。BAUD_E 和 BAUD_M 决定了 UART 的波特率和 SPI 的主 SCK 时钟频率

表 7-8　UxGCR(x=0,1)基本特性

位	名称	复位	R/W	描述
7	CPOL	0	R/W	SPI 的时钟极性。 0:SPI 总线空闲时时钟极性为低电平 1:SPI 总线空闲时时钟极性为高电平
6	CPHA	0	R/W	SPI 时钟相位。 0:时钟前沿采样,后沿输出 1:时钟后沿采样,前沿输出

续表

位	名称	复位	R/W	描述
5	ORDER	0	R/W	传送位顺序。 0: LSB 先传送　1: MSB 先传送
4~0	BAUD_E[4:0]	00000	R/W	波特率指数值。BAUD_E 和 BAUD_M 决定了 UART 的波特率和 SPI 的主 SCK 时钟频率

串口波特率的产生除了与相应的寄存器设置有关，还与系统主时钟的选择有关，其波特率的计算方法为

$$波特率 = \frac{(256+\text{BAUD\_M}) \times 2^{\text{BAUD\_E}}}{2^{28}} \times f$$

其中，BAUD_M 和 BAUD_E 由寄存器 UxBAUD 和 UxGCR 设置，f 为主时钟频率。

根据上述关系式，表 7-9 给出了 32 MHz 系统主时钟配置下常见波特率及对应控制寄存器的设置。

表 7-9　常用的波特率及相应的寄存器设置（32 MHz 系统主时钟）

波特率（Bps）	UxBAUD.BAUD_M	UxGCR.BAUD_E	误差
2 400	59	6	0.14%
4 800	59	7	0.14%
9 600	59	8	0.14%
14 400	216	8	0.03%
19 200	59	9	0.14%
28 800	216	9	0.03%
38 400	59	10	0.14%
57 600	216	10	0.03%
76 800	59	11	0.14%
115 200	216	11	0.03%
230 400	216	12	0.03%

32 MHz 系统时钟频率下，若设置串口 1 的波特率为 115 200 Bps，则

```
U1BAUD=216;
U1GCR=11;
```

根据上述的计算和表 7-9 可以得到，16 MHz 系统主时钟下常见波特率及相应控制寄存器设置，见表 7-10。

表 7-10　常用的波特率及相应的寄存器设置（16 MHz 主时钟系统）

波特率（Bps）	UxBAUD.BAUD_M	UxGCR.BAUD_E	误差
1 200	59	6	0.14%
2 400	59	7	0.14%

续表

波特率（Bps）	UxBAUD.BAUD_M	UxGCR.BAUD_E	误差
4 800	59	8	0.14%
7 200	216	8	0.03%
9 600	59	9	0.14%
14 400	216	9	0.03%
19 200	59	10	0.14%
28 800	216	10	0.03%
38 400	59	11	0.14%
57 600	216	11	0.03%
115 200	216	12	0.03%

16 MHz 系统时钟频率下,若设置串口 0 的波特率为 9 600 Bps,则

```
U0BAUD=59;
U0GCR=9;
```

16 MHz 系统时钟频率下,若设置串口 1 的波特率为 115 200 Bps,则

```
U1BAUD=216;
U1GCR=12;
```

（5）串口通信初始化

根据串口通信 I/O 映射及寄存器配置分析,串口通信初始化基本步骤如图 7-1 所示。

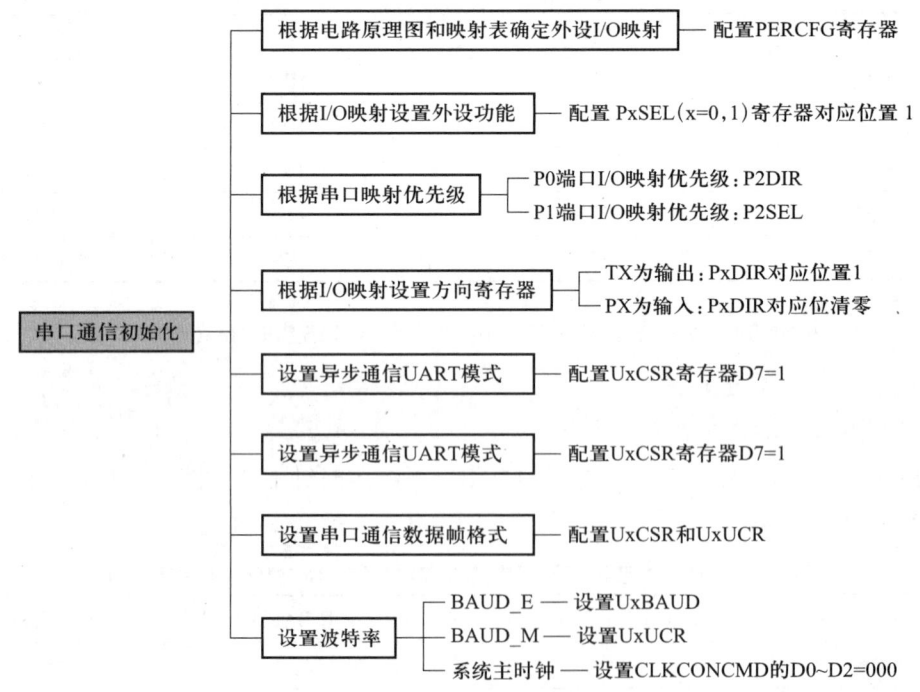

图 7-1　串口通信初始化基本步骤

（6）串口发送步骤

在进行串口通信初始化后，CC2530 串口通信以 1 个字节为数据单位在 TX 引脚发送数据。串口发送的步骤如下：

① 当向 UxDBUF 寄存器写入 1 个字节数据时，就启动了 UART 发送。当数据发送时，UxCSR.ACTIVE 位变为高电平，而当 1 个字节传送结束时，UxCSR.ACTIVE 位变为低电平。

② 当传输结束时，UxCSR.TX_BYTE 位置 1。当 UxDBUF 寄存器就绪，准备接收新的发送数据时，就产生了中断请求 UTX0IF/UTX1IF。该中断在传输后立刻发生，因此，在数据传输过程中，新的字节就可以装入数据缓存器 UxDBUF。

三、任务实施

1. 任务条件

（1）硬件：CC2530 实训设备，串口转 USB Mini 线。
（2）串口驱动：CP2102 等串口驱动。
（3）计算机端的串口调试助手软件。
（4）串口通信工程代码。

2. 任务流程

本任务实现串口通信数据发送，流程如图 7-2 所示，首先进行串口通信数据发送初始化，然后每隔 2 s 发送一次字符串数据。从程序设计角度看，本任务关键点是串口通信初始化函数和字符串发送函数的设计。

3. 设计关键函数

（1）串口通信初始化

串口通信初始化的基本步骤如图 7-1 所示，但首先须配置 CLKCONCMD 时钟控制命令寄存器，用于选择工作时钟。然后，根据硬件原理图确定具体串口号的 I/O 位置，配置外设控制寄存器 PERCFG。同时，根据确定的串口映射 I/O 配置 PxSEL 设置外设 I/O 功能及外设优先级，配置 PxDIR 引脚输入方向等。然后，根据实际选择 UART 通信模式，设置 U0CSR 寄存器。最后，设置串口通信帧格式以及波特率，此时需要配置 U0UCR、U0GCR、U0BAUD 寄存器。

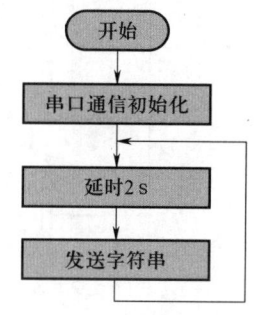

图 7-2 串口通信数据发送流程

下面以串口 0、32 MHz 系统时钟频率为例介绍串口通信初始化设计。

① 时钟初始化

在前文中已经详细介绍了时钟初始化，因此直接给出晶振与时钟初始化函数 init_clock( )，不再作深入分析。

② 根据电路原理图，确定串口 I/O 位置

实训主控板上 CC2530 主控芯片电路原理图如图 7-3 所示，其中，CC2530 的 P0_2 对应 RX，P0_3 对应 TX。对照表 7-2 与表 7-3 可知，此连接对应串口 0 的位置 1，PERCFG 寄存器第 0 位清零。因此，设置 PERCFG&=~0x01。

③ 初始化串口引脚 I/O 及外设优先级

由图 7-3 可知，RX 对应 P0_2 引脚，需设置为输入模式。TX 对应 P0_3 引脚，需设置为输出模式。TX 和 RX 对应引脚均需设置为外设 I/O。对照 P2DIR 的基本特性（表 3-4），可将串

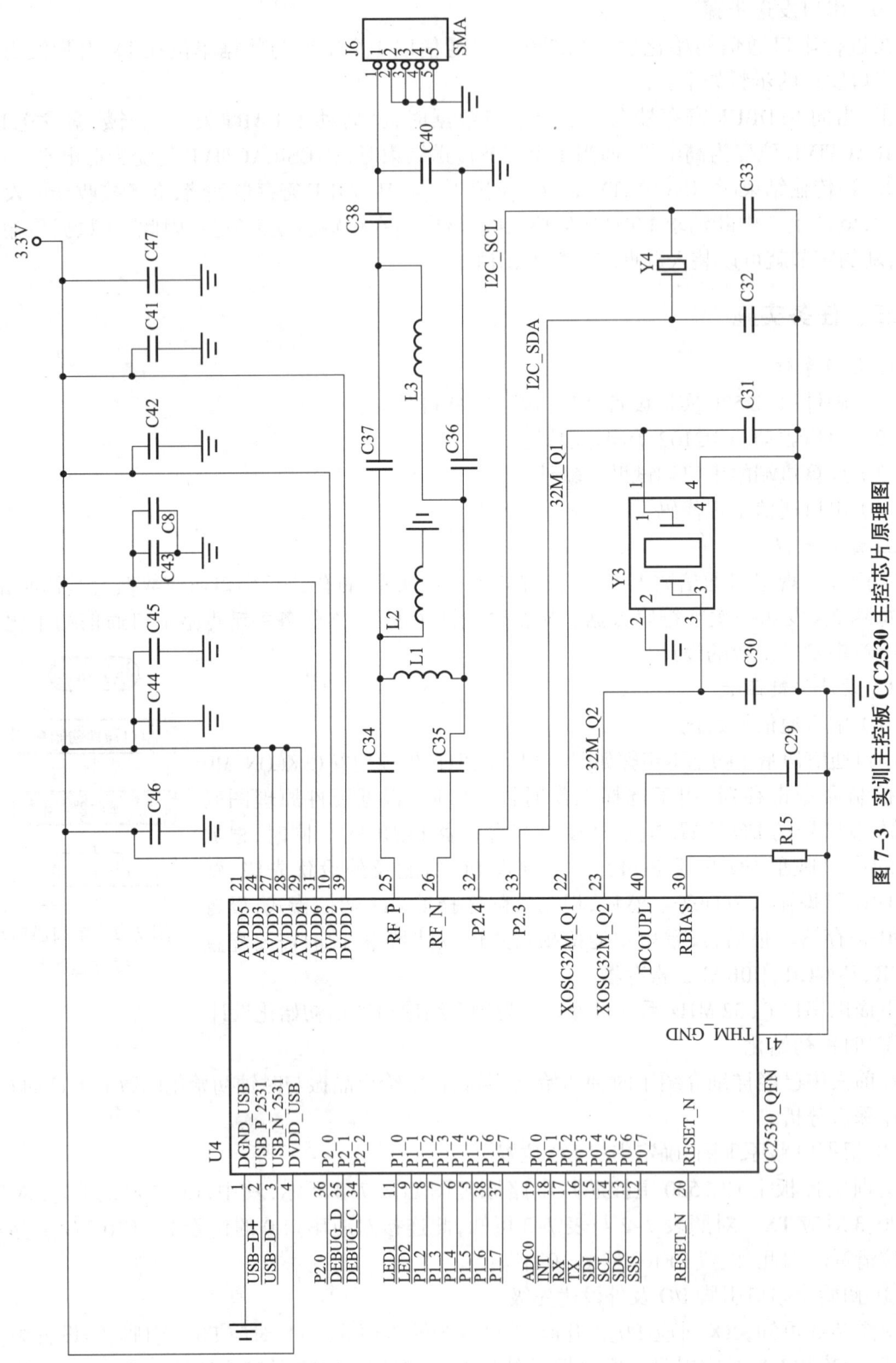

图 7-3 实训主控板 CC2530 主控芯片原理图

口0设置为高优先级。因此，相应寄存器设置如下：

```
P0DIR&=~(0x01<<2);//P0_2(RX)设置为输入
P0DIR|=0x01<<3;//P0_3(TX)设置为输出
P0SEL|=0x01<<2;//P0_2(RX)设置为外设 I/O
P0SEL|=0x01<<3;//P0_3(TX)设置为外设 I/O
P2DIR &=0X3F;//P0 优先作为 UART0
```

④ 设置 UART 模式

设置 UART 模式需要设置串口通信为 UART 异步通信模式。对照表 7-5，U0CSR 的第 7 位控制串口同步或异步模式，即有：

```
U0CSR|=0x80;//设置 UART 工作模式
```

⑤ 设置串口通信帧格式和波特率

设置串口通信数据帧格式包括设置数据位、起始位、停止位、校验位等，这些参数由 U0CSR 和 U0UCR 寄存器控制。通常情况下，选择默认的数据帧格式：8 位数据位，1 位停止位，无校验位，无硬件流控。无需重新设置 U0UCR 寄存器。

波特率的设置需要配置 U0GCR 与 U0BAUD 寄存器，详见波特率设置公式。32 MHz 系统时钟频率下，查表可得相应寄存器的值。若设置串口 0 的波特率为 9 600 Bps，则有：

```
U0BAUD|=59;
U0GCR|=8;
```

⑥ 设置串口通信发送中断（可选）

串口 0 发送中断使能逻辑框图如图 7-4 所示。当串口 0 发送完成时，产生串口 0 发送中断源 UTX0，引发串口 0 发送中断标志 UTX0IF 置 1。如果使能全局中断 EA=1，并且设置 UTX0IE=1，串口发送完成后将触发串口中断。

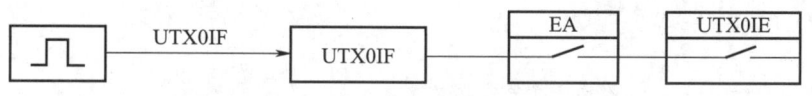

图 7-4 串口 0 发送中断使能框图

本例设置波特率为 9 600 Bps，时钟频率为 32 MHz。也可以选择其他波特率，仅需改变 U0GCR 和 U0BAUD 寄存器的配置，此时串口发送初始化函数定义如下：

```
/*-------串口 0 发送初始化函数（9600Bps,32MHz 时钟）-------*/
void init_UART0(void)
{
    PERCFG=0x00;//位置 1 P0 口
    P0SEL=0x3C;//P0 用作串口 0
    P2DIR &=~0XC0;//P0 优先作 UART0
    U0CSR|=0x80;//串口设置为 UART 方式
    U0GCR|=8;
    U0BAUD|=59;//波特率设为 9600Bps
    UTX0IF=0;//串口 0 发送中断标志清零
    EA=1;//总中断使能
```

（2）串口发送设计思路

串口 0 异步通信发送数据的本质是向数据缓冲寄存器 U0DBUF 按字节写入数据。该字节数据将通过 TXD 引脚发送出去。数据发送完毕,中断标志位 UTX0IF 被置 1。CPU 通过不断查询 UTX0IF 来判断是否发送完一个字节。

假设要发送的字符变量为 char ch,则对应的核心代码如下:

```c
U0DBUF=ch; //将字符变量赋值给数据缓冲寄存器
while(UTX0IF==0); //等待数据发送完毕
UTX0IF=0; //如果发送完毕,将标志位清零
```

如果通过串口发送字符串,则需要调用上述代码逐个发送字符。为简化设计,把发送单字节数据的代码封装为函数。串口 0 发送字符函数定义如下,其中形式参数是待发送字符变量。

```c
/*---------- 串口 0 字符发送函数 -------------*/
void UartTX_char(char ch)
{
    U0DBUF=ch; //将字符变量赋值给数据缓冲寄存器
    while(UTX0IF==0); //等待数据发送完毕
    UTX0IF=0; //发送完毕,将标志位清 0
}
```

基于上述定义的字节发送函数,字符串发送只需循环调用字节发送函数。串口 0 字符串发送函数的定义如下,其中形式参数为字符串首地址/指针和发送字符长度。

```c
/*---------- 串口 0 字符串发送函数定义 --------*/
void UartTX_str(char*str,char len)
{
    for(int i=0; i<len; i++)
    {
        UartTX_char(*str++); //发送一个字节数据
    }
    UartTX_char(0x0A); //发送完毕后换行
}
```

字符串发送函数还以进一步简化,在函数体中计算字符串长度,定义如下:

```c
/*---------- 串口 0 字符串发送函数定义 --------*/
void UartTX_s16tr(char*str)
{
    n=strlen(str); //求字符串长度(字符个数)
    for(i=0; i<strlen(str); i++)
    {
        UartTX_char(*str++); //发送一个字节数据
    }
    UartTX_char(0x0A); //换行
}
```

在字符串发送函数中调用了 strlen( ) 函数计算字符串的长度,计算结果不包括结束字符"\0"。字符串长度也可通过 sizeof( ) 函数得到,此时,"\0"也会计算到字符串长度中。例如,字符串 "abc",用 sizeof( ) 的计算结果为 4。

在字符中发送函数中还调用了字节发送函数 UartTX0_char(0x0A) 发送 ASCII 码 0x0A,其目的是每发送完一串字符串,就发送一个换行符号,防止下一个字符串与上一个字符串紧挨在一起。如果在程序中未发送换行符号,则通常需要在串口调试助手的接收设置中,勾选"接收完毕后自动换行"选项。

将上述字符串发送函数中的 for 循环用 while 循环替换也可以直接判断是否字符串结束标记控制循环,循环语句如下:

```
while( *strI='\0' )
{ UartTX0_char( *str++ ); // 发送一个字节数据
}
```

4. 编写完整代码

终端节点向计算机周期性发送字符串常量的主函数如下。注意,其中新增了一个字符串操作头文件 "string.h"。另外,延时函数可以采用软件延时,也可采用定时器硬件延时。

```
/*---- 终端节点周期性发送字符串主函数 ----*/
#include<ioCC2530.h>
#include<string.h>
#include<stdio.h>
void init_clock( void ); // 时钟初始化
void init_T3( void ); // 定时器 3 初始化
void Delay_ms( int ms ); // 延时
void init_UART0( ); // 串口 0 初始化
void UartTX_char( char ch ); // 字节发送函数
void UartTX_str( char*str ); // 字符串发送函数
char str_Tx[ ]="Hello,ZigBee!"; // 发送字符串
void main( void )
{
init_clock( ); //32MHz 主频时钟初始化
init_UART0( ); // 串口 0 初始化
init_T3( ); // 定时器 3 毫秒时基初始化
while( 1 )
{
Delay_ms( 2000 ); // 延时 2s
UartTX_str( str_Tx ); // 发送字符串
}
}
```

5. 任务结果

将实训主控板上的串口用与计算机相连,并打开计算机上的串口软件,设置串口号、波特率(9 600 Bps)等串口通信参数。然后将上述代码编译无误后下载到实训主控板,可以观察到计算机上的串口软件每隔 2 s 周期性显示 "Hello, ZigBee!" 字符串,如图 7-5 所示。

图 7-5 串口发送显示结果

任务 2　计算机向终端节点发送命令

一、任务描述

将实训设备作为终端节点，计算机向终端节点发送控制命令"1"，终端节点收到控制命令后，终端节点上的 LED（正极连接 P1_0 引脚）点亮；计算机发送控制命令"0"，终端节点上的 LED（P1_0）熄灭。

计算机向终端节点发送数据时，对于终端节点来说，属于串口通信接收。因此，需要了解 CC2530 串口通信数据接收的基本流程。

二、必备知识

以串口 0 为例，CC2530 串口通信数据接收的基本过程如下：

（1）串口通信初始化，配置 I/O 映射、波特率等参数。

（2）使能串口接收功能，将 U0CSR.RE 位置 1（RX 使能），UART 数据接收使能。

（3）UART 在输入引脚 RXD 中寻找有效起始位，并且设置 U0CSR.ACTIVE 位为 1。

（4）当检测出有效起始位时，接收到的字节传入接收寄存器，U0CSR.RX_BYTE 置 1。该接收完成时，产生接收中断 URX0IF。同时 U0CSR.ACTIVE 变为低电平。接收数据保存在双缓冲数据寄存器 U0DBUF 中。

（5）当读取 U0DBUF 数据时，U0CSR.RX_BYTE 位由硬件清零。

上述过程看似复杂，但实际应用中，只需在串口 0 初始化函数基础上配置 U0CSR 寄存器使能接收功能，即可完成串口接收功能，其他接收过程可自动完成。然后计算机不断查询接收标志位 URX0IF 是否置 1，如果置 1，则表示接收到数据，则对接收数据进行判断并做相应处理。

三、任务实施

1. 任务流程

串口 0 接收计算机命令并响应命令控制 LED 状态的流程如图 7-6 所示。首先进行时钟初始化和串口接收初始化,然后不断查询接收标志位的状态。如果 URX0IF 置 1,则表示收到数据,然后读取 U0DBUF 寄存器获得接收数据,并对接收标志 URX0IF 清零。进而对接收数据进行判断,如果是 1,则点亮 LED;如果接收数据是 0,则熄灭 LED。

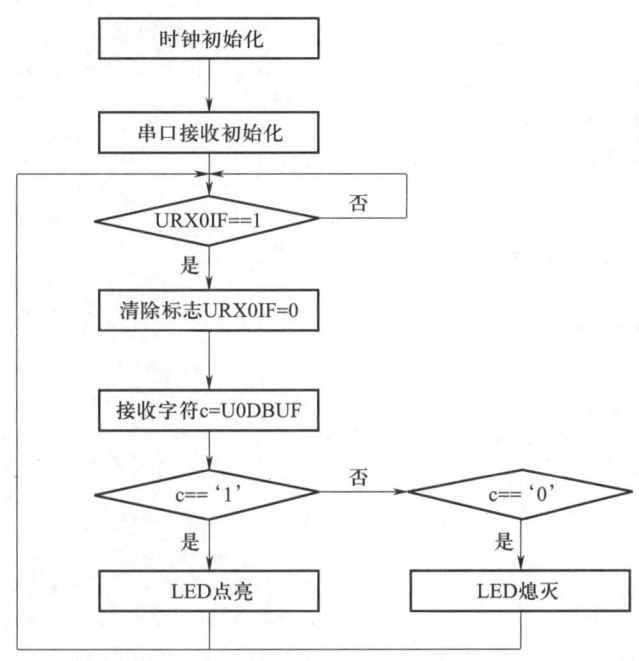

图 7-6 串口 0 接收控制 LED 程序流程

2. 设计关键函数

(1) 设计串口接收初始化函数

串口 0 的接收初始化函数定义如下:

```
/*------ 串口 0 接收初始化函数 ------*/
void  init_UART0(void)
{
PERCFG=0x00;// 位置 1 P0 口
P0SEL=0x3C;//P0 用作串口 0
P2DIR &=~0XC0;//P0 优先作 UART0
U0CSR|=0x80;// 串口设置为 UART 方式
U0CSR|=0x40;// 使能串口接收功能
U0GCR|=8;
U0BAUD|=59;// 波特率设为 9600Bps
}
```

注意,串口接收初始化包括串口发送初始化以及串口接收使能配置 U0CSR|=0x40。

（2）设计串口接收主函数

在主函数中，CPU 不断查询接收状态标志位并根据接收数据进行任务处理。

```c
/*----- 串口 0 接收主函数 -----*/
#include<ioCC2530.h>
void init_clock( void ); // 时钟初始化
void init_UART0( void ); // 串口 0 接收初始化
void init_LED( void ); //LED 初始化
#define LED P1_0
void main( void )
{
    init_clock( ); //32MHz 主频时钟初始化
    init_UART0( ); // 串口 0 接收初始化
    init_LED( ); //LED 初始化
    while( 1 )
    {
        if( URX0IF ) // 如果接收到字符
        {
            URX0IF=0; // 清除标志位
            char c=U0DBUF; // 接收字符
            if( c==1||( c=='1' ))
            LED=1;
            else( c==0||( c=='0' ))
            LED=0;
        }
    }
}
```

注意，上述主函数中，if ... else 语句表示接收字符的格式可以是 ASCII，也可以是 HEX 格式。在计算机串口助手软件中相应的发送设置如图 7-7 所示。

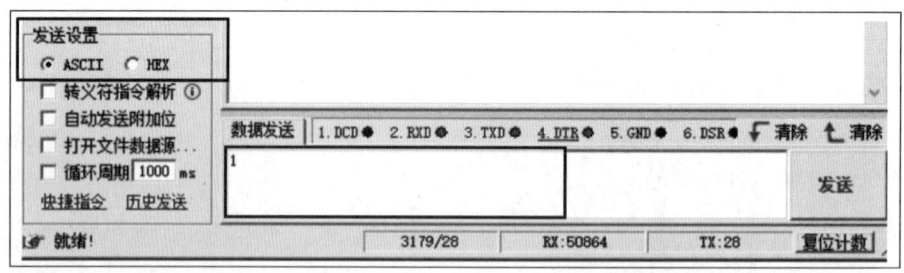

图 7-7　串口调试助手发送设置及发送区域

3. 任务结果

编译无误后将代码下载到实训主控板，同时，通过串口线将终端节点串口与计算机串口连接起来。如果计算机上没有串口，可以用串口转 USB 口线进行连接。安装驱动并打开串口调试助手，设置波特率（本例中波特率为 9 600 Bps）等参数，点击"打开"。然后在串口调试助手发送区域，输入"1"，点击"发送"，可以观察到实训主控板上的 LED 点亮；在串口调试助手发送区域重新输入"0",点击"发送",可以观察到实训主控板上的 LED 熄灭;在串口调试助手发送区域重新输入其他字符,点击"发送",可以观察到实训主控板上的 LED 保持上次状态不变。

四、任务拓展

1. 任务描述

CPU 不断查询串口接收标志位 URX0IF 的方法存在实时响应慢的缺点。由于终端节点无法确认计算机何时发送数据,所以通常利用串口接收中断的方式来实现数据的接收。本拓展任务仍然以串口 0 为例介绍基于中断的串口通信数接收过程。

2. 必备知识

CC2530 串口 0 接收中断使能逻辑框图如图 7-8 所示。CC2530 串口通信以字节为单位进行接收。使能串口接收中断后,每接收一个字节数据,将产生一个接收中断。

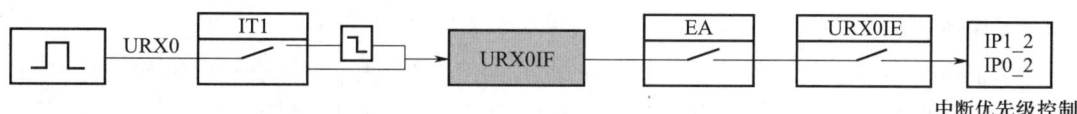

图 7-8　串口 0 接收中断使能逻辑框图

由图 7-8 可知,串口 0 接收中断使能对应代码如下:

```
IT1=1; // 始终置 1
EA=1; // 开总中断
URX0IE=1; // 使能串口 0 接收中断
```

其中,IT1 是 TCON 寄存器的第 2 位。TCON 可以按位操作,因此可直接对 IT1 赋值。IT1 默认为 1 也必须设置为 1(IT1 为 0 表示低水平的中断检测优先级)。EA 和 URX0IE 分别是寄存器 IEN0 的第 7 位和第 2 位,因此,开总中断和使能串口 0 代码可表示为:

```
IEN0|=0x84; // 开总中断,接收中断
```

综上,串口 0 接收中断使能函数定义可以表示为:

```
/*----- 串口 0 接收中断使能函数 -----*/
void init_UART0_IT ( void )
{
IT1=1; //
EA=1; // 开总中断
URX0IE=1; // 使能串口 0 接收中断
}
```

串口 0 接收中断服务函数入口地址为 0x13,IAR 中该向量的宏定义为 URX0_VECTOR,因此,串口 0 接收中断服务函数入口地址可表示为:

```
#pragma vector=0x13
或者表示为:
#pragma vector=URX0_VECTOR
```

串口 0 接收中断服务函数的基本定义如下，在中断服务函数中进行数据接收和任务处理及中断标志位清零。

```
/*----- 串口 0 接收中断服务函数的一般形式 -----*/
#pragma vector=URX0_VECTOR
__interrupt void UART0_ISR(void)
{
    char c=U0DBUF; // 数据接收
    // 串口接收任务处理
    URX0IF=0; // 可选，硬件清零
}
```

注意，调用串口接收中断服务函数后，串口 0 接收中断标志位 TCON.URX0IF 由硬件清零，因此，中断服务函数中可以不用软件清零。

3. 任务实施

（1）任务流程

基于中断的串口接收任务流程如图 7-9 所示。在主函数中，首先进行时钟初始化，LED 初始化和串口初始化（包含波特率设置和串口接收中断使能），然后，CPU 进入 while(1) 循环空闲等待。在中断服务函数中，根据接收的数据进行任务处理。

当终端节点接收到计算机发送的数据，触发串口接收中断，CPU 自动跳转到接收中断服务函数。然后对收到的字符进行判断，如果收到字符"1"，则点亮 LED；如果收到字符"0"，则熄灭 LED；如果接收到其他字符，则保持 LED 状态不变。处理完中断服务任务，CPU 自动返回主程序。

（2）设计关键函数

① 设计串口接收中断服务函数

根据图 7-9 可得串口 0 的接收中断服务函数如下：

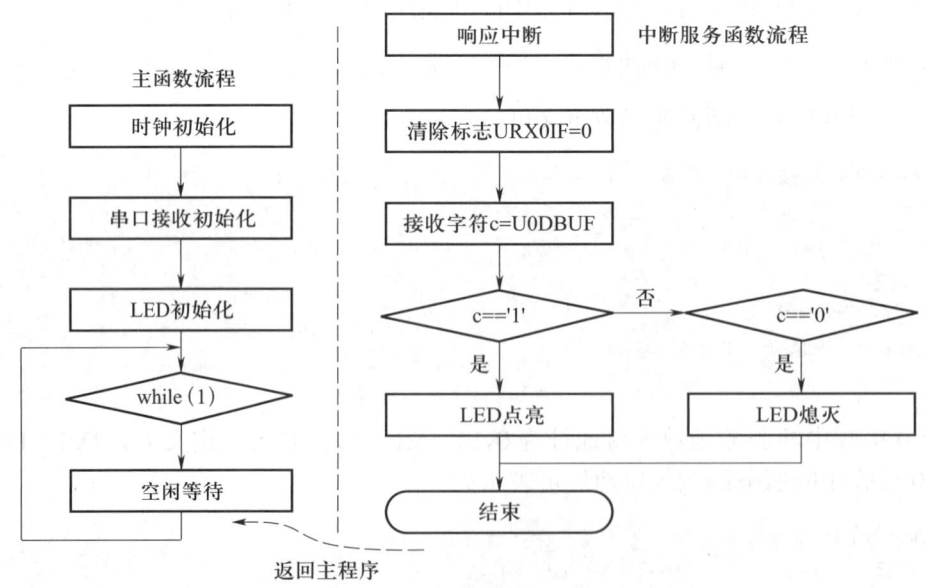

图 7-9 基于中断的串口接收任务流程

```
/*---- 串口 0 接收中断服务函数 --*/
#pragma vector=URX0_VECTOR
__interrupt void UART0_ISR( void )
{
URX0IF=0; // 可选,清接收中断标志
char RX=U0DBUF; // 读取 U0DBUF 的值
if( RX=='1'|RX==1 )
    LED=1;
  else if( RX=='0'|RX==0 )
    LED=0;
  else
    LED=LED;
}
```

② 设计基于中断的串口接收主函数

主函数中首先定义了 LED 宏定义,LED 初始化、时钟初始化、串口 0 通信初始化和串口中断初始化函数声明,函数定义在前述章节已介绍,不再赘述。在 main( ) 函数中,调用 init_clock( ) 进行时钟初始化,调用 init_LED( ) 进行 LED 初始化,调用 init_UART0( ) 进行串口 0 初始化,调用 INT_UART0( ) 进行串口 0 接收中断使能。然后,CPU 进行 while(1) 循环进行空闲等待。

```
/*____ 串口 0 接收主函数 ___*/
#include<ioCC2530.h>
void init_clock( void ); // 时钟初始化
void init_UART0( void ); // 串口 0 接收初始化
void init_LED( void ); //LED 初始化
void init_UART0_IT( void ); // 串口中断初始化
#define LED P1_0
void main( void )
{
init_clock( ); //32MHz 主频时钟初始化
init_UART0( ); // 串口 0 接收初始化
INT_UART0( ); // 串口接收中断使能
init_LED( ); //LED 初始化
while( 1 );
}
```

(3) 任务结果

编译无误后将代码下载到实训主控板,同时,通过串口线将终端节点与计算机连接。打开串口调试助手,设置好波特率等参数。可以观察到与图 7-5 相同的实验现象:在串口调试助手发送区域,发送"1",可以观察到实训主控板上的 LED 点亮;在串口调试助手发送区域发送"0",可以观察到实训主控板上的 LED 熄灭;在串口调试助手发送区域重新输入其他字符,点击发送,可以观察到实训主控板上的 LED 保持上次状态不变。

项目小结

本项目介绍了 CC2530 串口通信工作原理及应用,重点介绍了串口通信基本要素,串口通信 I/O 映射和波特率设置的寄存器配置;详细介绍了终端节点向计算机发送数据程序设计,以及计算机向终端节点发送命令的程序设计;通过串口通信综合实训介绍了终端节点同时具备串口接收和发送功能的程序设计思想和实现过程。本项目小结如图 7-10 所示。

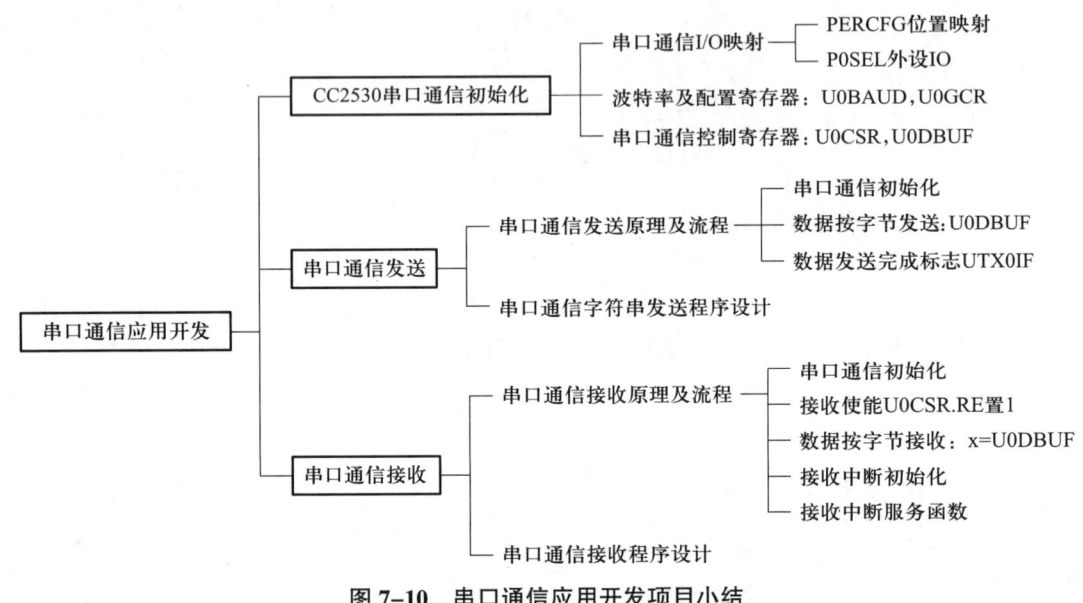

图 7-10　串口通信应用开发项目小结

项目实训

1. 编程实现串口通信数据发送程序设计。

具体任务描述:根据实训主控板的串口通信电路原理图,进行串口通信 I/O 配置,配置波特率为 115 200 Bps,编程实现实训主控板每隔 3 s 向计算机周期性发送"Hello, world!"字符串,并显示在串口调试助手软件中。

2. 编程实现串口通信数据综合程序设计。

具体任务描述:根据实训主控板的串口通信电路原理图,进行串口通信 I/O 配置,编程实现计算机向实训板发送命令字符串"1110#",LED(P1_0)熄灭;发送命令字符串"1111#",LED(P1_0)点亮,发送其他字符串,实训主控板向计算机发送"Error, Unknown Command!",并显示在串口调试助手软件中。

项目 8

A/D 转换应用开发

> **项目目标**
>
> 1. 了解 ADC 基本原理和过程。
> 2. 掌握 ADC 输入输出基本关系。
> 3. 理解 ADC 主要技术参数。
> 4. 掌握 CC2530 ADC 输入通道的 I/O 映射及配置。
> 5. 理解 CC2530 ADC 转换结果与分辨率和有效数字位的关系。
> 6. 能够根据有效数字位和 ADC 结果计算 ADC 有效数值。
> 7. 理解 CC2530 单次转换模式工作过程及寄存器配置。
> 8. 掌握内部参考电压 ADC 测量程序设计思路和方法。
> 9. 掌握内部温度传感 ADC 程序设计思路和方法。
> 10. 掌握外部输入 ADC 程序设计思路和方法。

任务 1　电源电压测量

一、任务描述

每隔 2 s 测量系统的电源电压,并将测量结果通过串口发送到计算机进行显示。

二、必备知识

1. ADC 基本原理

将模拟信号转换成数字信号的器件,称为模数转换器(简称 A/D 转换器或 ADC),ADC 的作用是将时间连续、幅值也连续的模拟量转换为时间离散、幅值也离散的数字信号。

A/D 转换一般要经过采样、保持、量化及编码 4 个过程。在实际电路中,部分过程可以合并进行,例如,采样和保持,量化和编码往往都是在转换过程中同时实现的,如图 8-1 所示。

为了无失真地用采样信号 $u_1'(t)$ 表示模拟信号 $u_1(t)$,必须满足采样定理要求,即 $f_s \geq 2f_{max}$,其中,f_s 为采样频率,f_{max} 为输入信号 $u_1(t)$ 的最高频率分量的频率。

ADC 是将一个输入电压信号转换为一个输出的数字信号。由于数字信号本身不具有实际意义,仅仅表示一个相对大小,故任何一个模数转换器都需要一个参考模拟量作为转换的标准,输出的数字量则表示输入信号相对于参考信号的大小。

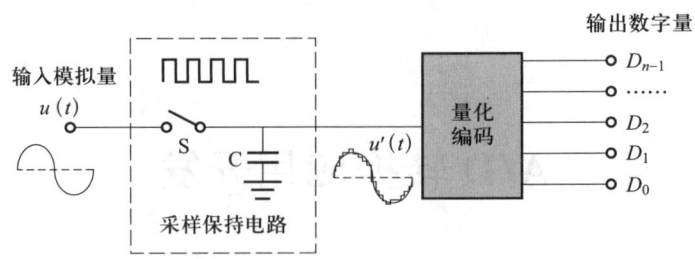

图 8-1 A/D 转换过程

ADC 输出的数字量与输入的模拟量成正比。设定的参考电压、分辨率、ADC 转换结果以及实际输入信号的电压值的关系可表示为：

$$\frac{\text{参考电压}}{2^{\text{分辨率}}} = \frac{\text{实际输入电压}}{\text{ADC 转换结果}}$$

2. ADC 的主要技术参数

（1）分辨率

分辨率表示输出数字量变化一个相邻数码所需要输入模拟电压的变化量。通常定义为满刻度电压与 2^n 的比值，其中 n 为 ADC 的分辨率。例如，具有 12 位分辨率的 ADC 能够分辨出满刻度的 $1/2^{12}$。

（2）量化误差

使得输出离散信号产生一个变化所需的最小输入电压的差值称为最低有效位（Least significant bit，LSB）电压。量化误差是由于 ADC 的有限分辨率引起的误差，这是连续的模拟信号在整数量化后的固有误差。对于四舍五入的量化法，量化误差在 ±1/2 LSB 之间。

（3）转换时间

转换时间是 ADC 完成一次转换所需要的时间，即从启动信号开始到转换结束并得到稳定的数字输出量所需要的时间，通常为微秒级。

（4）量程

量程指能转换的输入电压范围。量程与参考电压相关。假设参考电压为 3.3 V，则 ADC 的量程为 3.3 V。

3. CC2530 ADC 工作原理

（1）CC2530 ADC 输入与参考电压

CC2530 的 ADC 最多支持 14 位（实际有效位最多 12 位）的模拟数字转换。图 8-2 是 CC2530 ADC 逻辑框图，包括一个模拟多路转换器，具有多达 8 个可独立配置的通道以及一个参考电压发生器。

由图 8-2 可知，CC2530 的 ADC 输入通道有 AIN0~AIN7、VDD/3、TMP_sENSOR（温度传感器）等。ADC 输入有多种输入配置，常见以下 3 种。

① 单端电压输入：AIN0~AIN7 以通道号码 0~7 表示。

② ADC 差分输入：通道号码 8 到 11，由 AIN0-1、AIN2-3、AIN4-5 和 AIN6-7 组成。

③ 通道号码 12 到 15 分别表示 GND（12）、温度传感器（14），和 AVDD5/3（15），信道 13 为保留。

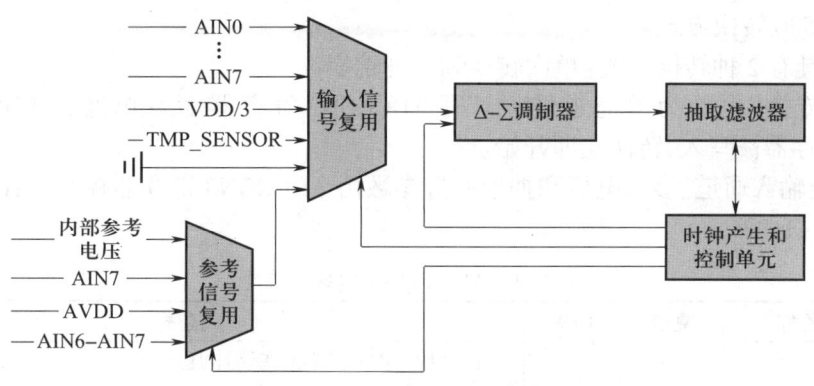

图 8-2 CC2530 ADC 逻辑框图

以上输入方式将在 ADCCON2 寄存器和 ADCCON3 寄存器中详细配置。

根据图 8-2，CC2530 ADC 参考电压可以设置为：内部生成的电压、AVDD5 引脚电压、连接在 AIN7 输入引脚的外部电压，或者连接在 AIN6~AIN7 输入引脚的差分电压。

由表 7-2 可知，CC2530 的 ADC 输入通道 AIN0~AIN7 对应 P0 端口 8 个引脚。要将 P0 端口某个引脚作为 ADC 输入，需要使能模拟外设 I/O 配置寄存器 APCFG 的对应位。APCFG 寄存器的特性见表 8-1。

表 8-1 APCFG 的基本特性

位	名称	复位	R/W	描述
7~0	APCFG[7：0]	0x00	R/W	模拟外设 I/O 配置，APCFG[7：0] 使能 P0_7~P0_0 作为模拟 I/O。 0：模拟 I/O 禁止　1：模拟 I/O 使能

由表 8-1 可知，假设 P0_1 为 ADC 输入，则需要配置 APCFG|=0x01。

由于 ADC 的 AIN 引脚设定在 P0 端口，因此需要对 P0 端口的寄存器进行配置。需要配置的寄存器见表 8-2。

表 8-2 CC2530 ADC 外部输入 GPIO 配置寄存器

寄存器名称	寄存器介绍
APCFG	P0_0~P0_7 模拟 I/O 功能配置。 0：禁止　1：使能
P0SEL	P0_0~P0_7 外设功能选择。 0：通用 I/O　1：外设 I/O
P0DIR	P0_0~P0_7 引脚方向。 0：输入　1：输出

例　如果 P0_7 引脚为 ADC 的输入，则如何配置相应寄存器？
解

```
APCFG|=0x80;  // 将 P0_7 引脚设置为模拟输入
P0SEL|=0x80;  // 将 P0_7 引脚设置为外设 I/O
P0DIR &=~0x80; // 将 P0_7 引脚设置为输入
```

（2）CC2530 转换方式

CC2530 具有 2 种转换方式：单次转换和序列转换。

①单次转换：也称为单通道转换。写 ADCCON3 寄存器触发单通道 ADC 转换，一旦 ADCCON3 寄存器被写入，转换立即开始。

单次转换输入通道、参考电压和抽取率等参数由 ADCCON3 寄存器控制，ADCCON3 的基本特性见表 8-3。

表 8-3 ADCCON3 的基本特性

位	名称	复位	R/W	描述
7~6	EREF[1:0]	00	R/W	选择 ADC 单次转换的参考电压。 00：内部参考电压 01：AIN7 引脚上的外部参考电压 10：AVDD5 引脚 11：AIN6~AIN7 差分输入外部参考电压
5~4	EDIV	00	R/W	设置 ADC 单次转换的抽取率。抽取率也决定可完成转换需要的时间和分辨率。 00：64 抽取率（7 位有效数字位） 01：128 抽取率（9 位有效数字位） 10：256 抽取率（10 位有效数字位） 11：512 抽取率（12 位有效数字位）
3~0	ECH	0000	R/W	单个通道选择，选择写 ADCCON3 触发的单个转换所在的通道号码。当单个转换完成,该位自动清除。 0000：AIN0　　1000：AIN0~AIN1 0001：AIN1　　1001：AIN2~AIN3 0010：AIN2　　1010：AIN4~AIN5 0011：AIN3　　1011：AIN6~AIN7 0100：AIN4　　1100：GND 0101：AIN1　　1101：正电压参考 0110：AIN6　　1110：温度传感器 0111：AIN7　　1111：VDD/3

②序列转换：可以按序列进行多通道 ADC 转换，并把结果通过 DMA 传送到存储器而不需要 CPU 参与。CC2530 ADC 序列转换逻辑框图如图 8-3 所示。

CC2530 ADC 输入通道由 APCFG 寄存器设置，8 位模拟输入来自 I/O 引脚。如果一个通道是模拟 I/O 输入,那么它就是序列的一个通道；如果相应的模拟输入在 APCFG 中禁用,那么此 I/O 通道将被跳过。使用差分输入时,处于差分对的 2 个引脚都必须在 APCFG 寄存器中设置为模拟输入引脚。

序列转换配置由 ADCCON2 寄存器控制,ADCCON2 寄存器的特性见表 8-4。

由表 8-4 可知,寄存器位 ADCCON2.SCH 定义一

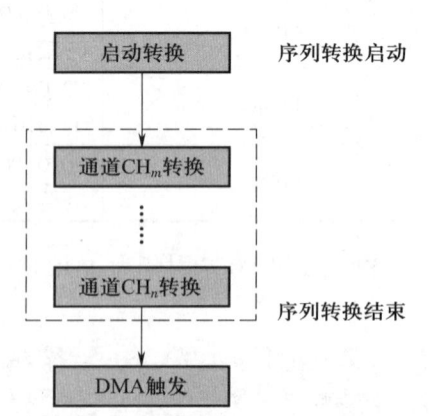

图 8-3 CC2530 ADC 序列转换逻辑框图

个 ADC 转换序列。如果 ADCCON2.SCH 设置的值小于等于 7,那么 ADC 转换序列包括通道 0 开到 ADCCON2.SCH 所设置的通道号码。如果 ADCCON2.SCH 设置的值为 8~11 之间的整数(包括 8 和 11),那么转换序列包括通道 8 到 ADCCON2.SCH 所设置的通道号码。

(3) CC2530 抽取率和转换时间

ADC 只能运行在 32 MHz XOSC 上,用户不能设置系统时钟分频。通过固定的内部分频后,实际的 ADC 采样频率为 4 MHz。

抽取率决定了一个通道转换完成需要的时间(转换时间),即

$$转换时间 = (抽取率 + 16) \times 0.25 (\mu s)$$

(4) ADC 转换结果与分辨率

当 ADC 转换结束时,转换结果存放在 ADC 数据低位寄存器 ADCL 和 ADC 数据高位寄存器 ADCH 中,ADCL 和 ADCH 的基本特性分别见表 8-5、表 8-6。

表 8-4 ADCCON2 的基本特性

位	名称	复位	R/W	描述
7~6	SREF[1:0]	00	R/W	选择序列转换的参考电压。 00: 内部参考电压 01: AIN7 引脚上的外部参考电压 10: AVDD5 引脚 11: AIN6~AIN7 差分输入外部参考电压
5~4	SDIV	00	R/W	设置序列转换的抽取率。抽取率决定完成转换需要的时间和分辨率。 00: 64 抽取率(7 位有效数字位) 01: 128 抽取率(9 位有效数字位) 10: 256 抽取率(10 位有效数字位) 11: 512 抽取率(12 位有效数字位)
3~0	SCH	0000	R/W	序列转换通道选择。这个序列可以为 AIN0 到 AIN7(SCH ≤ 7)或者差分输入 AIN0~AIN1 到 AIN6~AIN7(8 ≤ SCH ≤ 11)。对于别的输入配置,只执行单次转换。 0000: AIN0 1000: AIN0~AIN1 0001: AIN1 1001: AIN2~AIN3 0010: AIN2 1010: AIN4~AIN5 0011: AIN3 1011: AIN6~AIN7 0100: AIN4 1100: GND 0101: AIN1 1101: 正电压参考 0110: AIN6 1110: 温度传感器 0111: AIN7 1111: VDD/3

表 8-5 ADCL 的基本特性

位	名称	复位	R/W	描述
7~2	ADC[5:0]	000000	R	ADC 转换结果低位部分
1~0	—	00	R0	保留

表 8-6 ADCH 的基本特性

位	名称	复位	R/W	描述
7~0	ADC[13:6]	0x00	R	ADC 转换结果高位部分

ADC 数据寄存器由数据低位寄存器 ADCL 和数据高位寄存器 ADCH 组成。假设将转换的结果从 ADCL 和 ADCH 寄存器取出放入 16 位的整型变量 value 中,则有:

```
value=(int16)ADCH<<8;
value|=ADCL; // 或 value+=ADCL
```

CC2530 的 ADC 数字转换结果以二进制补码的形式表示。对于单端配置,由于输入信号和地面之间的差值总是一个正符号数,所以结果总是为正值。对于差分输入,由于差分配置,2 个引脚之间的差分被转换,所以这个差分转换结果可以是负数,对应二进制补码最高位是 1。

(5) ADC 有效位和有效数据

CC2530 的实际有效位也称为转换精度。考虑到 ADC 转换结果的最高位为符号位,CC2530ADC 实际有效位有 7 位、9 位、10 位、12 位 4 种情况。实际有效位和转换结果有效数据的关系见表 9-7。

表 9-7 实际有效位和转换结果有效数据的关系

EDIV[1:0]	抽取率	有效位 ENOB	转换结果有效数据(ENOB,从低到高)
00	64	7 位	ADCH 寄存器的第 0 位到第 6 位
01	128	9 位	ADCL 寄存器的第 6 位到 ADCH 寄存器的第 6 位
10	256	10 位	ADCL 寄存器的第 5 位到 ADCH 寄存器的第 6 位
11	512	12 位	ADCL 寄存器的第 3 位到 ADCH 寄存器的第 6 位

其中,EDIV 是寄存器 ADCCON3 的第 5 位 ~ 第 4 位。ADC 转换结果和有效位 (Effective Number Of Bits,ENOB) 的关系见表 8-8。

因此,根据实际有效位、参考电压 (V_{ref}),以及 ADC 转换结果,可以求出实际输入电压值 V_{in}。不同有效位配置下 ADC 转换结果换算伪代码见表 8-9。

CC2530 可通过配置 ADCCON2 寄存器与 ADCCON3 寄存器,改变 ADC 的实际有效位。

表 8-8 ADC 转换结果与有效位的关系

分辨率	有效位	ADCH							ADCL						
		D7	D6	D5	D4	D3	D2	D1	D0	D7	D6	D5	D4	D3	D2	D1	D0
8	7	符号位	1	2	3	4	5	6	7							
10	9	符号位	1	2	3	4	5	6	7	8	9					
12	10	符号位	1	2	3	4	5	6	7	8	9	10				
14	12	符号位	1	2	3	4	5	6	7	8	9	10	11	12		

表 8-9 不同有效位 ADC 结果转换伪代码

有效位	求实际输入电压值伪代码
7	Vin= ADCH *Vref/2^7; // 实际输入的电压值

9	value =（int16）ADCH<<8;
	value |= ADCL;
	value >>= 6; //ADC 转化结果有效值
	Vin=value*Vref/2^9; // 实际输入的电压值

10	value =（int16）ADCH<<8;
	value |= ADCL;
	value >>= 5; //ADC 转化结果有效值
	V=value*Vref/2^10; // 实际输入的电压值

12	value =（int16）ADCH<<8;
	value |= ADCL;
	value >>= 3; //ADC 转化结果有效值
	Vin=value*Vref/2^10; // 实际输入的电压值

三、任务实施

1. 任务流程

ADC 转换和串口通信数据发送任务流程如图 8-4 所示。首先进行 ADC 输入 I/O 初始化和串口通信初始化，然后每隔 2 s，启动 ADC 转换，并将 ADC 转换结果通过串口通信发送到计算机进行显示。

本任务中，ADC 转换对象输入通道不是 AIN0~AIN7，而是电源电压，因此无需对输入通道 I/O 进行配置。CC2530 的一个输入通道是 VDD/3，因此，测量出 VDD/3 后，对 ADC 检测结果乘以 3 就得到电源电压。

2. ADC 转换过程及函数设计

根据上述分析，CC2530 单通道 ADC 转换的基本步骤如图 8-5 所示。ADC 转换需要设置参考电压，输入通道和 ENOB。写入 ADCCON3 后，ADC 转换立即启动。由于完成一个通道转换完成需要一定的转换时间，因此，启动

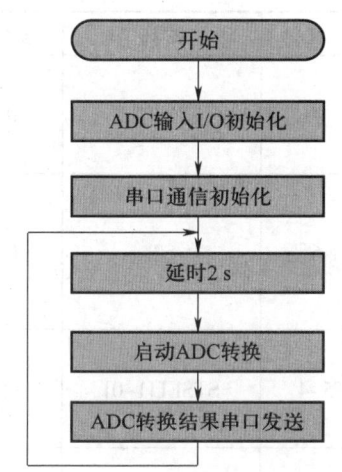

图 8-4 ADC 转换串口发送任务流程

ADC 后，需要等待转换结束才能读取 ADC 转换结果。然后，根据 ADCCON3 设置的有效数据位进行 ADC 结果转换，并求出 ADC 实际输入通道电压值。最后，根据计算出的输入电压值求对应的模拟输入物理量。

ADC 转换结束标志位为 ADCCON1 的第 7 位。ADCCON1 的基本特性见表 8-10。

根据 ADC 工作流程，给出 ADC 单通道转换函数定义如下。其中，函数形式参数 Vref 是 float 类型，表示单次转换的参考电压；形式参数 nENOB 表示有效位，根据寄存器为 ADCCON3 可知，有效位可选 7，9，10，12。函数返回值类型为 float 类型，表示 ADC 输入信号电压值。

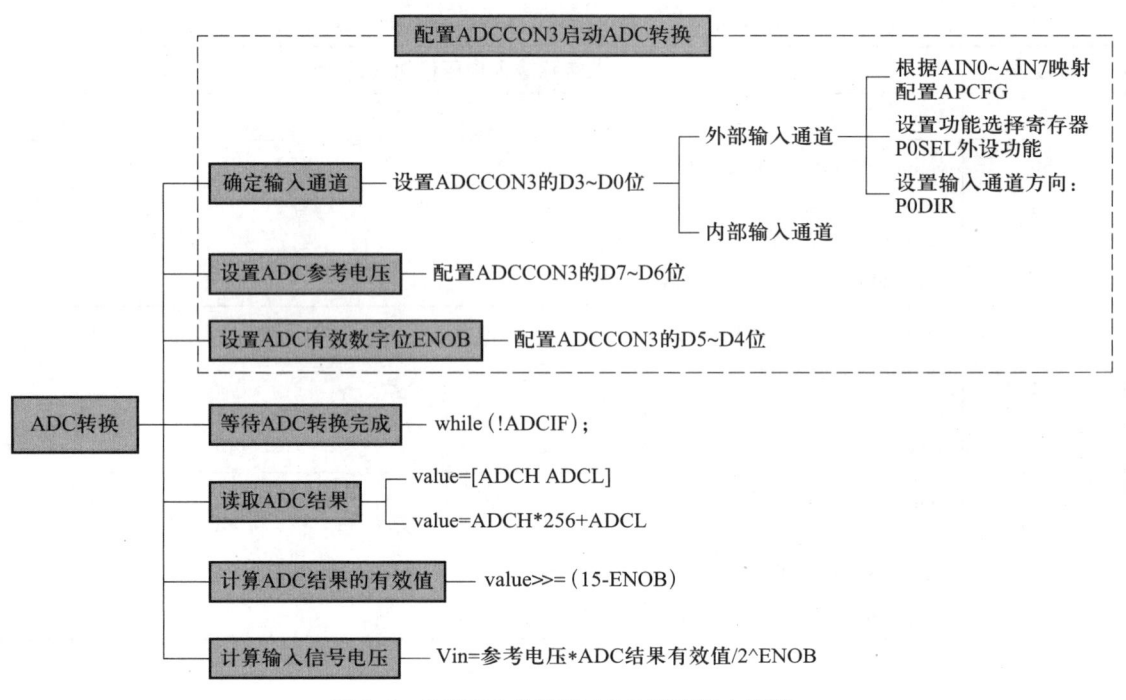

图 8-5　CC2530 单通道 ADC 转换基本步骤

表 8-10　ADCCON1 的基本特性

位	名称	复位	描述
7	EOC	0	转换结束标志。当读取完 ADCH 的值后该位被清零。如果已读取前一数据之前,完成一个新的转换,EOC 位仍然为高。 0:转换没有完成　1:转换完成,硬件置 1
6	ST	0	开始转换。读为 1,直到转换完成。 0:没有转换正在进行 1:开始转换序列。如果 ADCCON1.STSEL=11 没有其他序列进行转换
5~4	STSEL[1~0]	11	启动选择,选择该事件,将启动一个新的转换序列。 00:P2.0 引脚的外部触发　10:定时器 1 通道 0 比较事件 01:全速,不等待触发器　11:ADCCON1.ST=1
3~2	RCTRL[1~0]	00	控制 16 位随机数发生器。操作完成后自动清零。 00:正常运行　　　　10:保留 01:LFSR 的时钟一次　11:停止。关闭随机数发生器
1~0	—	11	保留

```
/*--------ADC 单次转换函数---------*/
float start_ADC( float Vref,char nENOB )
{
int value;//ADC 有效数值
// 内部电压为参考电压,12 分辨率,通道 VDD/3
```

```
ADCCON3=0x3F;
// 等待转换结束
while(!(ADCCON1&0x80));
//while(!ADCIF);
// 读取转换结果
value=ADCH<<8; // 当读取完 ADCH 后 EOC 位自动清零
valuel=ADCL;
// 数据处理:nENOB 位有效位
value>>=(15-nENOB);
// 有效结果转换为输入电压
float Vin=Vref/pow(2,nENOB)*value;
return Vin;
}
```

注意,当选择 VDD/3 作为 ADC 输入时,不能选择 AVDD5 作为参考电压。本例中,设置内部电压为参考电压。根据数据手册,内部电压为 1.15 V。同时,本例中,设置抽取率为 512(也可以设置为其他可选参数),有效位为 12。

注意,ADC 转换完成后,中断标志位 ADCIF 置 1。因此,等待转换结束的代码也可以用"while(!ADCIF);"代替。

3. 发送 ADC 转换结果串口通信数据

本任务要求将 ADC 转换结果通过串口通信发送到计算机。由于串口通信是按字节逐个发送,而电压值是一个浮点数。因此,首先需要将电压值转换成字符串,然后通过串口通信逐个字符发送。数据转换为字符串的基本思路是找出数据的每一位数值,然后转换为对应的 ASCII 码。下面给出数据转换为字符串的函数定义,形式参数为一个待转换的浮点数类型变量和一个转换后的字符串变量。

```
void numToStr(float Temp,char strValue[])
{
// 取个位,并转化成 ASCII 码
strValue[0]=(char)(Temp)%10+48;
strValue[1]='.'; // 小数点
// 十分位:小数点后一位,转化成 ASCII 码
strValue[2]=(uchar)(Temp*10)%10+48;
strValue[3]=(uchar)(Temp*100)%10+48; // 百分位:小数点后 2 位
strValue[4]='\r'; // 字符串结束符
strValue[5]='\n';
}
```

也可以直接调用标准库函数 sprintf() 进行字符串转换。sprintf() 函数的格式:

```
int sprintf(char *buffer,const char *format[,argument,…]);
```

sprint() 是字符串格式化函数,主要功能是把格式化的数据写入某个字符串中,而 sprintf() 是个变参函数,除了前两个参数固定外,可选参数可以是任意个。buffer 是字符数组名;format 是格式化字符串。

假设需要将电压值 V 转换为字符串 str,则可调用 sprintf(str, "%.02f", V)。sprint( ) 函数包含在 stdio.h 的头文件中,使用时需要加入包含语句 #include <stdio.h>。

完成了字符串转换,就可以调用串口发送函数 UartTX0_str( ) 进行串口通信数据发送。

4. 编写完整代码

根据以上分析,下面给出了内部电压测量和串口发送主程序。在 main( ) 函数中,首先进行时钟初始化、串口初始化和定时器初始化;然后在 while(1) 循环中,每隔 2 s 周期进行 ADC 转换,并将检测结果转换成字符串后通过串口通信发送到计算机显示。

```c
#include<ioCC2530.h>
#include<string.h>
#include<math.h>
#include<stdio.h>
void init_T3( void );//1ms 时基初始化
void Delay_ms( int ms );// 延时 ms
void init_clock( void );// 时钟初始化,32MHz 时钟源
float start_ADC( float Vref,char nENOB );// 启动 ADC
void init_UART0( void );// 串口 0 初始化
void UartTX_char( char ch );// 字节发送函数
void UartTX_str( char *Data );// 字符串发送函数
void main( void )
{
    char str[15]={0};// 字符串数组
    float Vref=1.15;// 内部电压作为参考电压
    char nENOB=12;// 有效数字位
    float Value=0;//ADC 转换结果
    init_clock();// 时钟初始化,选择 32MHz 时钟源
    init_UART0();// 串口 0 初始化
    init_T3();//1ms 时基定时器 3 初始化
    while( 1 )
    {
        Value=3*start_ADC( Vref,nENOB );//ADC 转换获取电源电压
        sprintf( str," 电源电压 =%.02f V",V );// 将浮点数转成字符串
        UartTX_str( str );// 串口发送字符串
        Delay_ms( 2000 );// 延时 2s
    }
}
```

5. 任务结果

将实训主控板上的串口用串口线连接到计算机端的串口,安装驱动并打开计算机上的串口软件,设置串口号、波特率(本例中为 9 600 Bps)等串口通信参数。然后将上述代码编译无误后下载到实训主控板。如图 8-6 所示,可以观察到计算机上的串口软件每隔 2 s 周期性显示"电源电压 =3.26 V"。

根据电路原理图可知,理想情况下,AVDD5 连接电压为 3.3 V。由于实际电压波动和 ADC 量化误差的影响,检测结果 3.26 V 与理论值 3.3 V 存在 0.04 V 的误差。

图 8-6 电压检测实验结果

任务 2　内部温度传感器测量

一、任务描述

驱动内部温度传感器,每隔 2 s 检测一次内部温度情况,并将结果通过串口发送到计算机显示。

二、必备知识

工业现场以及物联网领域常需要采集环境温度作为控制依据。CC2530 单片机芯片内部集成了温度传感器,因此不再需要外接温度传感器电路,这提高了系统的集成度,降低了电路设计的复杂度。但 CC2530 的温度传感器并不精准,请勿在精度要求在 5 ℃ 以内的场合使用。外界温度变化不会立刻体现在采样结果上,使用过程中,不可用手直接接触 CC2530 来验证内部温度传感器,防止因为静电导致的芯片损坏。

片上温度传感器由内部温度传感器使能寄存器 ATEST、ADC 测试寄存器 TR0 使能,ATEST 与 TR0 的基本特性分别见表 8-11、表 8-12。

表 8-11　ATEST 的基本特性

位	名称	复位	R/W	描述
7~6	—	00	R0	保留
5~0	ATEST_CTRL[5:0]	000000	R/W	控制模拟测试模式。 000000:禁用　000001:使能温度传感器 其他值保留

表 8-12 TR0 的基本特性

位	名称	复位	R/W	描述
7~1	—	0000000	R0	保留
0	ADCTM	0	R/W	设置为 1 来连接温度传感器到 SOC_ADC

由表 8-11 可知,要使能温度传感器,需配置 ATEST|=0x01。TR0 寄存器主要作用是连接温度传感器进行测试。由表 8-12 可知,此寄存器的第 7~1 位为保留位,当把第 0 位设置为 1 时,可连接温度传感器进行测试,配置 TR0 |= 0x01。

三、任务实施

1. 设计内部温度传感器初始化函数

利用内部温度传感器进行 AD 采集,需要使能 TR0 和 ATEST。内部温度传感器使能函数定义如下:

```
/*-------- 内部温度传感器使能函数定义 --------*/
void init_TempSensor(void)
{
TR0=0X01;// 置 1 连接内部温度传感器
ATEST=0X01;// 使能温度传感器功能
}
```

2. 温度换算

由于温度传感器与 MCU 集成在芯片内部,芯片本身的发热会导致检测温度的偏差,只适合对温度精度要求不高的场合。所以如果要获取精确的温度,通常需要算法矫正。根据 CC2530 数据手册,内部温度传感器参数见表 8-13。

表 8-13 CC2530 内部温度传感器温度矫正算法参数

参数	测试条件	典型值	单位
25℃时的输出	使用集成 ADC 基于内部带隙基准电压和最大分辨率	1480	12 位 ADC
温度系数		4.5	/1℃
电压系数		1	/0.1 V
未校准的初始精度		±10	℃
使用 1 个点校准的精度		±5	℃
电流消耗(未包括 ADC 电流)		0.5	mA

由表 8-13 可以观察到,当 12 位分辨率,25 ℃时,ADC 读数为 1 480。温度每变化 1 ℃,ADC 采集值变化 4.5,即

实际温度 =Vin/0.1*4.5-5;

检测电压与温度转换函数 float ADCValueToTemp(int Vin)的定义如下。其中,形式参数 Vin 为整型,表示输入电压值,返回值类型为浮点型,表示转换后的温度值。

```
/*-- 内部温度转换函数定义 --*/
float ADCValueToTemp( int Vin )
{
    float T=Vin*10*4.5-5;// 温度校正
    return T;
}
```

3. 设计启动内部温度检测函数

启动内部温度传感器需要设置 ADCCON3 的低 4 位为 1111。如果仍选择内部电压为参考电压,以及 12 位的有效分辨率,则 ADCCON3=0x3F,而相同配置下电源 VDD/3 输入时 ADCCON=0x3F。启动片内温度检测函数伪代码如下:

```
/*-------------- 启动内部温度检测函数 ----------*/
float start_ADC( float Vref,char nENOB )
{
    int value;//ADC 有效数值
    // 选择 1.15V 为参考电压;12 位分辨率;内部温度传感
    ADCCON3|=0x0E|0x30|0x00;
    // 等待转换结束
    while( !( ADCCON1&0x80 ));
    // 读取转换结果
    value=ADCH<<8;// 当读取完 ADCH 后 EOC 位自动清零
    value|=ADCL;
    // 数据处理:nENOB 位有效位
    value>>=( 15-nENOB );
    return Vref/pow( 2,nENOB )*value;
}
```

4. 设计主函数

综上,内部温度传感主函数如下。主函数中,进行时钟初始化、串口初始化和片内温度传感器初始化后,延时 2 s 后调用 start_ADC( ) 函数进行 ADC 转换,并将转换结果通过 ADCValueToTemp( ) 函数进行校准,然后,调用 sprintf( ) 函数将检测结果转换为字符串,并调用串口发送字符串函数 UartTX_str( ) 进行串口通信发送。

```
/*-------------- 片内温度检测主函数 -----*/
#include<ioCC2530.h>
#include<string.h>
#include<stdio.h>
#include<math.h>
void init_clock( void );// 时钟初始化 32MHz 时钟源
void init_UART0( void );// 串口 0 初始化
void init_T3( void );//1ms 时基初始化
void Delay_ms( int ms );// 延时 ms
void UartTX_char( char ch );// 字节发送函数
void UartTX_str( char *Data );// 字符串发送函数
void init_TempSensor( void );// 初始化内部温度传感器
```

```c
int start_ADC( float Vref,char nENOB );// 启动 ADC
float ADCValueToTemp( flaot Vin );// 将 ADC 转换结果转换为温度
void main( void )
{
    char str[10];// 字符串数组
    float Vref=3.3,Value=0;// 内部电压作为参考电压
    float T=0;//V 测量电压值,T: 温度值
    char nENOB=12;// 有效数字位
    init_clock();// 时钟初始化,选择 32MHz 时钟源
    init_UART0();// 串口 0 初始化
    init_T3();//1ms 时基定时器 3 初始化
    init_TempSensor();// 内部温度传感器使能初始化
    while(1)
    {
        Value=start_ADC( Vref,nENOB );//ADC 转换
        T=ADCValueToTemp( Value,Vref );// 将 ADC 结果转换为温度
        sprintf( str,"T=%.02f ℃ ",T);// 将浮点数类型的温度值转成字符串
        UartTX_str( str );// 将温度值通过串口发送
        Delay_ms( 2000 );// 延时 2s
    }
}
```

5. 任务结果

将实训主控板上的串口用串口线连接到计算机端的串口,安装驱动并打开计算机上的串口软件,设置好串口号、波特率(本例为 9 600 Bps)等串口通信参数。然后将上述代码编译无误后下载到实训主控板,可以观察到计算机上的串口软件每隔 2 s 周期性显示温度数据。实验结果如图 8-7 所示,可以观察到,每次温度检测结果都有波动。

图 8-7 内部温度检测实验结果

任务3 外部输入通道信号检测

一、任务描述

每隔 2 s 驱动 ZigBee 实训主控板上火焰传感器进行检测,并将测量的火焰传感器数值通过串口发送到计算机进行显示。

CC2530 外部输入通道的 ADC 转换首先需要进行电路分析,确定外部输入的 I/O 映射,然后,按照单次转换的工作原理进行程序设计。

根据图 8-3 主控芯片电路原理图,CC2530 的 ADC 外部输入通道 0 连接 P0_0 引脚。

二、必备知识

火焰传感器利用红外线对火焰非常敏感的特点,使用特制的红外线接收管作为基本元件,并使用电位器调整灵敏度,可以将火焰的强度转化为高低变化的电信号。火焰传感器常用于近距离火灾探测、项目监测或安全预防(如关闭/开启设备)。

当火焰亮度变大时,发出的红外线变多,火焰传感器管脚间的阻抗变小;当火焰亮度变小时,发出的红外线变少,火焰传感器管脚间的阻抗变大。根据上述原理,可以利用 ADC0 引脚检测 I/O 引脚的分压原理来检测火焰强度,火焰强度检测回归到 ADC 基本原理的底层逻辑。

如图 8-8 所示,火焰传感器有 4 个引脚,AO、DO、GND 和 VCC。VCC 接 5 V,GND 接地,AO 模拟输出,DO 是数字输出。AO 根据火焰强度输出模拟电信号,DO 根据设定的阈值输出 0 或 1。

配套的实训火焰传感器模块,基于 9-8 的火焰传感器,再附加外围电路和单排—双排直插接口,如图 1-4 所示。

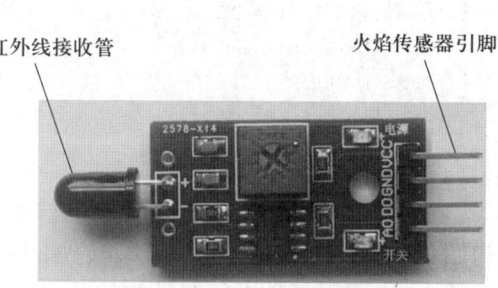

图 8-8 火焰传感器实物图

三、任务实施

1. 设计 ADC 输入通道 I/O 初始化函数

本任务 ADC 通道是 P0_0 引脚对应的输入,因此,需要配置 ADC 输入 I/O 相关寄存器。图 8-9 给出了 ADC 外部输入通道 I/O 初始化流程图。

CC2530 ADC 外部通道 GPIO 相应寄存器及其描述见表 8-2。当使用 ADC 时,端口 0 引脚必须配置为输入,可以使用多达 8 个 ADC 输入引脚。若要配置一个端口 0 引脚为一个 ADC 输入,则 APCFG 寄存器中相应的位必须设置为 1。本任务中,由于 ADC 的输入连接在 P0_0 引脚,因此相应初始化函数代码如下:

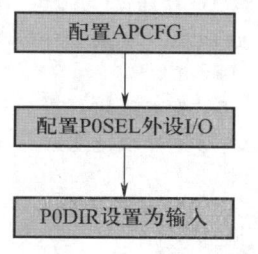

配置 APCFG —— 使能 AIN0~AIN7 输入引脚外设模拟 I/O

配置 P0SEL 外设 I/O —— 根据输入通道引脚设置 P0SEL 对应位置1

P0DIR 设置为输入 —— 根据输入通道引脚设置 P0DIR 对应位为0

图 8-9 ADC I/O 初始化流程

```
/*---- ADC 外部通道 I/O 初始化函数定义 ----*/
void init_ADC( void )
{
    APCFG|=1;  //P0_0 模拟外设 I/O 使能
    P0SEL|=0x01;  //P0_0 外设 I/O
    P0DIR &=~0x01;  //P0_0 输入
}
```

2. 设计启动 ADC 转换函数

```
/*---- 外部通道 0 ADC 转换函数 ---------*/
int start_ADC( float Vref,char nENOB )
{
    int value;  //ADC 有效数值
    // 选择 3.3V AVDD 为参考电压;12 位分辨率;AIN0 输入
    ADCCON3=( 0x80|0x30|0x00 );
    // 等待转换结束
    while( !( ADCCON1&0x80 ));
    // 读取转换结果
    value=( int )ADCH<<8;  // 当读取完 ADCH 后 EOC 位自动清零
    value|=ADCL;
    // 数据处理;nENOB 位有效位
    value>>=( 15-nENOB );
    return value;
}
```

3. 设计主函数

下面给出外部通道 ADC 检测的核心代码。首先要包含必要的头文件,然后是延时、时钟初始化,ADC 初始化,启动 ADC 转换,ADC 字符发送和字符串发送等函数的声明。在 main( ) 函数中,先调用函数进行时钟初始化、串口初始化,然后在 while(1) 循环中,周期性进行 ADC 转换并将采集的数据通过串口通信发送到计算机进行显示。

```
/*---------- 火焰强度检测主程序 --------*/
#include<ioCC2530.h>
#include<string.h>
#include<stdio.h>
#include<math.h>
void Delay( int ms );  // 延时
void init_clock( void );  // 时钟初始化,32MHz
void init_ADC( void );  //ADC 外部通道初始化
int start_ADC( float Vref,char nENOB );  // 启动外部通道 ADC 转换
void init_UART0( void );  // 串口 0 初始化
void UartTX_char( char ch );  // 字节发送函数
void UartTX_str( char *Data );  // 字符串发送函数
void main( void )
{
    char str[12]={0};  // 字符串数组
```

```
float Vref=3.3;// 参考电压
float Vin=0;// 实际电压值
char nENOB=12;// 有效数字位
init_clock();// 时钟初始化,选择 32MHz 时钟源
init_UART0();// 串口 0 初始化
init_T3();1ms 时基初始化
init_ADC();//ADC 外部通道初始化
while(1)
{
Vin=start_ADC(Vref,nENOB);
sprintf(str,"火焰强度 =%.1f mV",1000*Vin);// 将浮点数转换成字符串,单位 mV
UartTX_str(str);// 串口发送字符串
Delay_ms(2000);// 延时 2s
}
}
```

4. 任务结果

将实训主控板上的串口用串口线连接到计算机端的串口,安装驱动并打开计算机上的串口软件,设置串口号、波特率(本例中为 9 600 Bps)等串口通信参数。然后将上述代码编译无误后下载到实训主控板。在无明显火源情况下,可以观察到计算机串口软件每隔 2 s 周期性显示火焰强度数据 81~82 mV,如图 8-10 所示。这是因为周围环境中也存在红外线,火焰传感器可以检测出周围环境的红外线强度。

为了验证实验中,将火源靠近火焰传感器模块的红外线接收管,在串口调试助手软件上,可以观察到火焰强度数据增大到 2 822~2 823 mV,如图 8-10 所示。当然,火焰强度数据具体增大多少由火焰强度以及与红外线接收管距离等因素决定。

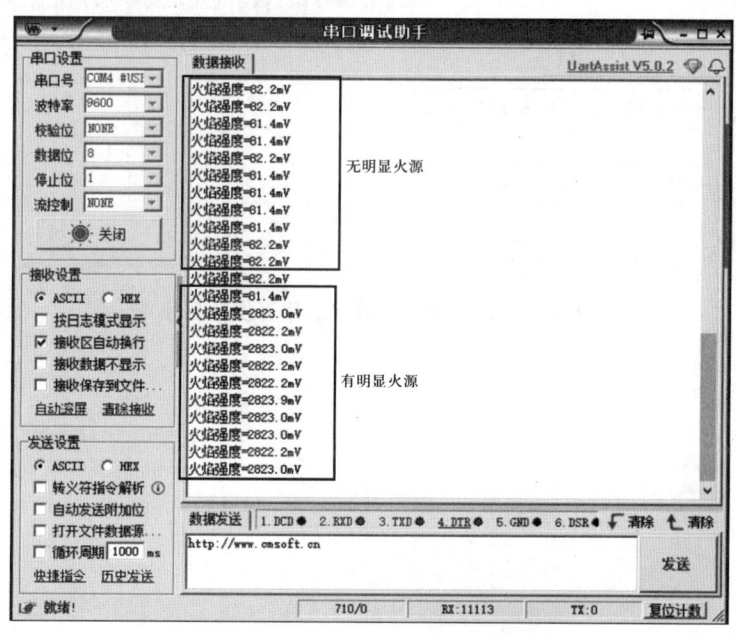

图 8-10 串口软件火焰检测任务结果

项目小结

本项目介绍了 CC2530 ADC 工作原理及应用。重点介绍了 ADC 基本要素，串口通信 I/O 映射和波特率设置的寄存器配置。详细介绍了内部电源电压测量原理、串口显示的程序设计，以及内部温度传感器测量原理及串口显示的程序设计。最后，介绍了通用外部输入通道 ADC 转换原理及程序设计。本项目小结如图 8-11 所示。

项目实训

1. 简述 ADC 转换的过程及重要参数。
2. CC2530 主控系统通过 ADC 转换检测外部输入信号强度，设置 ADC 参考电压为 3.3 V，分辨率为 10。当 ADC 转换结果为 500 时，求输入信号电压。

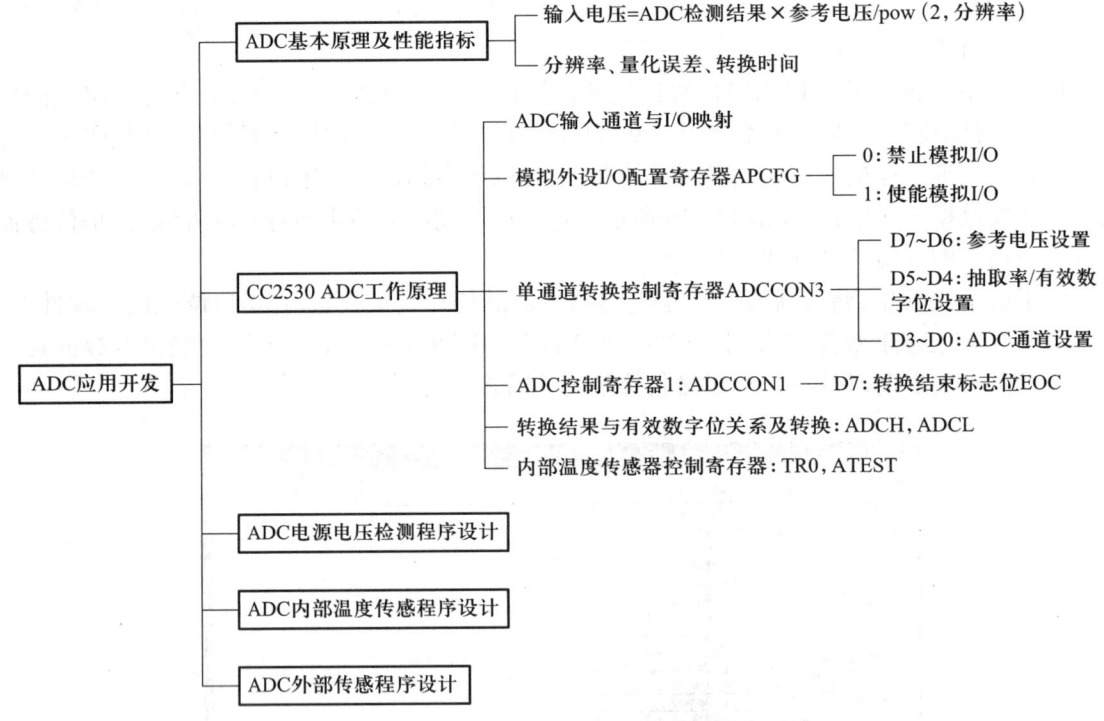

图 8-11　CC2530 A/D 转换应用开发项目小结

项目 9

PWM 应用开发

> **项目目标**
> 1. 理解呼吸灯的基本概念。
> 2. 理解呼吸灯与脉冲宽度调制 PWM 信号的关系。
> 3. 理解不同输出比较模式下脉冲宽度和占空比的关系。
> 4. 掌握自由运行模式下呼吸灯应用程序开发方法。

任务 1　驱动一个呼吸灯

一、任务描述

实现实训主控板上 LED（P1_0）的呼吸灯功能：逐渐变亮,再逐渐变暗,如此反复。

二、必备知识

1. 呼吸灯

呼吸灯就是指亮度随着时间由暗到亮逐渐增强,再由亮到暗逐渐衰减的灯光设备,其亮度有节奏感地起伏,就像是在呼吸一样,被广泛应用于手机、电脑等电子设备中。

改变 LED 亮度需改变 LED 的电流,改变电流有 2 种方式：一是改变限流电阻,二是改变供电电压值。电阻一般都事先选定,无法再做实时更改,因此,通常采用改变供电电压的方式,电压变化引起电流的变化。实际中,通常利用脉冲宽度调制（Pulse Width Modulation, PWM）实现电压变化。

脉冲宽度调制就是占空比可变的脉冲调制,其输出脉冲周期在信号周期内稳定占一定比重。占空比等于周期电信号中高电平信号输出的时间与整个信号周期的比例,即占空比 = 高电平持续时间 /（高电平持续时间 + 低电平持续时间）× 100%。例如,周期为 1 s 的电信号,若有 0.5 s 输出高电平脉冲,则其占空比为 50%。

PWM 信号的示意如图 9-1 所示。

假设 T 是方波的周期,τ 是高电平持续时间,则占空比 = τ/T。而有效电压值 $V_{RMS} = V_{PEAK}\sqrt{\dfrac{\tau}{T}}$,$V_{PEAK}$ 为电压峰值。因此,在给定电压峰值的情况下,占空比的变化可以改变输出电压的有效值。

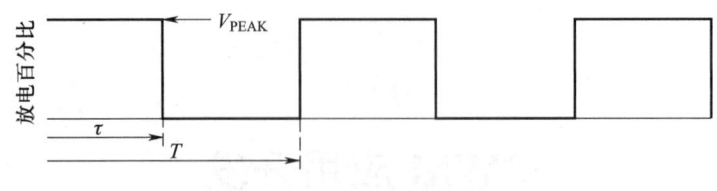

图 9-1　PWM 信号示意图

例如,在周期时长不变的情况下,改变高电平持续时间,从而改变了占空比,进而改变 LED 两端的有效电压值,也就改变了驱动 LED 的有效电流值,实现 LED 暗亮的呼吸灯效果,即实现了动态占空比。

由于人眼视觉暂留机制的制约,一般情况下,人眼对于不小于 50 Hz 的刷新频率几乎没有闪烁感,所以如果要实现呼吸灯效果需要设置合理的 PWM 信号的周期。

2. 定时器 1 输出比较模式

要生成 PWM 波形,需要配置定时器的输出比较功能。在输出模式下,与定时器通道相连接的 I/O 引脚为输出状态,可以输出高低电平。改变输出高低电平的持续时间,就可以实现脉冲宽度调制。

定时器的输出比较功能属于 I/O 外设功能,定时器 1、定时器 3 和定时器 4 通道的 I/O 映射关系见表 9-1。

表 9-1　定时器的输出比较功能 I/O 引脚映射表

端口引脚	P0								P1								P2				
功能	7	6	5	4	3	2	1	0	7	6	5	4	3	2	1	0	4	3	2	1	0
定时器 1		4	3	2	1	0															
Alt.2	3	4											0	1	2						
定时器 3											1	0									
Alt.2									1	0											
定时器 4															1	0					
Alt.2																		1			0

由表 9-1 可知,定时器 1 有 5 个比较/捕获通道,定时器 3 有 2 个比较/捕获通道,定时器 4 有 2 个比较/捕获通道。本任务以定时器 1 的输出比较功能为例,定时器 3 和定时器 4 的输出比较功能类似,不再赘述。

定时器 1 输出比较模式的基本原理:启动定时器 1 后,定时器 1 的当前计数值 T1CNT 与通道 n 的比较寄存器 T1CCn 的值进行比较。如果当前计数值等于比较寄存器的值,通道 n 输出高电平、低电平或者进行状态切换。具体输出状态由 T1CCTLn.CMP 寄存器位进行设定。定时器 1 的输出比较模式见表 9-2。定时器 1 的输出比较模式共 9 种,若想设置 PWM 输出,一般选择后 6 种模式。对于前 2 种模式,如果不编程改变输出状态,则输出状态只能改变一次,而第 3 种模式没有 PWM 效果。此外,不是每一个通道都有上述 9 种模式,比如通道 0 就没有最后 2 种模式。

表 9-2 定时器 1 输出比较模式

比较模式（T1CCTLn.CMP, n=0, 1, 2, 3）	输出初值
在比较时输出高电平（000）	0
在比较时输出低电平（001）	1
在比较时翻转输出电平（010）	0
在正计数/倒计数模式下，比较值大于计数值时输出高电平，比较值小于计数值时输出低电平（011）	0
在非正计数/倒计数模式下，比较时输出高电平，为 0 时输出低电平（011）	0
在向上和向下计数模式下，计数值大于比较值时输出低电平，计数值小于比较值时输出低电平（100）	1
在非正计数/倒计数模式，比较时输出低电平，为 0 时输出高电平（100）	1
当计数值等于 T1CC0 时输出低电平，计数值等于 T1CCn 时输出高电平（101）	0
当计数值等于 T1CC0 时输出高电平，计数值等于 T1CCn 时输出低电平（110）	1

要实现定时器 1 的比较输出功能，需要配置 T1CCTLn 寄存器。定时器 1 有 4 个输出比较通道，因此，对应有 4 个通道控制寄存器 T1CCTLn（n=0, 1, 2, 3）。

当 n=0 时，T1CCTLn 寄存器的特性见表 9-3。通道 0 比较控制寄存器的 CMP 位的 101 和 110 对应的两种模式是保留位未使用，111 对应初始化输出引脚，因此，定时器 1 的通道 0 共有 2 种比较模式（CMP=011，CMP=100）可以产生 PWM 信号。

当 n 取其他值时，T1CCTLn 的基本特性见表 9-4。当 CMP=011, 100, 101, 110 时可以产生 PWM 信号。接下来详细分析不同比较模式的工作机制。

表 9-3 定时器 1 通道 n 捕获/比较控制寄存器 T1CCTLn（n=0）的基本特性

位	名称	复位	R/W	描述
7	RFIRQ	0	R/W	当设置为 1 时，使用 RF 中断捕获，而非常规的捕获输入
6	IM	1	R/W	通道 n 中断屏蔽位。 0：禁止中断　1：使能中断
5~3	CMP	000	R/W	通道 n 输出比较模式选择。 000：比较时输出高电平 1 001：比较时输出低电平 0 010：比较时输出状态切换 011：当计数器值大于等于 T1CCn 时输出高电平置 1，计数器值等于 0 时输出 0 100：当计数器值等于 T1CCn 时输出低电平清 0，计数器值等于 0 时输出高电平置 1 101：通道 0 保留位 110：通道 0 保留位 111：初始化输出引脚（CMP[2:0] 不变）

续表

位	名称	复位	R/W	描述
2	MODE	0	R/W	定时器1通道n捕获/比较模式选择。 0:捕获模式　　　1:比较模式
1~0	CAP	00	R/W	通道n捕获模式选择。 00:未捕获　　　01:上升沿捕获 10:下降沿捕获　　11:所有沿捕获

表9-4　定时器1通道n捕获/比较控制寄存器T1CCTLn(n=1,2,3,4)的基本特性

位	名称	复位	R/W	描述
7	RFIRQ	0	R/W	当设置为1时,使用RF中断捕获,而非常规的捕获输入
6	IM	1	R/W	通道n中断屏蔽位。 0:禁止中断　　1:使能中断
5~3	CMP	000	R/W	通道n比较模式选择。 000:在比较时输出高电平1 001:在比较时输出低电平0 010:在比较时输出状态切换
5~3	CMP	000	R/W	011:在正计数/倒计数模式下,当计数值大于比较值时输出高电平置1,当计数值小于比较值时输出低电平清零。其他模式下,当计数器值等于T1CCn时输出高电平置1,当计数器值等于0时输出低电平清零 100:在正计数/倒计数模式下,当计数值大于比较值时输出低电平清零,当计数值小于比较值时输出高电平置1。其他模式下,当计数器值等于T1CCn时输出低电平清0,当计数器值等于0时输出高电平置1 101:当计数值等于T0CC0时输出低电平清0,当计数值等于T1CC1时输出高电平置1 110:当计数值等于T0CC0时输出高电平置1,当计数值等于T1CC1时输出低电平清0 111:初始化输出引脚（CMP[2:0]不变）
2	MODE	0	R/W	定时器1通道n捕获/比较模式选择。 0:捕获模式　　　1:比较模式
1~0	CAP	00	R/W	通道n捕获模式选择。 00:未捕获　　　01:上升沿捕获 10:下降沿捕获　　11:所有沿捕获

图9-2是定时器1在自由运行模式下的输出比较示意图。在自由运行模式下,当前计数值达到FFFFh后,计数值清零再逐个计数。

图9-2还显示了自由运行模式下,定时器1输出比较模式的运行模式基本特点,此时输出比较模式0~2不能产生PWM信号,输出比较模式3~6可以产生PWM信号。

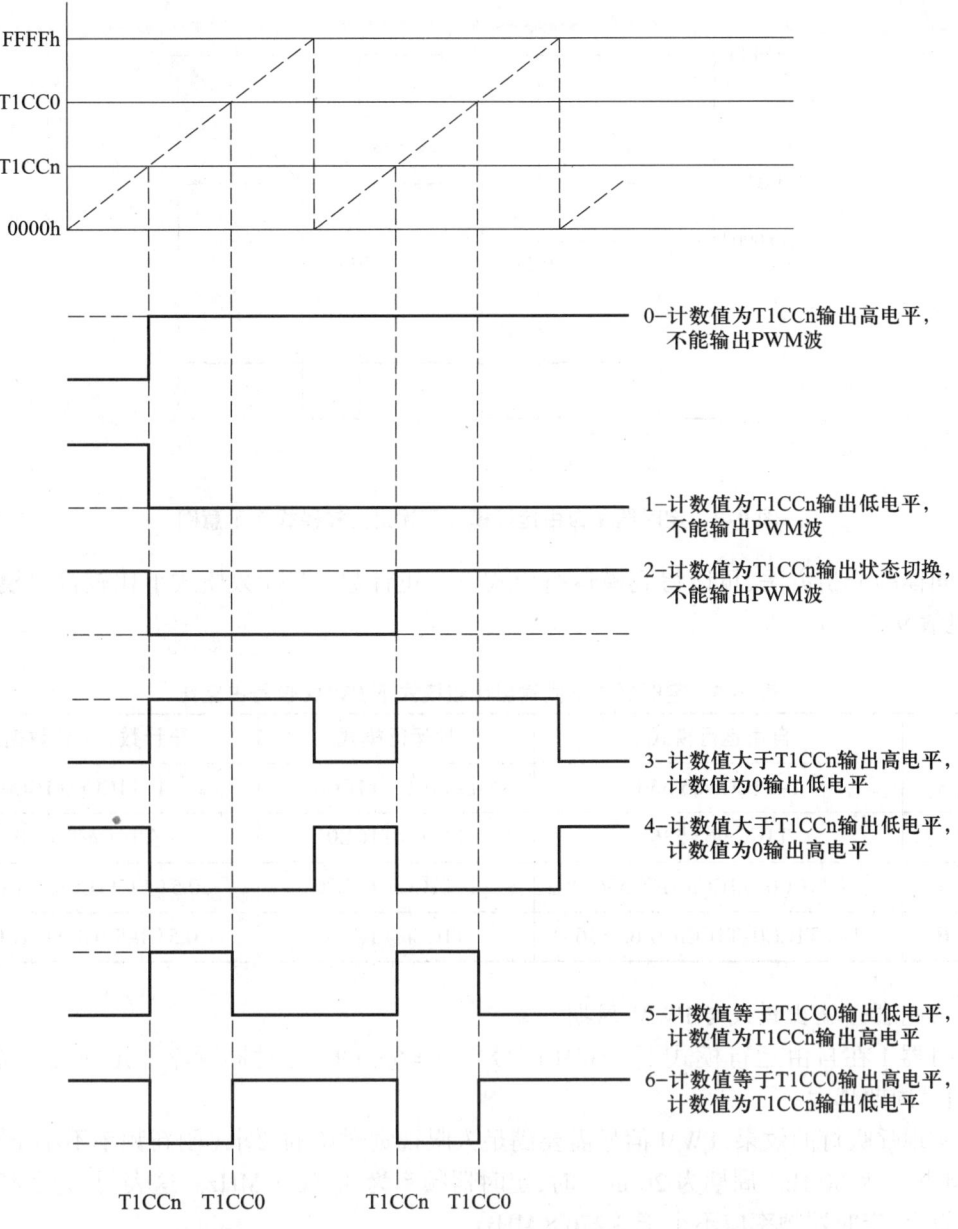

图 9-2 定时器 1 自由运行模式下输出比较模式示意图

3. 定时器 1 输出比较模式占空比

下面以定时器 1 在自由运行模式下输出比较模式 3 为例，其示意图如图 9-3 所示。分析定时器输出比较模式下占空比的影响因素。其他模式分析方法类似，不再赘述。

设定时器时钟频率为 f，定时器时钟周期 $T=1/f$；自由运行模式下，输出 PWM 信号周期 $T=65\,536/f$；输出比较模式 3 下，输出 PWM 信号高电平的持续时间 $\tau=(65\,535-\text{T1CCn})/f$；则占空比 = 高电平持续时间 /PWM 信号周期 $T=1-\text{T1CCn}/65\,536$。

因此，想要改变占空比，只需要改变 T1CCn。T1CCn 越大，占空比越小。

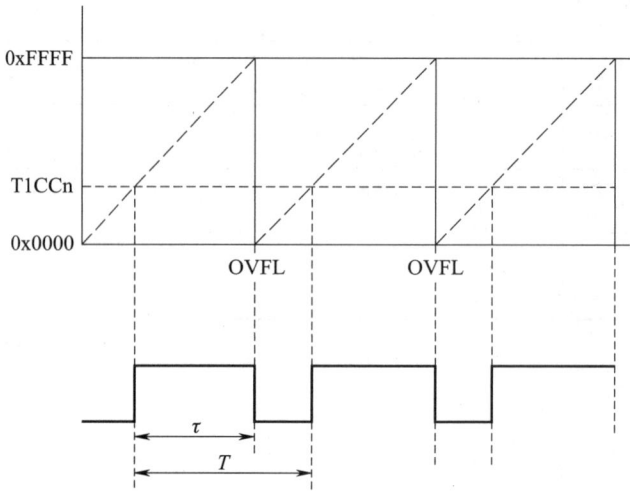

图 9-3　定时器 1 自由运行模式下输出比较模式 3 示意图

用同样的分析方法,可以得到模运行模式下和正计数/倒计数模式下比较输出模式的占空比,见表 9-5。

表 9-5　定时器 1 不同输出比较模式下 PWM 信号占空比

	自由运行模式	模运行模式	正计数/倒计数模式
模式 3	1−T1CCn/65 536	1−T1CCn/T1CC0	1−T1CCn/T1CC0
模式 4	T1CCn/65 536	T1CCn/T1CC0	T1CCn/T1CC0
模式 5	(T1CC0−T1CCn)/65 536	1−T1CCn/T1CC0	0.5(1+T1CCn/T1CC0)
模式 6	1−(T1CC0−T1CCn)/65 536	T1CCn/T1CC0	0.5(1−T1CCn/T1CC0)

4. 定时器 1 输出模式与 PWM 周期

定时器 1 在自由运行模式下,PWM 信号周期 =65 536/定时器频率。定时器频率越小,PWM 信号周期越大。

要实现呼吸灯的效果,PWM 信号需要满足人眼视觉暂留的要求(刷新频率不小于 50 Hz)。当 PWM 频率为 50 Hz(周期为 20 ms)时,定时器频率为 3.286 8 MHz。这表明,为了满足视觉暂留的效果,定时器频率应不小于 3.276 8 MHz。

定时器的频率由定时器的标定频率和分频系数决定。根据表 6-1 可知,定时器标定频率有 8 种选择:32 MHz,16 MHz,8 MHz,4 MHz,2 MHz,1 MHz,500 kHz,250 kHz。根据表 6-5 可知,定时器 1 分频系数可以设定为:1,8,32,128。

当分频系数为 1 时,能满足定时器频率不小于 3.276 8 MHz 的可选定时器标定频率只有 4 种:32 MHz,16 MHz,8 MHz,4 MHz。

当分频系数为 8 时,要满足定时器频率不小于 3.276 8 MHz,定时器标定频率需要不小于 26.214 4 MHz,能满足要求的定时器标定频率只有 32 MHz。

当分频系数为 32 和 128 时,不论如何选择定时器标定频率,均不能满足视觉暂留机制的要求。

5. 设计基于定时器输出比较模式的呼吸灯函数

（1）定时器输出比较模式产生 PWM 信号的配置

下面以定时器 1 输出比较模式介绍 PWM 实现呼吸灯的设计。

定时器 1 输出比较模式产生 PWM 信号的基本步骤如下：

① 根据电路原理图及 I/O 映射表，选择定时器及通道 n。注意，选择的定时器通道必须对应所控制的 I/O 引脚。

② 根据选定的定时器通道以及 I/O 映射表，配置外部设备控制寄存器 PERCFG 以及功能选择寄存器。

③ 针对选择的 I/O 口，配置定时器的优先级（可选）。

④ 选择定时器的运行模式（自由运行、模运行模式、正计数/倒计数模式）和具体的比较模式。

⑤ 设置定时器的标定频率和分频系数，确定定时器的时钟频率。

⑥ 根据定时器比较模式及占空比设置定时器通道 n 寄存器 [T1CCnH T1CCnL] 的值。

（2）设计关键函数

① 呼吸灯 LED 初始化

呼吸灯对应 CC2530 的 P1_0 I/O 引脚。因此，LED 初始化需要设置对应 I/O 引脚为外设输出模式，相应的初始化函数如下：

```
/*----- 呼吸灯 LED I/O 引脚初始化函数 -----*/
void init_LED(void)
{
P1DIR|=0x01;//LED P1_0
P1SEL|=0x01;// 外设 I/O
PERCFG|=0X01<<6;// 选择定时器1位置2
PERCFG|=0X01<<6;// 选择定时器1位置2
// 相对于定时器4，定时器1优先
P2SEL&=~0x10;
P2DIR|=0xC0;// 通道2~通道3具有第一优先级
}
```

② 定时器 1 输出比较模式初始化

定时器 1 的通道 2 有 5 种可能的运行模式实现脉冲宽度调制，任选一种输出比较模式均可。本例选择定时器 1 通道 2 的输出比较模式 3，因此，需要配置 T1CCTL2 输出。T1CCTL2 寄存器的特性见表 9-4。

首先，需要设置 MODE 位置 1，设定为比较模式，因此需配置 T1CCTL2 |= 0x04。然后，选择比较模式 3，即配置 "T1CCTL2=0x03<<3;//CMP: 011"。

基于上述分析，最终可得定时器 1 的输出比较模式化函数。为了使得函数更加灵活，可以设置一个形式参数，表示比较模式 n。例如定时器 1 在自由运行模式下输出比较模式 3 的函数定义如下：

```
/*----- 定时器1自由运行模式输出比较模式3函数 -----*/
void init_T1CompareFree(int n)
{
T1CTL|=0x01;// 自由运行模式,1分频
```

```
T1CCTL2|=0x04;// 比较模式
// 通道 2 的输出模式 3:[5:3]=011
T1CCTL2|=(n<<3);// 比较模式 n
}
```

③ 定时器时钟初始化

根据定时器 1 输出比较模式产生 PWM 信号频率和人眼视觉残留频率的限制可知，当分频系数为 1 时，定时器标定频率不能低于 4 MHz。本例选择 4 MHz 为定时器标定频率，对应时钟控制命令寄存器 CLKCONCMD 的 TICKSPD=011（也可以设置满足要求的其他定时器标定频率）。此时定时器 1 自由运行模式输出比较模式对应的时钟函数定义如下：

```
/*——— 定时器 1 时钟初始化函数（标记频率 4MHz）——*/
void init_clock(void)
{
// 设置系统时钟源为 32MHz 晶振
  CLKCONCMD &=~0x40;
// 等待晶振稳定
    while(CLKCONSTA & 0x40);
// 设置系统主时钟频率为 32MHz
      CLKCONCMD &=~0x47;
//f=4MHz;TICKSPD=011
    CLKCONCMD|=0X18;
}
```

由表 9-5 知，比较模式 3 的占空比为 1-T1CCn/65 536。假设占空比已知，则通道 2 比较寄存器值 T1CC2=$(1-\tau/T)\times 65\,536$。

为实现呼吸灯效果，需要设置 PWM 波形的占空比平滑变化，因此，程序中设置占空比为数组类型。可定义一个函数如下，该函数功能是通过占空比计算对应定时器的比较值，其中，形式参数为比较值数组 T1CCn[ ] 及数组长度 n。

```
/*— 定时器 1 自由运行模式下占空比函数 —*/
void DutyRatio T1CCn(uint T1CCn[ ],int n)
{
for(int i=0;i<n;i++)
{
T1CCn[i]=(int)((1-i*1.0/100)*65536);
}
}
```

形式参数类型 uint 表示 unsigned int，函数定义中，"i*1.0/100" 表示空占比。

通道 2 的比较寄存器值 T1CC2 由 T1CC2H 和 T1CC2L 两个 8 位寄存器组成。相应计算代码如下：

```
T1CC2H = T1CC2/256;
T1CC2L = T1CC2%256;
```

如果 LED 逐渐变亮，则逐渐增加占空比。逐渐变亮函数定义如下：

```c
/*------- 逐渐变亮函数 --------*/
void Brighter( uint nT1CCn[ ], int n )
{
int k=0;
for( k=0;k<n;k++ )
   {
     T1CC2H=( unsigned char )nT1CCn[k]/256;
     T1CC2L=( unsigned char )nT1CCn[k]%256;
     while((T1STAT &0X04 )==0); // 等待比较状态标志置1
     T1STAT &=~0X04; // 清零 ;
   }
}
```

设定输出比较寄存器的值后,等待比较状态标志置1再切换到下一个占空比状态。
如果 LED 逐渐变暗,则逐渐减小占空比。逐渐变暗函数定义如下:

```c
/*------- 逐渐变暗函数 -------------*/
void Darker( uint nT1CCn[ ], int n )
{
int k=0;
for( k=n-1;k>=0;k-- )
   {
     T1CC2H=( unsigned char )nT1CCn[k]/256;
     T1CC2L=( unsigned char )nT1CCn[k]%256;
     while((T1STAT &0X04 )==0); // 等待比较状态标志置1
     T1STAT &=~0X04; // 清零 ;
   }
}
```

注意,这里的循环从占空比最大值开始往回逐次减小,从而实现逐渐变暗的效果。根据上述分析,得到最终的完整代码如下:

```c
/*-------- 基于定时器输出比较模式的呼吸灯主函数 ------------*/
#include<ioCC2530.h>
#define uint unsigned int
void init_clock( void ); // 时钟初始化
void init_LED( void ); // LED 初始化
void init_T1CompareFree( int n ); // 定时器1自由运行比较模式初始化
void DutyRatio_T1CCn( uint T1CCn[ ], int n );
void Darker( uint nT1CCn[ ], uint n );
void Brighter( uint nT1CCn[ ], uint n );
#define N 100 // 数组长度
unsigned void main( void )
{
uint T1CCn[ N ]={ 0 };
init_clock( );
init_LED( );
init_T1CompareFree( 3 );
DutyRatio_T1CCn( T1CCn[ ], N );
```

```
while(1)
{
    Brighter(T1CCn,N);//逐渐变亮
    Darker(T1CCn,N);//逐渐变暗
}
}
```

三、任务结果

将上述主函数代码下载到实训主控板,可以观察到 LED(P1_0)以呼吸灯状态运行,即由暗逐渐变亮,然后再逐渐变暗,如此反复。

项目小结

本项目介绍了 CC2530 定时器 1 和定时器 3/4 比较模式的运行规则,以及定时器比较模式在呼吸灯的应用。重点介绍了脉冲宽度调制 PWM 的基本原理、定时器比较模式的基本原理,详细分析了不同输出比较模式下脉冲宽度和占空比的关系。最后,基于定时器 1 介绍了单个呼吸灯的程序设计,基于定时器 3 和定时器 4 介绍了呼吸流水灯的程序设计。本项目小结如图 9-5 所示。

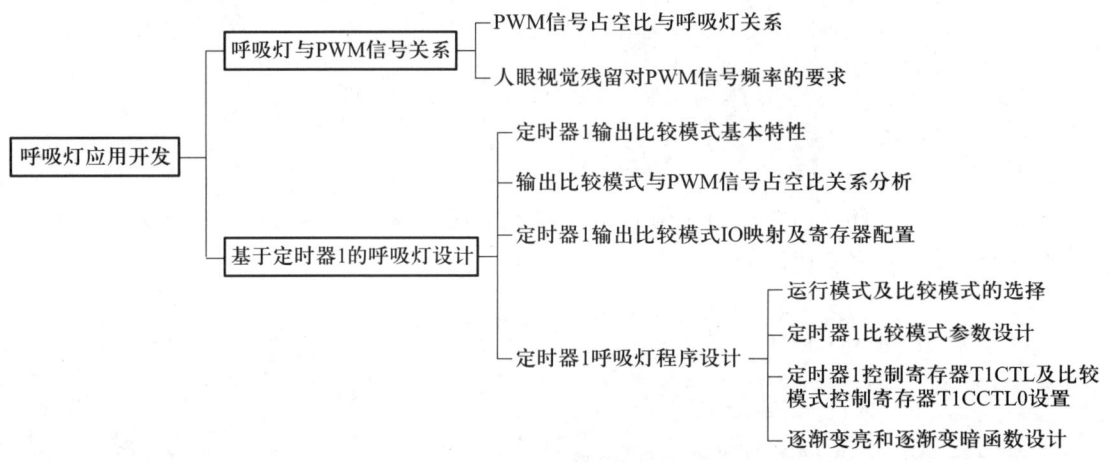

图 9-4　PWM 应用开发项目小结

项目实训

1. 根据呼吸灯原理,使用延迟函数实现实训主控板上 LED(正极接 P1_0,负极接地)呼吸灯效果。

2. 根据定时器 1 输出比较模式工作原理,选择自由运行模式下的比较模式,编程实现实训主控板上 LED(LED 正极接 P1_0 引脚,负极接地)呼吸灯效果。

3. 根据定时器 4 输出比较模式工作原理,选择模运行模式下的比较模式,编程实现实训主控板上 LED(LED 正极接 P1_0 引脚,负极接地)呼吸灯效果。

学习单元 3

信息采集与传感应用开发

项目 10

信息采集与传感

项目目标

1. 理解模拟量、数字量和开关量的区别。
2. 理解光敏传感器工作原理。
3. 掌握光敏传感器 ADC 转换程序设计。
4. 理解 IIC 协议基本原理。
5. 理解 SHT1x 温湿度传感器工作原理。
6. 掌握 SHT1x 温湿度采集与显示程序设计。
7. 理解开关量检测的基本原理。
8. 掌握人体红外传感器驱动程序设计。

任务 1 模拟量采集与传感

一、任务描述

从传感器输出信号类型角度介绍三类模拟量采集方法,要求实现光照、有害气体、可燃气体的信号检测。

模拟量是在时间和数量上都是连续的物理量,其表示的信号为模拟信号。模拟量在连续变化过程中的任何一个取值都是一个有具体意义的物理量(如温度、电压、电流等),经过采样、保持、量化、编码之后可以转化为数字量。模拟量传感本质上是通过 ADC 转换将外部通道的模拟信号转换为数字信号进行处理和显示。

二、任务实施

1. 光敏传感器信号检测

(1) 光敏传感器基本原理

光敏传感器是最常见的传感器之一。光敏传感器利用光敏元件将光信号转换为电信号,它的敏感波长包括红外线波长和紫外线波长等可见光范围。

光敏二极管与半导体二极管结构类似,其管芯是一个具有光敏特征的 PN 结,具有单向导电性,因此工作时需加上反向电压。无光照时,有很小的饱和反向漏电流,即暗电流,此时光敏二极管截止。当受到光照时,饱和反向漏电流大大增加,形成光电流,它随入射光强度的变化而变化。当光线照射 PN 结时,可以使 PN 结中产生电子空穴对,使少数载流子的密度增加,这些载流子在反向电压下漂移,使反向电流增加。因此,改变光照强度可以改变电路中的电流。同样地也可以通过检测电流大小,检测光强。利用电流变化,串联一个电阻,就可以转换成电压的变化,从而通过 ADC 读取电压值,判断外部光线的强弱。实训光敏传感器模块电路原理如图 10-1 所示,它集成了光敏传感器 LXD/GB5-A1E 及电容电阻和 LED 等外围电路。

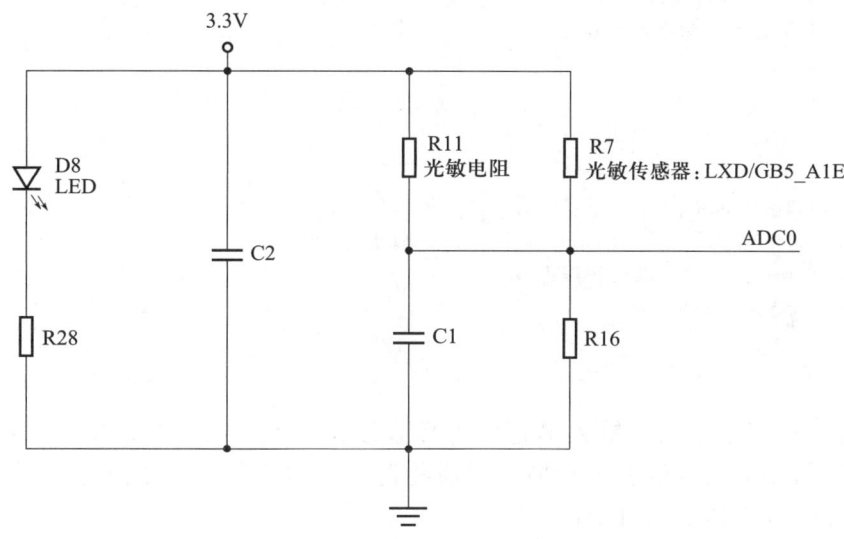

图 10-1 光敏电阻传感器模块电路原理

光敏传感器 LXD/GB5-A1E 一端接 3.3 V 高电平,另一端通过电阻接地。当无光照射时,光敏二极管与电阻的接点处电压固定分压;当有光照射时,光敏电阻减小,电流增大,二极管与电阻的接点处电压增大。可以通过检测该接点的电压变化来检测光照强弱。

图 10-1 中,光敏传感器 LXD/GB5-A1E 输出引脚连接在 ADC 标签,对照图 7-3 主控芯片原理图可知,ADC 标签连接在 CC2530 的 P0_0 引脚。因此可通过 ADC 转换测量 CC2530 通道 0 的电压,通过转换得到光照强度。实训光敏传感器模块实物如图 10-2 所示,通过三排直插接口与 CC2530 主控模块相连。

(2)光敏传感程序设计

ADC 外部通道检测的基本原理与程序设计在项目 8 任务 3 已详细介绍。基本思路是先进行 ADC 通道的初始化,然后配置 ADCCON3 进行 ADC 采集。最后将采集结果通过串口通信发送到计算机进行显示。光敏传感的主函数如下:

图 10-2 实训光敏传感器模块实物

```
/*---- 光敏传感器检测主函数 ----*/
void main( void )
{
    char str[20]="0" ;// 字符串数组
```

```
int Value=0;
float Vref=1.15; // 内部电压作为参考电压
float Vin=0; // 实际通道电压值
char nENOB=12; // 有效数字位
init_clock( ); // 时钟初始化,选择 32MHz 时钟源
init_UART0( ); // 串口 0 初始化
init_ADC( ); //ADC 外部通道初始化
while(1)
{
Value=start_ADC(Vref,nENOB);
float Light_Val=(5/2.0)*Value*100.0;
// 将浮点数转成字符串
sprintf(str,"光敏强度 =%.1f(Lux)\n",Light_Val);
UartTX_str(str); // 串口发送字符串
Delay_ms(2000); // 延时 2s
}
}
```

注意,ADC 检测结果只是输入通道的电压强度,要计算光的强度,需要根据传感器手册中输入电压与光敏强度的关系转换成对应物理量。本任务中光照值与电压值的关系为光照值 =(5/2.0)× 电压值 ×100.0。

(3)任务结果

如图 10-3 所示,将传感器模块安装在 ZigBee 模块,ZigBee 模块用串口线连接到计算机端的串口,打开计算机上的串口软件,设置好串口号、波特率等串口通信参数,然后将光敏传感主函数代码编译无误后下载到实训主控板。

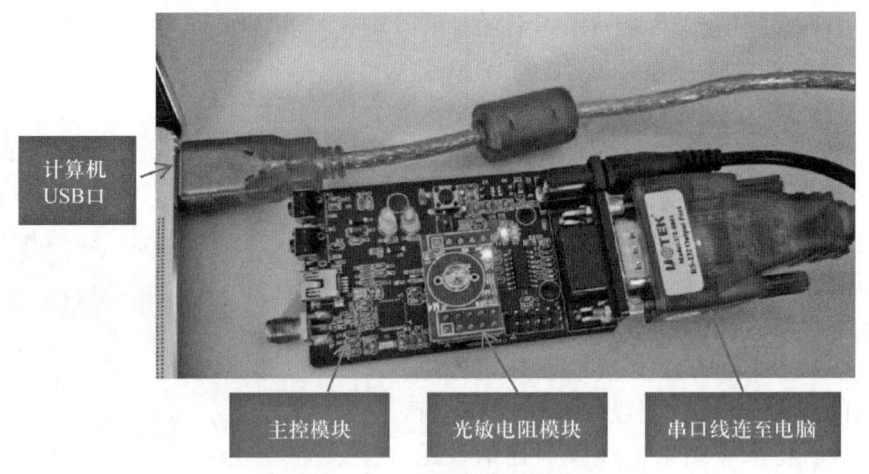

图 10-3 光敏传感器检测连接图

任务结果如图 10-4 所示,在自然光情况下,计算机串口软件每隔 2 s 周期性显示光敏强度数据 287 Lux 左右,如果将光敏传感器遮挡,光照强度值迅速减小,在 35~44 Lux 之间,光照强度与具体遮挡情况有关;移开光敏传感器遮挡物,光照强度值恢复至自然光下 287 Lux 左右。

图 10-4 光敏传感器检测任务结果

实际中,大量的其他传感器如可燃气体传感器 TGS813、空气质量传感器 TGS2602 等,都是基于 ADC 转换驱动的,检测设计逻辑本质上是 ADC 外部通道转换。

任务 2　数字量采集与传感

一、任务描述

介绍常用的基于 IIC 总线的数字量传感原理及程序设计,要求实现温湿度数字量采集。

数字量是在时间和数值上都不连续的(离散)的物理量,信号幅度是由 0 和 1 组成的二进制编码,编码值的大小表示信号幅度的高低。数字量的幅度变化是最小量化单位的整数倍。在采集温湿度、人体体温、加速度等信息量时,相应传感器通常输出数字量。实际中,传感器输出的数字量通常以 IIC、SPI、串口通信、485 等总线的方式与传感器芯片进行传输。

二、必备知识

1. IIC 总线

IIC 也称为 I2C、I²C,它是由飞利浦公司半导体事业部(现恩智浦半导体公司)开发的一种串行通信总线,使用多主从架构,高速 IIC 总线一般可达 400 kbps 以上。IIC 总线不仅广泛应用于电路板级的内部通信,还可以在 CPU 与被控 IC 之间、IC 与 IC 之间进行双向通信。

IIC 总线分为硬件 IIC 和软件 IIC。硬件 IIC 对应芯片上的 IIC 外设,有相应 IIC 驱动电路,其所使用的 IIC 管脚也是专用的。软件 IIC 一般采用 GPIO 管脚,利用软件控制管脚状态,模拟 IIC 通信波形。硬件 IIC 的效率远高于软件 IIC,而软件 IIC 由于不受管脚限制,接口比较灵活。软件 IIC 通过 GPIO 与软件模拟寄存器的工作方式,而硬件 IIC 是直接调用内部寄存器进行配置。

2. IIC 总线物理层特性

IIC 总线有 2 根信号线,分别是数据线 SDA 和时钟线 SCL。SDA 是串行数据线,用来传输数据;SCL 是时钟线,用来控制数据发送的时序,同步通信双方的时钟。IIC 总线通过上拉电阻拉到高电平,当总线空闲时,两根线均为高电平。

IIC 总线连接示意如图 10-5 所示,各设备的 SDA 都接到总线的 SDA 上,各设备的时钟线 SCL 接到总线的 SCL 上。

每一个 IIC 器件都有唯一的器件地址,以确保不同设备之间访问的准确性。有的器件地址在出厂时就已经设定,用户不可以更改。有的器件如 EEPROM,前 4 个地址已经确定为 1010,后 3 个地址是由硬件链接确定的,因此一根 IIC 总线最多能连 8 个 EEPROM 芯片。

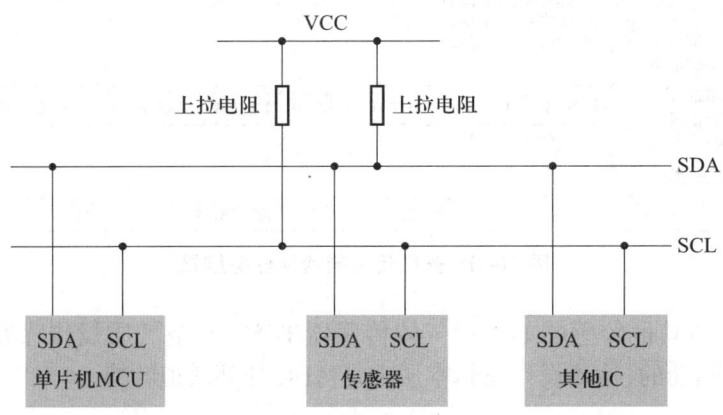

图 10-5　IIC 总线连接示意图

IIC 总线主要有以下特点:

(1) IIC 设备分为主设备和从设备,通常控制时钟线(即控制 SCL 的电平高低变换)的设备为主设备。IIC 主设备的功能主要为产生时钟、起始信号和停止信号;IIC 从设备主要用于可编程的 IIC 地址检测、停止位检测。

(2) IIC 支持多主控,其中任何一个能够进行发送和接收的设备都可以成为主总线。主控能够控制信号的传输和时钟频率。在同一时间点上只能有一个主控。

(3) 支持不同的通信速度,包括标准速度(最高 100 kHz)和快速(最高 400 kHz)。

(4) SCL 和 SDA 都需要接上拉电阻(大小由速度和负载决定,一般在 3.3~10 kΩ 之间)保证数据的稳定性,减少干扰。

(5) IIC 是半双工,而不是全双工,同一时间只可以单向通信。

(6) 为了避免总线信号的混乱,要求各设备连接到总线的输出端时必须是漏极开路(OD)输出或集电极开路(OC)输出。漏极开路即高阻状态,适用于输入/输出,其可独立输入/输出低电平和高阻状态,若需要产生高电平,则需使用外部上拉电阻。逻辑门的输出除有高、低电平状态外,还有高阻状态的门电路。高阻状态是三态门电路的一种状态。电路分析时高阻态可做开路理解。

3. IIC 总线工作原理

IIC 总线在传送数据过程中共有 3 种类型信号,即开始信号、结束信号和应答信号。

（1）开始信号：SCL 为高电平时,SDA 由高电平向低电平跳变,开始传送数据。

（2）结束信号：SCL 为高电平时,SDA 由低电平向高电平跳变,结束传送数据。

（3）应答信号：接收数据的 IC 在接收到 8 位数据后,向发送数据的集成电路发出特定的低电平脉冲,表示已收到数据。CPU 向受控单元发出一个信号后,等待受控单元发出一个应答信号,CPU 接收到应答信号后,根据实际情况判断是否继续传递信号。若未收到应答信号,则判断为受控单元出现故障。

注意,开发者通常进行主机编程控制,从机是自动硬件控制。要读取 IIC 总线接口的传感器数据,需要对主控 MCU 进行编程开发,从机自动进行 IIC 协议应答。

4. IIC 数据传输有效性

IIC 数据传输有效性时序如图 10-6 所示,SDA 在 SCL 时钟高电平期间必须稳定,以避免数据传输出错;只有当 SCL 时钟信号为低时,SDA 上的高电平或低电平状态才允许变化。当 SCL 为高电平时,SDA 上任何电平变化都会看作是总线的开始信号或者结束信号。

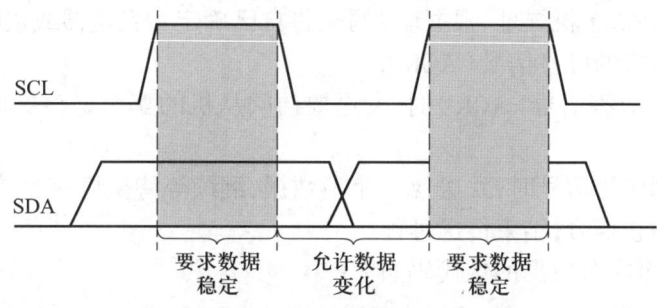

图 10-6　IIC 数据有效性时序示意图

IIC 一个字节有效数据传输时序如图 10-7 所示。当传输一个字节有效数据时,先传送最高位（MSB）,每传输完一个字节后都必须跟随一位应答位（一帧共有 9 位）。当一个字节按数据位从高位到低位的顺序传输完后,紧接着接收端拉低 SDA 线,回传给发送器一个应答位 ACK,此时一个字节才真正被传输完成。

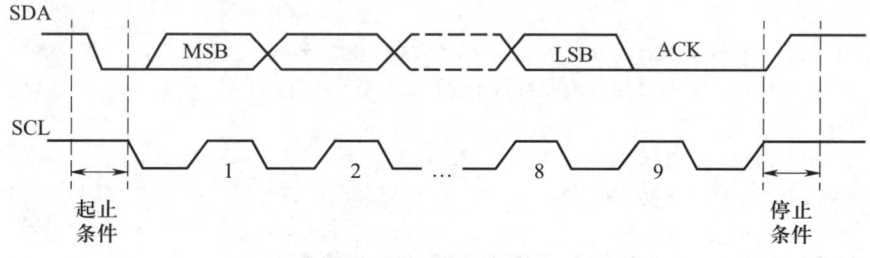

图 10-7　IIC 一个字节传输时序示意图

5. IIC 写操作

主机向从机发送写命令,需要解决两个问题：第一是要指明与哪个设备通信,因此需要发送待写从机设备地址;第二是需要指明写入从设备哪个寄存器地址,因此需要发送待写寄存器地址。写操作时,SDA 总线时序如图 10-8 所示。

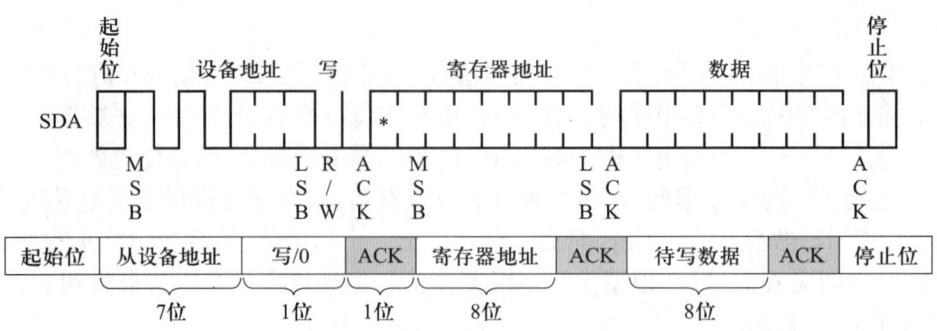

图 10-8 IIC 写时序示意图（无填充：主→从，有填充：从→主）

由图 10-17 可知，主机向从机写操作主要涉及的步骤如下：

（1）主机产生 START 信号；

（2）主机发送一个从机地址（共有 7 位），紧接着的第 8 位是数据方向位（R/W），0 表示主机发送数据（写），1 表示主机接收数据（读）；

（3）主机发送地址后，总线上的每个从机都将这 7 位地址码与自己的地址进行比较。若相同，则认为自己正在被主机寻址，根据读/写位将自己确定为发送器或接收器；

（4）主机等待从机的应答信号（ACK）；

（5）当主机收到应答信号（ACK）时，发送要访问从机的哪个寄存器地址，继续等待从机的应答信号；

（6）当主机收到应答信号时，发送 N 个字节数据，继续等待从机 N 次应答信号；

（7）主机产生停止信号，结束传送过程。

IIC 主机发送 1 个字节数据的伪代码如下：

```
/*-----IIC 发送1个字节数据伪代码----*/
void IIC_Send_Byte(u8 data)
{
    u8 t;
    IIC_SDA_OUT();// 设置 SDA 为输出方向
    IIC_SCL=0;// 拉低时钟开始数据传输
    for(t=0;t<8;t++)// 从高位开始逐位传输
    {
        if(data &0x80)//IIC_SDA=txd&0x80;// 获取最高位
        IIC_SDA=1;// 如果当前位为1,数据线 SDA 上置1
        else
        IIC_SDA=0;// 数据线 SDA 上置0
        data<<=1;// 数据左移一位
        Delay_us(2);
        IIC_SCL=1;// 发送数据:SCL 高电平保持 SDA 数据不变
        Delay_us(2);
        IIC_SCL=0;// 上一个数据发送完,为下一个数据发送准备
        Delay_us(2);
    }
}
```

6. IIC 读操作

主机读取从机数据时,SDA 数据线时序如图 10-9 所示。

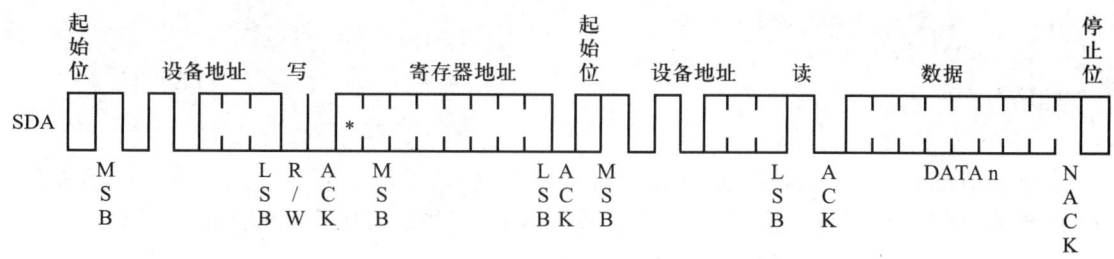

图 10-9 IIC 读数据数据线时序示意图

主机读取从机数据的步骤如下:

(1)主机产生 START 信号;

(2)主机紧跟着发送一个从机地址,注意此时该字节的第 8 位为 0,表明向从机写命令;

(3)主机等待从机的应答信号(ACK);

(4)主机收到应答信号,发送要访问的寄存器地址,继续等待从机的应答信号;

(5)当主机收到应答信号后,主机要改变读/写模式(主机将由发送变为接收,从机将由接收变为发送),所以主机重新发送一个开始 START 信号,然后紧跟着发送一个从机地址,注意此时该字节的第 8 位为 1,表明将主机设置成接收模式开始读取数据;

(6)主机等待从机的应答信号,主机收到应答信号后,继续接收 1 个字节的数据;当接收完成后,主机发送非应答信号,表示不再接收数据;

(7)主机进而产生停止信号,结束传送过程。

根据图 10-18 可知,读操作涉及从机地址和寄存器地址的发送。数据发送前述已详细介绍,因此这里给出 IIC 主机读取 1 个字节数据的伪代码如下。其中形式参数为确认信号,如果形式参数值为 0 则表明主机接受完数据后需要返回一个 ACK 给从机;如果形式参数值为 1 则表明主机接收完数据后需要返回一个 NACK 给从机。

```
/*---IIC 读 1 个字节数据伪代码----*/
//ack=1,发送 ACK,ack=0,发送 NACK
u8 IIC_Read_Byte( unsigned char ack )
{
unsigned char i, rxData=0;
IIC_SDA_IN( );// 设置 SDA 为输入方向
for( i=0; i<8; i++ )// 从高位开始一次逐个读取
{
IIC_SCL=0;// 数据准备
Delay_us( 2 );
IIC_SCL=1;// 时钟高电平时,主机开始读数据,从机不能再改变数据
if( SDA )// 如果接收到的是 1
rxData ++;
rxData<<=1;
Delay_us( 1 );
```

```
    }
    if(!ack)// 如果主机需要给从机发送非应答
        IIC_NACK( );// 发送 NACK
    else// 如果主机需要给从机发送应答
        IIC_ACK( );// 发送 ACK
    return rxData;
}
```

在读字节函数中,首先需要将 SDA 引脚设置为输入,然后按照时序从高位开始逐位读取 SDA 的数值;最后,根据确认信号发送 ACK 或者 NACK,并返回接收到的数值。

三、任务实施

常见的 IIC 传感器有温湿度传感器 SHT1x、SHT3x,体温传感器 MLX90615、心率传感器 MAX30105、加速度传感器 KX022-1020 等。本任务以 SHT1x 为例进行介绍。

1. SHT1x 概述

SHT1x(包括 SHT10、SHT11 和 SHT15)属于 Sensirion 温湿度传感器家族中的贴片封装系列。SHT1x 传感器将湿度测量、温度测量、信号变换、A/D 转换等功能集合到一个芯片上,该芯片包含一个电容性聚合体湿度敏感元件和一个用能隙材料制成的温度敏感元件,这两个敏感元件分别将湿度和温度转换成电信号,该信号首先进入微弱信号放大器进行信号放大,然后作为 ADC 的输入的进行 A/D 转换,最后经过 IIC 接口输出数字信号。该类传感器将传感元件和信号处理电路集成在一块微型电路板上,输出完全标定的数字信号。该类传感器具有体积小、响应速度快、接口简单、性价比高等优点。

SHT11 有 4 个有效引脚,分别为地(GND)、数据(DATA)、时钟(SCK)和电源(VDD)。各引脚描述见表 10-1。其中 DATA 对应 IIC 的 SDA 总线,SCK 对应 IIC 的 SCL 总线。

表 10-1 SHT11 引脚

引脚	名称	描述
1	GND	地
2	DATA	串行数据,双向
3	SCK	串行时钟,输入口
4	VDD	电源
NC	NC	必须为空

图 10-10 是 SHT11 温湿度传感器典型的应用电路,包括上拉电阻 R_P,以及 VDD 与 GND 之间的去耦电容。

2. SHT1x 基本工作过程

（1）启动传感器

首先,选择供电电压后将传感器通电,上电速率不能低于 1 V/ms。通电后传感器需要等待 11 ms 进入休眠状态,在此之前不允许对传感器发送任何命令。

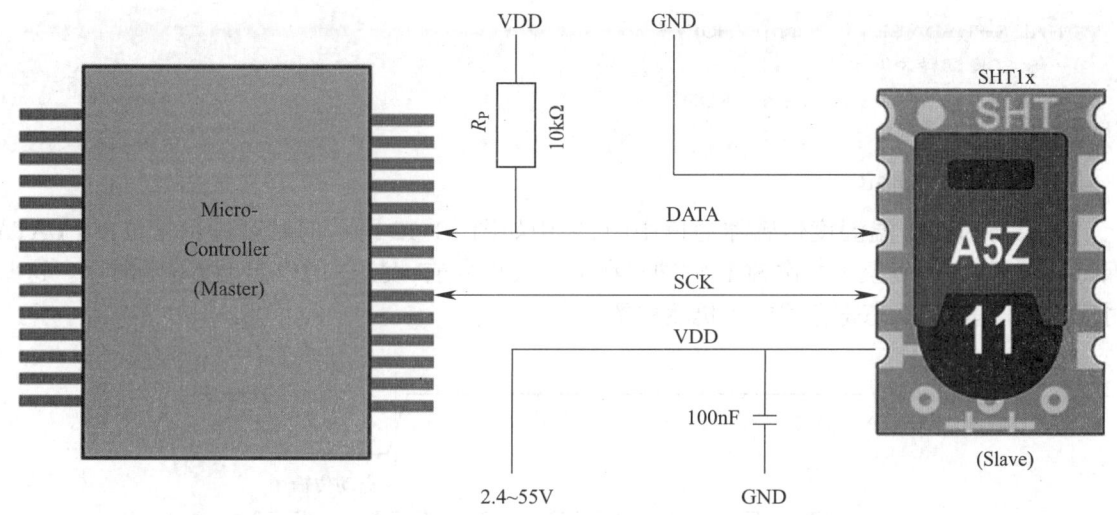

图 10-10　SHT11 典型应用电路

（2）初始化启动转换

SHT1x 进行温湿度测量前首先需要启动传输。用一组"启动传输"时序来表示数据传输的初始化。温湿度传感器"启动传输"时序如图 10-11 所示。当 SCK 时钟为高电平时，DATA 翻转为低电平，紧接着 SCK 变为低电平，随后在 SCK 时钟高电平时，DATA 翻转为高电平。

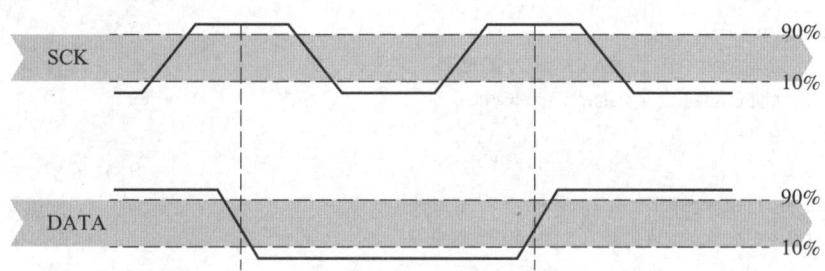

图 10-11　温湿度传感器 SHT11 "启动传输" 时序

根据图 10-11，"启动传输"对应函数伪代码如下：

```
/*----SHT1x 温湿度传感器"启动传输"伪代码 ----*/
void SHT_start( )
{
SHT_DATA_DIR_OUT( );//DATA 设为输出 HAL_SHT_SDA_SET( );// 准备
HAL_SHT_SCK_SET( ); asm( "NOP" );
//1. SCK 高电平时 SDA 翻转为低电平
HAL_SHT_SDA_CLR( ); asm( "NOP" );
//2. SCK 为低电平
HAL_SHT_SCK_CLR( ); asm( "NOP" );
//3. SCK 翻转为高电平
HAL_SHT_SCK_SET( ); asm( "NOP" );
//4. SDA 翻转为高电平
```

```
HAL_SHT_SDA_SET( );asm("NOP");
//5. SCK 翻转为低电平
HAL_SHT_SCK_CLR( );asm("NOP");
}
```

（3）通信复位时序

如果与SHT1x温湿度传感器通信中断，采用如图10-12所示的时序进行复位：当DATA保持高电平时，触发至少9次SCK时钟。在下一次指令前，发送一个"启动传输"时序。这些时序只复位串口，状态寄存器内容仍然保留。

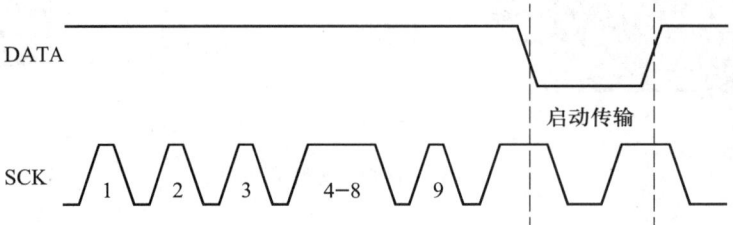

图 10-12　SHT1x 温湿度传感器通信复位时序

```
/*---- 通信复位函数伪代码 ----*/
void comm_reset(void)
{
  unsigned char i;
  HAL_SHT_SDA_SET( );//DATA 设为高电平
  HAL_SHT_SCK_CLR( );//SCK 设为低电平
  for(i=0;i<9;i++)
  {
      HAL_SHT_SCK_SET( );//SCK 设为高电平
      HAL_SHT_SCK_CLR( );//SCK 设为低电平
  }
  SHT_start( );
}
```

（4）SHT1x 状态寄存器

SHT1x的某些高级功能可以通过给状态寄存器发送指令来实现，如选择测量分辨率、电量不足提醒、使用OTP加载或启动加热功能等。SHT1x状态寄存器特性见表10-2。

表 10-2　SHT1x 状态寄存器特性

位	类型	描述	默认值及说明	
7	—	保留	0	/
6	R	电量不足（低电压检测） 0: VDD>2.47 V　　1: VDD<2.47 V	X	无默认值，此位仅在测量结束后更新
5	—	保留	0	/

续表

位	类型	描述	默认值及说明	
4	—	保留	0	/
3	—	仅供测试,不使用	0	/
2	R/W	加热	0	关
1	R/W	不从 OTP 加载	0	加载
0	R/W	1：8 bit RH/12 bit 湿度分辨率 0：12 bit RH/14 bit 温度分辨率	0	12 bit RH 或 14 bit 温度分辨率

① 测量分辨率：默认分辨率 14 bit（温度）和 12 bit（湿度）可以分别被降低为 12 bit 和 8 bit。尤其适用于要求测量速度极高或者功耗极低的应用场景；

② 电量不足提醒功能：在电压不足 2.47 V 时发出警告。精度为 ±0.05 V；

③ 启动加热：可通过向状态寄存器内写入命令启动传感器内部加热器。加热器可以使传感器的温度高于周围环境 5℃~10℃；

④ OTP 加载：开启此功能,标定数据将在每次测量前被上传到寄存器。如果不开启此功能,可减少大约 10 ms 的测量时间。

在读状态寄存器或写状态寄存器之后,8 位状态寄存器的内容将被读出或写入。状态寄存器写操作数据传输格式如图 10-13 所示,其中,TS 表示传输开始,然后发送写命令 00000110,收到确认 ACK 后,由高向低逐位传输,传输完成后发送 ACK 确认。

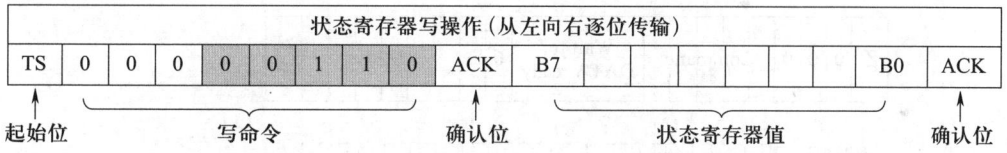

图 10-13　状态寄存器写操作数据传输格式

状态寄存器读操作数据传输格式如图 10-14 所示,先发送给开始传输传输信号,然后发送读命令 00000111,收到确认 ACK 后,由高向低逐位传输,传输完成后发送 ACK 确认,最后,发送 CRC-8 校验位及确认 ACK。

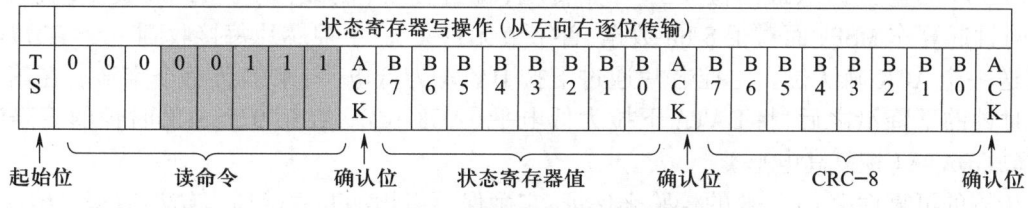

图 10-14　状态寄存器读操作数据传输格式

3. 温湿度测量

"启动传输"后,后续命令包含 3 个地址位（目前只有 000）和 5 个命令位。SHT 命令集见表 10-3。

表 10-3　SHT 命令集

命令	代码
预留	0000x
温度测量	00011
湿度测量	00101
读状态寄存器	00111
写状态寄存器	00110
预留	0101x~1110x
软复位、接口复位、状态寄存器复位即回复为默认状态；在发送下一个命令前，至少需要等待 11 ms	11110

由表 10-3 可知，命令 0000 0101 表示湿度测量，命令 0000 0011 表示温度测量。

主控芯片发布一组测量命令（00000101 表示相对湿度 RH，00000011 表示温度 T）后，要等待 SHT1x 测量结束。这个过程需要大约 20（/80/320）ms，对应 8（/12/14）bit 测量。确切的时间随内部晶振速度变化，变化范围约为 ±30%。SHT1x 温湿度测量时序如图 10-15 所示。

由图 10-15 可知，主控芯片启动传输，然后发送一个字节的检测命令，接着将 DATA 引脚设为输入，接收来自 SHT11 的确认位 ACK（低电平）。然后，主控芯片进入等待状态，等待 SHT11 完成测量后，就会收到来自 SHT11 发送的数据，包含 2 个字节的测量数据和 1 个字节的 CRC 奇偶校验数据。

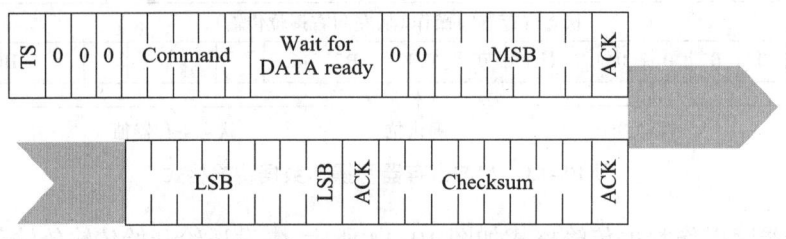

图 10-15　SHT1x 温湿度测量时序

注：TS：开始传输；MSB= 最高有效字节；LSB= 最低有效字节。

SHT11 测量数据从最高位 MSB 开始传输，右值有效（例如：对于 12 bit 数据，从第 5 个 SCL 时钟起算作 MSB；而对于 8 bit 数据，首字节无意义）。主控芯片每接收到一个字节数据，就发送一个 ACK 确认位。主控芯片通过下拉 DATA 为低电平，来确认每个字节。在第 8 个 SCL 时钟的下降沿之后，将 DATA 下拉为低电平（ACK 位）。在第 9 个 SCL 时钟的下降沿之后，释放 DATA（恢复高电平）。

传输的可靠性由 CRC-8 的校验来保证，它确保可以检测并去除所有错误数据。传输完 2 个字节的测量数据和 ACK 确认位后，SHT11 还将传输 1 个字节的校验位。8 bit 的校验位传输完成后，SHT11 发送一个高电平确认位 NACK 表示通信结束。

在收到 CRC 的确认位之后，表明通信结束。如果不使用 CRC-8 校验，控制器可以在测量值 LSB 后，通过保持 ACK 高电平终止通信。在测量和通信完成后，SHT11 自动转入休眠模式。

可用 $T=d_1+d_2 \times SO_T$ 将数字输出（SO_T）转换为温度值，转换系数见表 10-4。

表 10-4 SHT1x 温度值转换系数

VDD(V)	d_1(℃)	d_1(℃)	SO_T(bit)	d_2(℃)	d_2(℉)
5	−40.1	−40.2	14	0.01	0.018
4	−39.8	−39.6	12	0.04	0.072
3.5	−39.7	−39.5			
3	−39.6	−39.3			
2.5	−39.4	−38.8			

由实训主控板的电路图可知，当电源电压 VDD=3.3 V 时，根据上述温度数据转换系数表，在默认的 14 bit 分辨率下，可取温度转换系数 d_1=36.5℃，d_2=0.01℉。

可用 $RH_{linear}=c_1+c_2 \cdot SO_{RH}+c_3 \cdot SO_{RH}^2$ 将数字输出（SO_{RH}）转换为湿度值，其中转换系数见表 10-5。

表 10-5 SHT1x 湿度值转换系数

SO_{RH}(bit)	c_1	c_2	c_3
12	−2.0468	0.0367	−1.5955E−6
8	−2.0468	0.5872	−4.0845E−4

由于实际温度与测试参考温度 25℃ 的显著不同，湿度信号需要温度补偿。可用 $RH_{ture}=(T_℃-25) \cdot (t_1+t_2 \cdot SO_{RH})+RH_{linear}$ 进行校正，温度校正粗略对应于 0.12%RH/℃ @50%RH，温度补偿系数见表 10-6。

表 10-6 SHT1x 温度补偿系数

SO_{RH}(bit)	t_1(℃)	t_2(℃)
12	0.01	0.00008
8	0.01	0.00128

根据温度转换公式和系数补偿表，14 bit 测量精度下温度转换函数如下：

```
/*---- 温度换算函数 ----*/
/* 将检测的数据转化为温度 temp=d1+d2*SOt
   d1=-39.65, d2=0.01 适用于 14 位测量精度 */
float SHT_temp14bit( uint dat )
{
    float temp;
    temp=0.01*dat - 39.65;
    return temp;
}
```

根据湿度转换公式和系数补偿表，12 bit 测量精度下湿度转换函数如下：

```c
/*----- 湿度换算函数 -----*/
/* 将检测数据转化为湿度；适用于 12 位分辨率情况
float SHT_hum12bit( uint dat, float temp )
{
  float RHline, RHtrue;
  const float C1=-2.0468, C2=0.0367, C3=-1.5955E-6;
  const float t1=0.01, t2=0.00008;
  RHline=C1+C2*dat+C3*dat*dat;
  RHtrue=( temp-25 )*( t1+t2*dat )+RHline;
  if( RHtrue>100 )
  RHtrue=100;
  else if( RHtrue＜0.1 )
  RHtrue=0.1;
  return RHtrue;
}
```

4. SHT1x 温湿度传感器驱动程序设计

温湿度测量函数的定义如下，包含 p_value、p_checksum 和 mode 3 个形式参数。p_value 表示测量结果存放的首地址，p_checksum 表示校验数据的地址，mode 表示测量的模式，mode=0x03 时表示温度测量和 mode=0x05 时表示湿度测量。

```c
/*------ 温湿度测量函数 -----*/
char measure( uchar *p_value, uchar *p_checksum, uchar mode )
{
    unsigned char error=0;
    unsigned int i;
    comm_reset( );// 通信复位
    switch( mode )
    {//mode=0 温度测量，mode=1 湿度测量
        case 0: error+=write_byte( measure_temp ); break;
        case 1: error+=write_byte( measure_humi ); break;
        default : break;
    }
    HAL_SHT_SDA_DIR_IN( );// 设置 DATA 引脚为输入
    for( i=0; i＜65535; i++ )// 等待测量结束
    {
        SHT11_DELAY( 10 );
        if( HAL_SHT_SDA_VAL( )==0 )break;// 若测量结束，跳出等待
    }
    if( HAL_SHT_SDA_VAL( ))// 若接收数据不同，则错误加 1
    {
        error+=1;
    }
    *( p_value+1 )=read_byte( ACK );// 读取高字节，ACK=0
    *( p_value )=read_byte( ACK );// 读取低字节，ACK=0
```

```
  *p_checksum=read_byte( NACK );// 读 CRC-8 数据，NACK=1
  return error;
}
```

在温湿度测量函数中，首先调用 comm_reset( ) 函数进行通信复位并启动传输，然后调用 send_byte( ) 函数发送具体命令进行测量，发送完测量命令后，将 DATA 引脚设置为输入，然后等待测量结束，程序中用一个循环等待的方式实现，一旦检测到 DATA 引脚为低电平，表明测量结束，开始从 SHT1x 读取数据，从高字节开始读数据，每读取一个字节后主控芯片发送一个 ACK 确认位，最后，读取一个字节的 CRC 校验数据。

根据上述温湿度测量时序及原理，SHT1x 温湿度采集转换函数如下，其中包含 temp_real 和 humi_real 2 个形式参数，temp_real 表示温度数据存放指针，humi_real 表示湿度数据存放指针。在该函数体内，调用 s_measure( ) 函数进行温湿度数据的测量，然后调用 SHT_temp14bit( ) 和 SHT_hum12bit( ) 进行温湿度数据的转换。

```
/*-----SHT 温湿度采集函数-----*/
call_SHT1x( float *temp_real, float *humi_real )
{
  int humi_val, temp_val;
  unsigned char error=0, checksum;
  *temp_val=0;
  *hum_val=0;
    // 启动 SH1x 的温度测量
  error+=measure(( unsigned char* )&temp_val, &checksum, 0 );
    // 启动 SH1x 的湿度测量
  error+=measure(( unsigned char* )&humi_val, &checksum, 1 );
  if( error!=0 )
  {
      // 测试错误，进行软复位
    comm_reset( );
  }
  else
  {
      // 测试数据处理
    *temp_real=SHT_temp14bit( temp_val );
      // 计算温湿度实际值
    *humi_real=SHT_hum12bit( humi_val, temp_real );
  }
}
```

5. SHT1x 温湿度采集与显示程序设计

SHT11 温湿度传感器的时钟线和数据线连接实训主控板上的 SCL 和 IIC SDA。由实训主控板电路原理可知，I2C_SDA 连接在 CC2530 的 P2_3 引脚模拟模拟传感器的数据线 DATA，I2C_SCL 连接在 CC2530 的 P2_4 引脚模拟时钟时序 SCK。

本任务若想实现温湿度数据的周期性采集和串口显示。例如，每隔 2 s 周期性采集一次温湿度数据，并通过串口通信发送到 PC 进行显示，则可编写 SHT1x 温湿度采集与串口通信的主函数如下：

```
/*--- SHT1x 温湿度采集主函数 -----*/
void main( void )
{
char str[25]={0};// 字符串数组
float temp_real, float humi_real;
init_clock( );// 时钟初始化,选择 32MHz 时钟源
init_UART0( );// 串口 0 初始化
while(1)
{
call_SHT1x( &temp_real, &humi_real );
sprintf( str,"温度值:%.1f C,湿度值:%.1f%%\n", temp_real, humi_real );
UartTX0_str( str );// 串口发送字符串
Delay_ms( 2000 );// 延时 2s
}
}
```

上述主函数中,每隔 2 s 调用 call_SHT1x(&temp_real,&humi_real) 进行温湿度采集,并将采集的温度和湿度值分别保存在 temp_real 和 humi_real 变量中。然后,调用 sprintf 将温湿度值转换为字符串,最后,调用 UartTX0_str( ) 通过串口 0 将检测结果发送到 PC 进行显示。

6. 任务结果

连接好硬件,并将上述代码下载到实训主控板中,可以观察到如图 10-16 所示的结果,在串口调试助手界面中每隔 2 s 周期显示检测到的温度和湿度数据值。

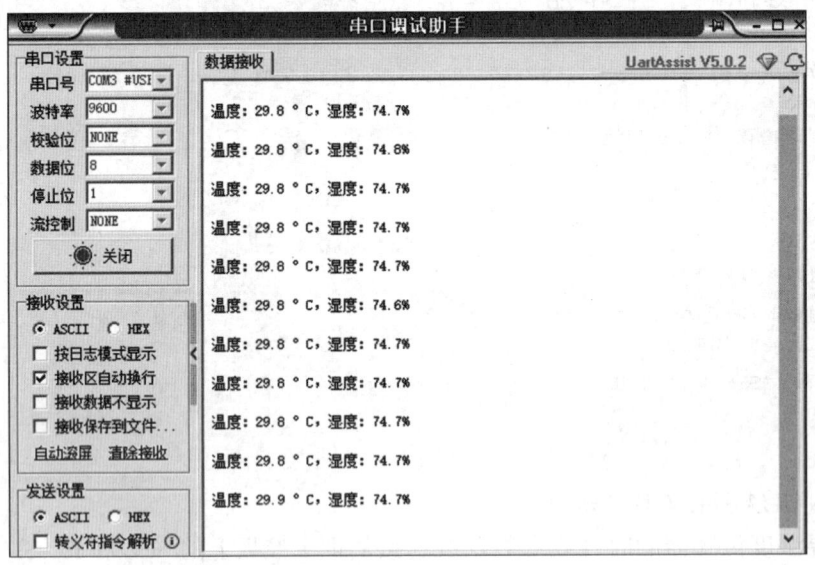

图 10-16 温湿度数据采集与显示界面

任务3 开关量采集与传感

一、任务描述

开关量只有开或关两种状态,分别对应于数字量的 0 或 1。常见的开关量传感器有人体红外传感器、声音传感器等。本任务要求基于 HC-SR501 人体红外传感模块进行开关量传感应用开发,实现当人体在红外传感模块附近活动时,实训主控板上的 LED 点亮;人体离开红外传感模块检测范围,实训主控板上的 LED 熄灭。

人体红外检测可以采用查询红外引脚 OUT 高低电平的方式进行检测。当检测到人体时,OUT 引脚为高电平,此时,LED 引脚输入高电平即可点亮 LED。

HC-SR501 与 CC2530 主控芯片连接原理如图 10-17 所示。由连接原理图可知,HC-SR501 的输出通过三极管放大连接在 INT 标签上,而 INT 标签连接在 CC2530 的 P0_1 引脚。因此,CPU 只需要不断查询 P0_1 引脚电平高低来确定是否检测到人体。LED 负极接地,正极连接在 CC2530 的 P1_0 引脚,在这个引脚输出高电平即可点亮 LED。

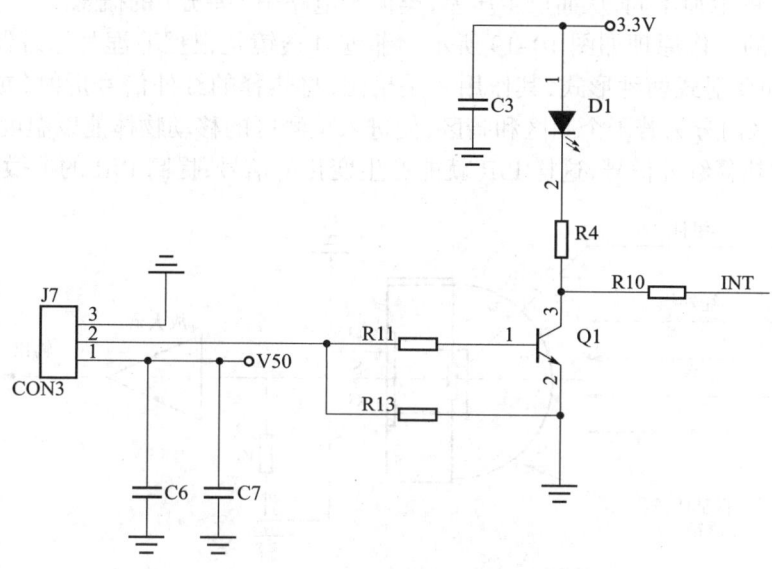

图 10-17　HC-SR501 与 CC2530 的连接原理

二、必备知识

1. HC-SR501 工作原理概述

HC-SR501(图 10-18)的基本原理是人体红外辐射,任何大于绝对零度的物体都会向外发射能量。而人体有恒定的体温,一般在 37℃,会发出特定波长(10 μm 左右)的红外线,因此,HC-SR501 也称为被动式红外传感器(Passive Infrared sensor,PIR),其本身并不会主动探测任何目标。被动式红外探头正是根据这一点,通过菲涅耳透镜对辐射进行过滤,只保留波长在 10 μm 以下(根据透镜的齿纹有所不同)的辐射,然后由热释电元件接收过滤后的电波,在其表面产生热释电效应进而产生电流。

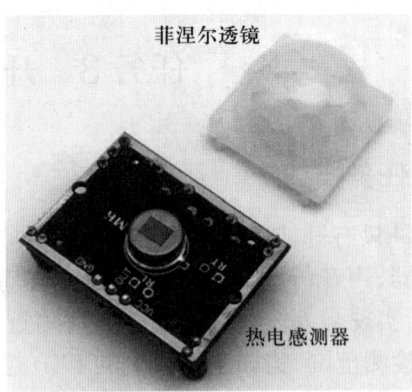

图 10–18　HC-SR501 实物图

热释电元件在接收到人体红外辐射温度发生变化时就会失去电荷平衡,向外释放电荷,后续电路经检测处理后就能产生报警信号。

HC-SR501 通过两个热释电元件串联或并联的方式来实现。当没有热量变化时,两个热释电元件对周围温度的感知会产生相同的极化电荷,之间没有压差;当有热量变化时,两个热释电元件上产生的电荷不同,从而产生压差,类似于电路中"差分"的概念。

HC-SR501 的工作原理如图 10–19 所示。菲涅耳透镜是根据菲涅耳原理制成,菲涅耳透镜分为折射式和反射式两种形式,其作用一是聚焦,将热释的红外信号折射(或反射)在 PIR 上;二是将检测区内分为若干个明区和暗区,使进入检测区的移动物体能以温度变化的形式在 PIR 上产生变化热释红外信号,这样 PIR 就能产生变化电信号,提高 PIR 的灵敏度。

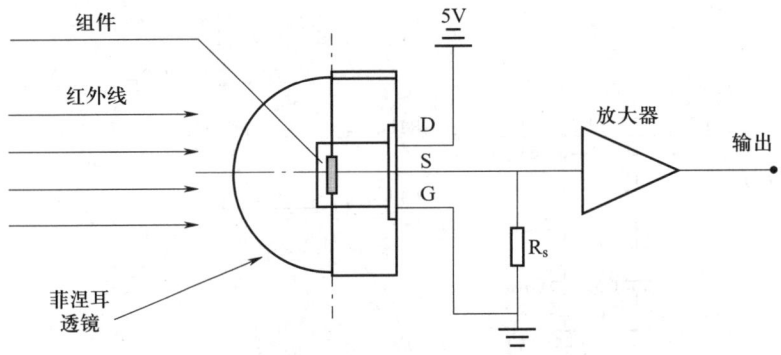

图 10–19　HC-SR501 工作原理

2. HC-SR501 的特性

HC-SR501 模块(图 10-20)有 3 根引脚,名称与功能如下:VCC 为外接供电电源输入端;GND 为地线;OUT 为输出引脚,在检测到人体时,输出高电平。

左下侧是 2 个电位器,其中一个用来调整感测器的灵敏度或距离,另一个用来调整延时。调节距离电位器顺时针旋转,感应距离增大(最大约 7 m);反之,感应距离减小(最小约 3 m)。调节延时电位器顺时针旋转,感应延时加长(最长约 200 s),反之,感应延时减短(最短约 0.5 s)。

模块左上方还有 3 个引脚可以两两组成跳线,用来选择触发 trigger 模式。连接"L"标识的两个引脚跳帽表示执行不可重复的 trigger 模式,连接"H"标识的两个引脚跳帽表示执行可重复的 trigger 模式。

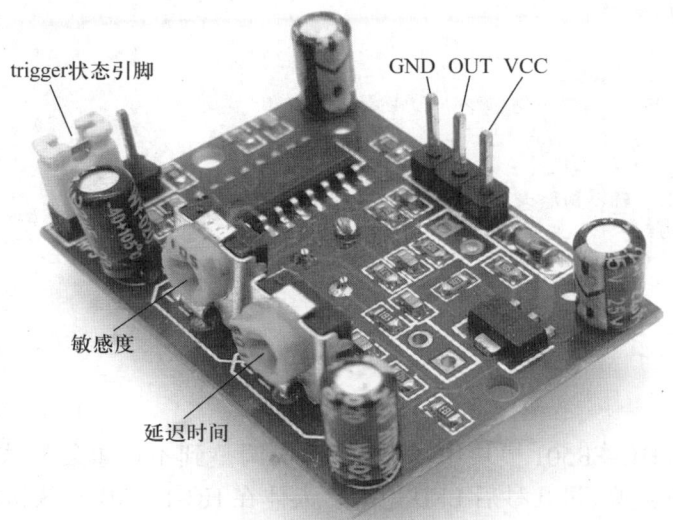

图 10-20 HC-SR501 引脚图

不可重复触发方式（L）：检测到人体后输出高电平，延时时间一结束，输出将自动从高电平变为低电平。

可重复触发方式（H）：检测到人体后输出高电平，在延时时间段内，如果有人体在其感应范围内活动，其输出将一直保持高电平，直到人离开后才延时将高电平变为低电平（感应模块检测到人体的每一次活动后会自动顺延一个延时时间段，并且以最后一次活动的时间为延时时间的起始点）。

注意，传感器模块供电后，大约需要预热 20~60 s，以便正常工作，在此等待时间内，不要试图改变其感测状态，并且在每次感测完之后需要有 3 s 左右的冷却时间，才能再次感测。

HC-SR501 的主要优点：全自动感应，当人进入其感应范围则输出高电平，人离开感应范围则自动延时关闭高电平，输出低电平；灵敏度高；可靠性强；超低电压工作模式；性价比高。

HC-SR501 主要缺点：容易受各种热源、光源、和射频辐射的干扰；被动红外穿透力差，人体的红外辐射容易被遮挡，不易被探头接收；环境温度和人体温度接近时，探测和灵敏度明显下降，有时造成短时失灵。

三、任务实施

1. 函数设计

根据上述任务分析和电路分析，可以得到人体红外检测函数如下。该函数定义了传感器引脚 P0_1 的宏定义为 SENSOR_IN，LED 的宏定义为 P1_0。在 main( ) 函数中，进行 LED 初始化 [init_LED( ) 函数在 GPIO 单元已详细介绍]，设置 LED 对应的 CC2530 GPIO 引脚为输出方向。在 while(1) 循环中，不断查询 SENSOR_IN 是否为高电平。如果是高电平，则表明红外传感器检测到人体，此时，根据项目要求设置 LED 正极为高电平，从而点亮 LED。

```
/*---人体红外传感器检测函数-----*/
#include<ioCC2530.h>
#define SENSOR_IN P0_1
```

```c
#define LED P1_0
void main( )
{
    init_LED( );//LED 正极引脚对应方向寄存器设为输出
    while(1)
    {
        if( SENSOR_IN )// 输入引脚是否为低电平
            LED=1;// 检测到人体 LED 点亮
        else
            LED=0;
    }
}
```

2. 任务结果

将代码下载到 HC-SR501 模块中,将红外模块调整到不可重复模式,当人体走进 HC-SR501 模块时,LED 点亮,过几秒后 LED 熄灭。人体在 HC-SR501 模块检测范围内但保持不动,LED 灯熄灭。人体远离 HC-SR501 模块检测范围,LED 熄灭。在检测范围内,检测到人体移动后 LED 点亮一段时间后熄灭,这是因为 HC-SR501 模块检测到人体后延迟一段时间自动输出低电平。

将红外模块调整到重复模式,人体走进 HC-SR501 模块,LED 点亮,过几秒后 LED 熄灭。如果人体一直在 HC-SR501 模块检测范围内运动,LED 将持续点亮,直到人体停止运动,LED 熄灭。

项目小结

本项目介绍了模拟量、数字量和开关量 3 类信号量的采集原理和程序设计思路,为实际应用中环境信息采集提供参考。其中模拟量采集是基于 ADC 转换的应用,主要有光敏传感器、气体传感器等。数字量采集主要基于 IIC 总线的传感器数字量获取。开关量传感主要是指传感器开/关状态(数字 0/1 状态)的检测,本项目以常见的人体红外传感器为例,介绍了开关量采集程序设计思路。本项目小结如图 10-21 所示。

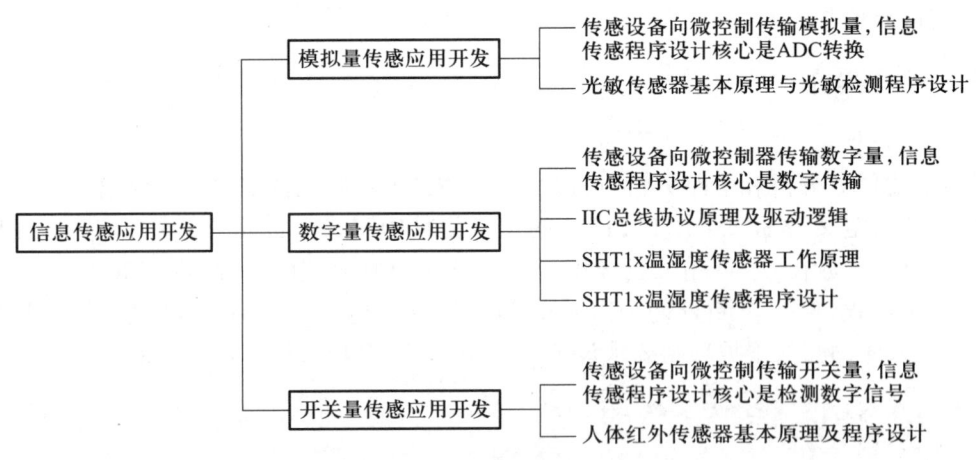

图 10-21　信息采集与传感项目小结

项目实训

1. 简述模拟量采集与传感的基本原理、程序设计思路及常见的模拟量采集传感器。
2. 信息采集的本质是将现实世界的物理量转换为数字量,如何理解数字量采集与传感?
3. 如何理解开关量采集与传感?

项目 11

Basic RF 点对点无线组网

项目目标

1. 了解 Basic RF 的基本特点和组织架构。
2. 掌握基于 Basic RF 软件包的工程创建与配置。
3. 掌握基于第三方库的传感器数据采集。
4. 掌握 Basic RF 无线通信的基本要素。
5. 理解无线通信数据帧构造原理和方法。
6. 掌握基于 Basic RF 温湿度数据无线数据发送。
7. 掌握基于 Basic RF 火焰数据无线数据发送。
8. 掌握基于 Basic RF 无线数据接收原理和程序设计。
9. 掌握基于 Basic RF 无线接收数据解析原理和程序设计。
10. 掌握汇聚节点网关透传原理和方法。
11. 掌握云平台任务创建和配置。
12. 掌握物联网网关配置。
13. 理解端—管—云的无线传感网络架构。

任务 1　基于 Basic RF 新建工程

一、任务描述

基于 Basic RF 软件包和传感器采集库函数,新建工程,配置工程,修改硬件接口程序。

二、必备知识

Basic RF 是 TI 公司提供的一种简单的点对点协议。Basic RF 包含 IEEE 802.15.4 标准的无线数据包的收发功能,但它不是协议栈,只能实现点对点的无线通信。Basic RF 的特点如下:
(1) 不会自动加入协议、也不会自动扫描其他节点;
(2) 没有协议栈里所说的协调器、路由器或者终端的区分,节点的地位都是相等的;
(3) 没有自动重发的功能。

Basic RF 架构如图 11-1 所示,其中 Basic RF 软件包含应用层、Basic RF 层和硬件抽象层。
应用层:为用户使用 Basic RF 层和硬件抽象层提供接口。
Basic RF 层:为双向无线传输提供一种简单的点对点协议。注意,Basic RF 层不包含

学习单元 4

端—管—云架构的 ZigBee 无线传感网络开发

硬件。

硬件抽象层（Hardware Abstraction Layer，HAL）：为访问无线和板载外设，如 LCD、UART、joystick、按键、定时器等提供访问接口。

Basic RF 软件包可以在 TI 官网下载，选择"CC2530–Software Examples(Rev.B)"进行下载即可。

在安装目录的 source/components 子文件夹中，存放 Basic RF 的底层驱动文件，包括 Basic RF 协议、HAL 层驱动文件、加密文件、系统驱动文件等，是二次开发的主要资源文件，如图 11-2 所示。

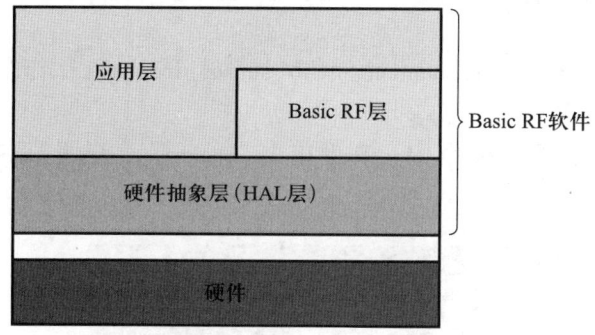

图 11-1　Basic RF 架构

图 11-2　Basic RF 软件 source/components 文件夹目录

三、任务实施

1. 解析 Basic RF 软件包

本书将采用新大陆公司提供的库文件，包含 CC2530_lib 文件夹和 sensor_drv 文件夹。

CC2530_lib 文件夹是"1+X"评价组织对 TI BasicRF 源库修订后的库文件。sensor_drv 文件夹包含了"1+X"评价组织提供的第三方传感器采集库文件。

2. 组织工程文件目录

正式启动 IAR 新建工程前，需要在计算机硬盘某个路径下新建工程文件目录，步骤如下：

（1）新建工程文件夹"D:\zigbee"（自定义，可选择其他路径和文件夹名称）；

（2）在该工程文件夹内新建一个 Project 文件夹，用于存放工程文件；

（3）将"1+X"评价组织提供的 Basic RF 库文件 CC2530_lib 文件夹和 sensor_drv 文件夹复制到该工程文件夹内。

新创建的工程文件包含 CC2530_lib 文件夹、Project 文件夹和 sensor_drv 文件夹。

3. 新建 IAR 工程

（1）在 IAR 界面，点击"Project"→"New Project"，选择"空模板"，在弹出的"另存为"对话框下输入自定义的 IAR 工程名，然后点击 ▣ 图标保存工作空间（Workspace）。工作空间文件类型为 .eww，工作空间文件名可自定义。本任务中，工程和工作空间都命名为 ZigBee。

（2）新建分组。分组的主要目的是将不同库文件包含在不同的工作组中，便于库文件管理。左键单击工程名称后，单击右键，选择"Add"→"Add Group"，如图 11-3 所示。弹出如图 11-4 所示的添加组对话框，输入工作组名称（Group name），例如输入"app"，然后点击"OK"按钮。在工作空间栏，将自动生成如图 11-5 所示的界面。

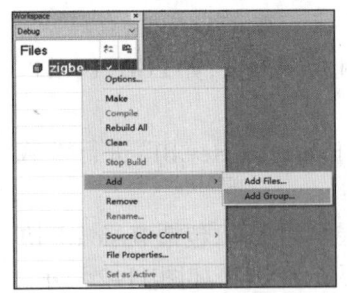 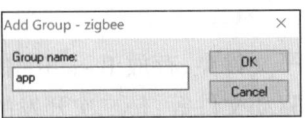 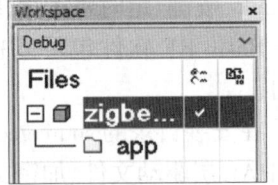

图 11-3　新建分组 group　　　图 11-4　添加组名称对话框　　　图 11-5　工作空间栏 app 分组界面

（3）用同样的方法，在工程中新建 basicrf、board、common、mylib、sensor_drv、utils 工作组。完成后的工作空间栏分组界面如图 11-6 所示。

（4）添加文件，将库文件添加到工程各个工作组中。右键单击"basicrf"工作组，选择"Add"→"Add File"，如图 11-7 所示。

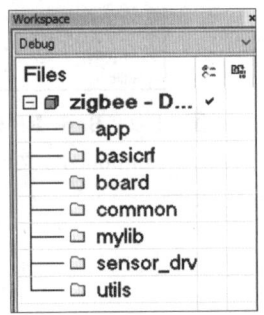 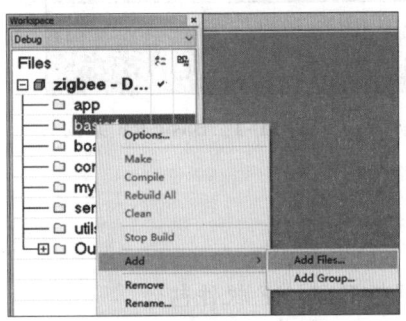

图 11-6　工作空间栏最终分组界面　　　图 11-7　工作组中添加文件

在弹出的添加文件对话框中，选择 CC2530/basicrf 文件夹，选择文件类型为"All Files(*.*)"。

选中 basic_rf.h 和 basic_rf.r51 文件后，点击"打开"按钮。在工作空间栏的 basicrf 分组下，可以观察到对应的两个文件，如图 11-8 所示。

用同样的方法，可以将 board 工作组和对应的库文件关联起来。board 组添加文件后的工作空间界面如图 11-9 所示。类似地，将 common 工作组、mylib 工作组、sensor_drv 工作组和 utils 工作组与硬盘中对应的文件夹文件关联起来。

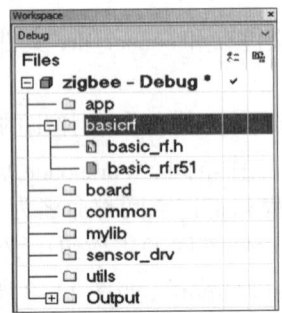 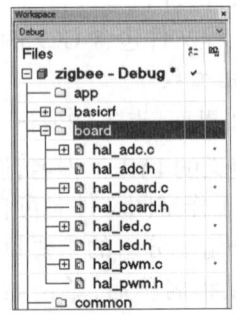

图 11-8　工作空间栏 basicrf 工作组　　　图 11-9　工作空间栏 board 工作组
　　　　　和关联文件界面　　　　　　　　　　　　和关联文件界面

4. 新建源程序文件

（1）新建源程序文件，输入 C 语言入口函数 main( )，自定义命名为 sensor.c，保存到 "project" 文件夹下。

（2）将 sensor.c 添加到 app 工作组。工作空间栏 app 组和新建 sensor.c 源文件关联界面如图 11-10 所示。

图 11-10　工作空间栏 app 工作组和新建源文件关联界面

对上述工程进行编译，编译结果提示有错误。跟踪错误提示无法打开库文件。这是因为虽然工程包含了库文件，但是没有配置文件路径，编译器因此提示错误。因此，接下来需要添加配置库文件路径。

5. 工程添加头文件

点击 IAR 菜单栏中的 "Project" → "Options..."，在弹出的对话框中选择左侧标签栏 "C/C++ Compiler"，然后选择预处理 "Preprocessor" 选项卡，在包含路径 "Additional include directories:(one per line)" 中输入头文件的路径，将工作组中关联文件所在的路径全部添加到搜索路径中。然后点击 "OK"。注意路径格式，不同路径要换行输入。

例程中 ZigBee 文件夹在 D 盘根目录，因此，完整的路径如下：

```
D:\zigbee\CC2530_lib\basicrf
D:\zigbee\CC2530_lib\board
D:\zigbee\CC2530_lib\common
D:\zigbee\CC2530_lib\mylib
D:\zigbee\CC2530_lib\utils
D:\zigbee\sensor_drv
```

完成路径配置后再次编译工程，将不再提示错误信息。注意，上述路径为绝对路径。如果整个文件夹移动到不同路径，编译工程将再次提示打不开文件的错误信息。为了解决上述问题，通常用相对路径表示。

基于相对路径的基本语法，上述库文件的相对路径如下：

```
$PROJ_DIR$ \..\CC2530_lib\basicrf
$PROJ_DIR$ \..\CC2530_lib\board
$PROJ_DIR$ \..\CC2530_lib\common
$PROJ_DIR$ \..\CC2530_lib\mylib
$PROJ_DIR$ \..\CC2530_lib\utils
$PROJ_DIR$ \..\sensor_drv
```

$PROJ_DIR$ 表示当前工作工程所在目录；\.. 表示对应目录的上一层。

在 IAR 软件中，相对路径配置界面如图 11-11 所示。按照相对路径配置后，整个文件夹移动到了不同路径，编译后不再提示找不到源文件的错误。

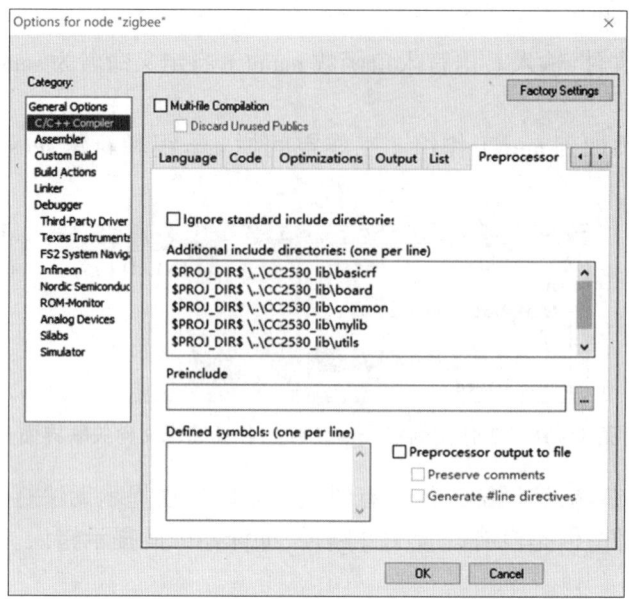

图 11-11 配置工程文件相对路径

6. 配置工程

点击 IAR 菜单中"Project"→"Options...",分别对"General Options""Linker"和"Debugger"进行配置。

(1) General Options 配置

芯片型号的设置在项目 2 中已经详细介绍,故在此不再赘述。如图 11-12 所示,在"General Options"的选项设置中选择"Target"选项卡,在"Device"栏内选择"CC2530F256",在"Code model"栏选择"Banked",在"Data model"选择"Large"。

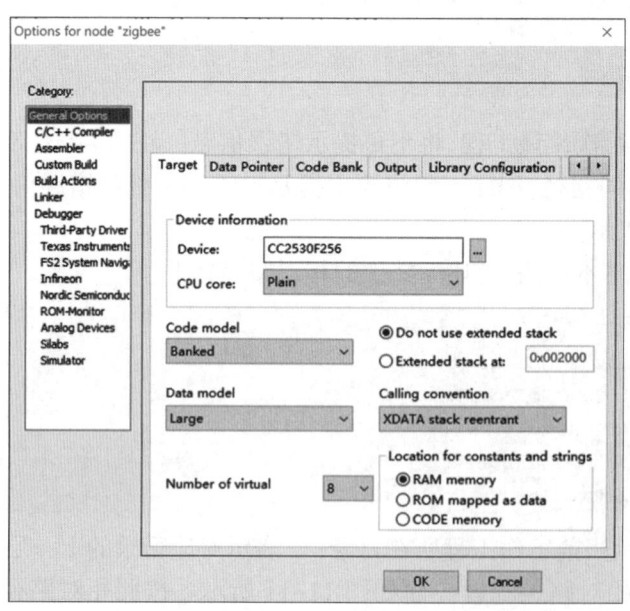

图 11-12 工程 Code model 和 Data model 设置

（2）Linker 配置

如图 11-13 所示，在"Linker"选项设置中选择"Config"选项卡，勾选"Override default"，在弹出的对话框中选择"lnk51ew_CC2530F256_banked.xcl"配置文件。

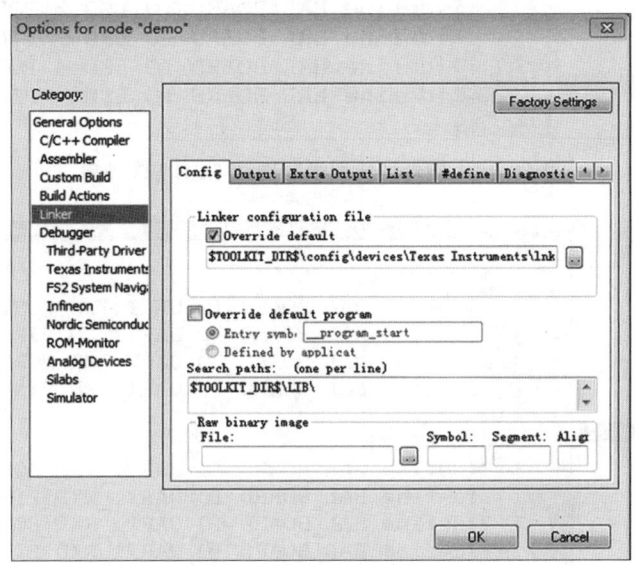

图 11-13　配置工程链接文件

（3）Debugger 配置

IAR 工程默认运行方式为仿真模式"Simulator"，只能用于模拟仿真，程序代码不能下载到实际硬件系统。在"Debugger"选项设置中选择"setup"选项卡，在"Driver"栏选择"Texas Instruments"，用于连接硬件下载代码进行调试。

7. 修改硬件抽象层板载资源头文件

需要修改硬件抽象层板载资源头文件以确保其与实训主控板电路原理图 I/O 配置一致。硬件 I/O 资源主要有 LED、按键、串口、ADC 等。

通常情况下，"1+X"评价组织提供的硬件抽象层板载资源头文件是匹配的，无需修改，如果采用不同实训模块，则需要注意硬件抽象层板载资源 I/O 映射。以 LED 为例介绍如何修改硬件抽象层板载资源头文件。

点击 Workspace 栏中的"board/hal_board.c"前的"+"号，在展开的文件列表中，双击打开 hal_board.h 头文件。在 hal_board.h 头文件中找到 LED GPIO 设置的代码，检查 LED 宏命令是否对应 LED 原理图中 CC2530 GPIO 引脚。如果没有对应，按图 11-14 所示代码进行修改以确保代码与实际电路原理图（图 3-1）I/O 引脚对应。

硬件抽象层板载资源串口 0 和串口 1 的 I/O 映射如图 11-15 所示。由串口电路原理图（图 3-1）可知，实训主控板只连接了串口 0，因此，串口 1 的定义实际上是无效的。

硬件抽象层板载资源 ADC 和外部中断 I/O 映射如图 11-16 所示。ADC 输入通道为 P0_0 引脚，按键连接 P0_1 引脚。

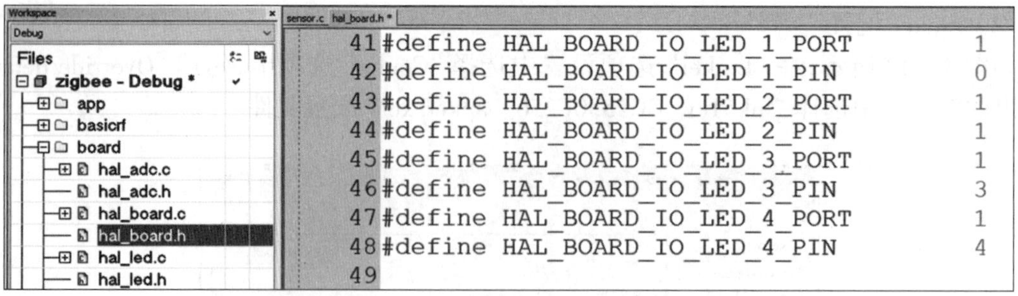

图 11-14　硬件抽象层板载资源 LED I/O 映射

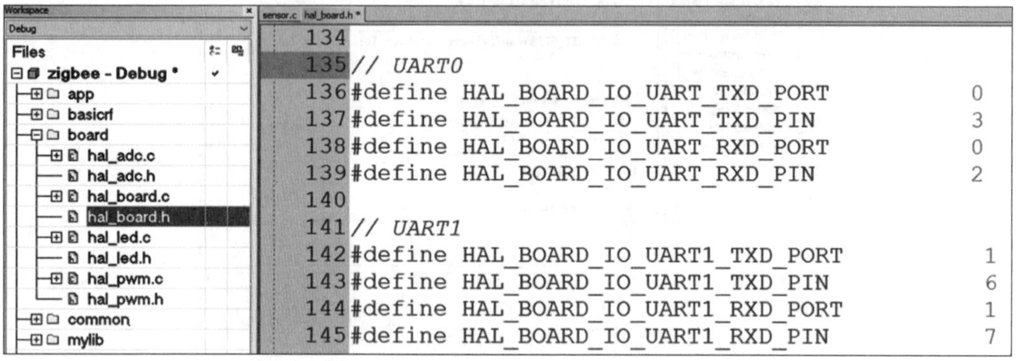

图 11-15　硬件抽象层板载资源串口 I/O 映射

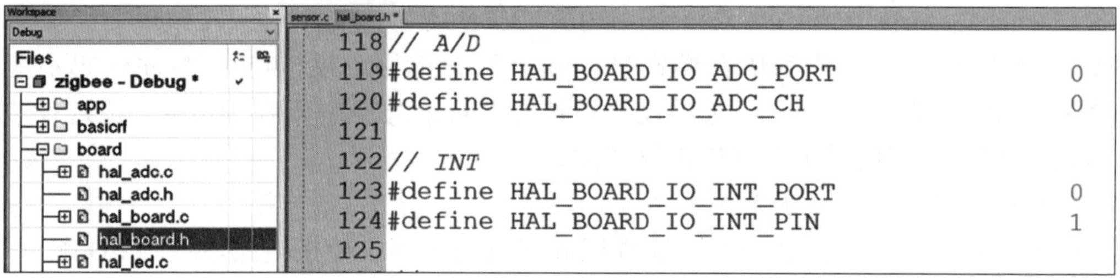

图 11-16　硬件抽象层板载资源 ADC 和外部中断 I/O 映射

8. 配置完成的工程结构

配置完成后的工作结构如图 11-17 所示,主要包括:

(1) app 工作组:应用层函数,自定义。

(2) basicrf 工作组:包含无线收发函数,由 TI 提供或第三方修订。

(3) board 工作组:包含实训主控板相关硬件驱动函数,基于 TI 软件包修订。

(4) common 工作组:硬件抽象层,包含芯片接口及硬件接口函数,TI 提供。

(5) sensor_drv 和 mylib 工作组:包含传感器驱动函数、串口通信和定时器函数,可自定义或由第三方提供。

(6) utils 工作组:包含芯片型号相关接口函数,由 TI 提供。

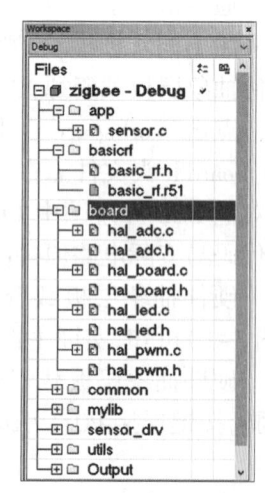

图 11-17　Basic RF 工程结构

任务2　温湿度传感数据采集与显示

一、任务描述

采用新大陆温湿度传感器模块和 ZigBee 模块组成一个数字量传感器采集节点，实现温湿度传感器的采集；要求每隔 2 s 采集一次温湿度传感器数据，并将采集到的温湿度数据通过串口发送至计算机进行显示。

任务关键是实现周期性温湿度数据采集和串口发送数据显示。在硬件方面，采用新大陆温湿度模块和 ZigBee 模块，无需重新设计。在程序设计方面，"1+X"评价组织已经提供了温湿度测量库函数，关键点是库函数的调用。温湿度传感器的工作原理及程序设计，以及串口通信在前述章节已详细介绍。

二、任务实施

1. 任务流程

本任务利用 Basic RF 软件包和温湿度数据采集库函数实现温湿度数据周期性采集，为后续温湿度数据 ZigBee 无线通信提供基础。

任务基本流程如图 11-18 所示。首先进行板载资源的初始化，然后每隔 2 s 调用温湿度采集第三方库函数进行温湿度采集，最后将采集的温湿度数据通过串口通信发送到计算机进行显示。

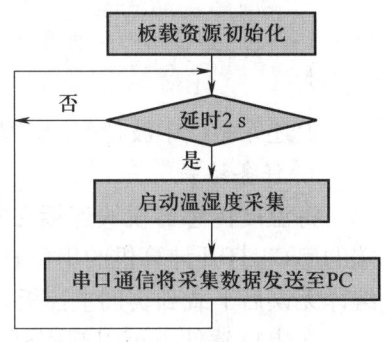

图 11-18　传感器节点环境信息周期性采集流程

2. 设计关键函数

根据流程图（图 11-18），温湿度数据采集与串口通信主函数如下。需要包含必要的头文件，在 main( ) 函数中，首先调用 halBoardInit( ) 函数进行板载资源初始化，然后在 while(1) 中，每隔 2 s 调用库函数 call_sht11( ) 进行温湿度检测，然后，调用 uart_printf( ) 函数包进行串口通信将检测结果发送到计算机串口调试助手显示。其中 call_sht11( ) 函数包在项目 10 中已详细介绍。

```
/*---- 温湿度数据采集与串口通信主函数 ----*/
#include "hal_defs.h"  // 硬件抽象层定义
#include "hal_board.h" // 板载资源头文件
#include "UART_PRINT.h" // 串口通信头文件
#include "hal_mcu.h"   // 软件延时库函数
#include "sht0.h"      // 温湿度传感器库函数头文件
void main( void )
{
    halBoardInit( );  // 调用库函数进行板载资源初始化
    unsigned int sensor_val,sensor_tem;  // 定义温湿度变量
    while(1)
```

```c
    }
    halMcuWaitMs( 2000 );// 软件延迟库函数调用
    // 调用第三方库函数进行温湿度数据采集
    call_sht11( &sensor_tem, &sensor_val );
    // 调用串口通信发送函数将数据发送至 PC
    uart_printf( "温度:%d ℃,湿度:%d%%%%\n", sensor_tem, sensor_val );
    }
}
```

板载资源初始化库函数的定义如下,其中串口波特率设置为 115 200,MCU_IO_OUTPUT 的宏定义和函数可查看本书配套源代码。

```c
/*---- 板载资源初始化库函数 ----*/
void halBoardInit( void )
{
    halMcuInit( );//32MHz 晶振时钟初始化
    // LEDs
    MCU_IO_OUTPUT( HAL_BOARD_IO_LED_1_PORT, HAL_BOARD_IO_LED_1_PIN, 0 );
    MCU_IO_OUTPUT( HAL_BOARD_IO_LED_2_PORT, HAL_BOARD_IO_LED_2_PIN, 0 );
    MCU_IO_OUTPUT( HAL_BOARD_IO_LED_3_PORT, HAL_BOARD_IO_LED_3_PIN, 0 );
    MCU_IO_OUTPUT( HAL_BOARD_IO_LED_4_PORT, HAL_BOARD_IO_LED_4_PIN, 0 );
    halUartInit( 115200 ); // 初始化串口 0 的波特率为 115200
    halIntOn( );// 打开总中断
}
```

上述库函数中波特率固定为 115 200,如果要改变波特率,可设置 halUartInit( ) 函数对应实参。

3. 任务结果

将温度传感器模块连接在实训主控板中,将实训主控板上的串口用串口线连接到计算机端的串口,打开计算机的串口软件,设置好串口号、波特率(115 200)等参数,然后将上述代码编译无误后下载到实训主控板。

在串口软件上可以观察到,每隔 2 s 串口调试助手上周期性显示检测出的温度和湿度数据值。

任务 3　火焰传感温湿度采集与显示

一、任务描述

采用火焰传感器模块和实训主控板组成一个模拟量传感器采集节点,实现火焰传感器的采集;要求每隔 2 s 采集一次火焰传感器的数据,并将采集到的火焰数据通过串口发送至计算机进行显示。

二、任务实施

1. 任务流程

本任务的任务流程与本项目任务 2 类似,故不作赘述,直接进行代码编写。

2. 编写程序代码

基于 Basic RF 软件包的火焰传感数据采集与 ADC 单元的火焰传感器采集原理基本相同。火焰传感器库函数的代码如下，其声明在头文件 get_adc.h 中，定义在 get_adc.c 库文件中。

```c
/*--- 火焰传感器数据采集库函数定义 ---*/
uint16 get_adc( void )
{
    uint32 value;
    hal_adc_Init( );//ADC 初始化,设置 I/O 引脚 ADC 通道映射
    ADCIF=0; // 清除 ADC 中断标志
    // 采用基准电压 avdd5：3.3V,通道 0,启动 AD 转化
    ADCCON3=( 0x80 | 0x10 | 0x00 );
    while( !ADCIF )
    {
        ;// 等待 AD 转化结束
    }
    value=ADCL;//ADC 转换结果的低位部分存入 value 中
    value|=(((uint16)ADCH)<<8);// 取得最终转换结果存入 value 中
    value=value*330;// 结果增大 100 倍
    value=value>>15;// 根据计算公式算出结果值
    return( uint16 )value;
}
```

火焰传感器采集与串口通信显示程序如下。在 main( ) 函数中，首先调用 halBoardInit( ) 函数进行板载资源初始化，进行 32 MHz 时钟、LED 和串口通信初始化（库函数中，波特率固定设置为 115 200）。然后在 while(1) 中，每隔 2 s 调用 get_adc( ) 函数得到火焰传感器的相关数据值。

```c
/*-- 火焰传感器采集与串口通信显示程序（库函数）--*/
#include "hal_defs.h"// 硬件抽象层定义
#include "hal_board.h" // 板载资源头文件
#include "UART_PRINT.h" // 串口通信头文件
#include "get_adc.h"//ADC 采集库函数头文件
#include "hal_mcu.h"// 软件延时库文件
void main( void )
{
    halBoardInit( );// 板载资源初始化
    int FireAdc;// 定义火焰传感变量
    while( 1 )
    {
        halMcuwaitMs( 2000 );// 库函数软件延迟 2s 后进行温湿度采集
        FireAdc=get_adc( );// 调用火焰传感器采集函数
        uart_printf( "火焰传感器数据值：%d mV\r\n", FireAdc*10 );
    }
}
```

3. 任务结果

将火焰传感器模块连接在实训主控板中，将实训主控板上的串口用串口线连接到计算机

端的串口，打开计算机上的串口软件，设置好串口号、波特率（115 200）等串口参数，然后将上述代码编译无误后下载到实训主控板。

在串口软件上可以观察到，每隔2 s串口调试助手界面上周期性显示检测出的火焰强度数据值，如图11–19所示。

图11–19　火焰传感器采集与串口通信显示结果（库函数）

三、任务拓展

下面介绍以定时器定时中断的方式实现周期性定时火焰传感器数据采集。根据本项目任务2基于定时器4的周期性温湿度数据采集程序设计思路和配置，基于定时器4中断的火焰传感器采集与串口通信显示程序代码如下：

```
/*---- 火焰传感器数据采集与串口通信显示主函数（定时器4定时）----*/
#include "hal_defs.h"    // 硬件抽象层定义
#include "hal_board.h"   // 板载资源头文件
#include "UART_PRINT.h"  // 串口通信头文件
#include "get_adc.h"     // 火焰传感器库函数头文件
#include "TIMER.h"       // 定时器头文件
#define uint16 unsigned int
uint8 DATA_FLAG; // 定义数据采集全局变量
void main( void )
{
    halBoardinit( );// 板载资源初始化，包括时钟和串口通信初始化
    Timer4_Init( );// 定时器4初始化
    Timer4_On( );// 启动定时器4
    uint16 FireAdc;// 定义火焰传感变量
```

```
while(1)
{
    if(DATA_FLAG==1)
    {
        FireAdc=get_adc();// 调用火焰传感器采集函数
        // 调用串口通信发送函数将数据发送至 PC
        uart_printf("火焰传感值:%d mV\r\n",FireAdc*10);
    }
    Timer4_On();// 重新启动定时器
}
```

将上述代码下载到实训主控板,在串口调试助手界面中也可以观察到如图 11-23 所示的火焰强度采集结果。

任务 4　温湿度传感数据无线发送

一、任务描述

将本项目任务 2 中周期性采集到的温湿度数据通过 ZigBee 无线通信的方式传输至汇聚节点。

二、必备知识

1. ZigBee 无线通信信道

为了便于 ZigBee 设备的推广和生产成本的降低,ZigBee 使用免执照的工业科学医学(ISM)频段,占用 3 个频段分别为:868 MHz(欧洲)、915 MHz(美国)、2.4 GHz(全球)。根据规范,这 3 个频段被分成了 27 个信道。ZigBee 协议对这 27 个信道进行了编号,编号为 0~26 分布在不同的频率,占用不同的信道带宽,具有不同的传输速率。ZigBee 的信道号和频率设置见表 11-1。

表 11-1　ZigBee 信道及频率

信道编号	中心频率(MHz)	信道带宽(MHz)	频率下限(MHz)	频率上限(MHz)	最大速率(kbps)
$k=0$	868.3	—	868.0	868.6	20
$k=1,2,\cdots,10$	$906+2(k-1)$	2	902.0	928	40
$k=11,12,\cdots,26$	$2\,401+5(k-11)$	5	2 400.00	2 483.5	250

868 MHz 频段定义了 1 个信道;915 MHz 频段附近定义了 10 个信道,信道间隔为 2 MHz;2.4 GHz 频段定义了 16 个信道,信道间隔为 5 MHz。其中在 2.4 GHz 的物理层,数据传输速率为 250 kbps;在 915 MHz 的物理层,数据传输速率为 40 kbps;在 868 MHz 的物理层,数据传输速率为 20 kbps。

TI 的 CC2530 主控只支持 2.4 GHz 频段的 16 个信道，信道号为 11~26。

2. 节点地址

点对点无线通信中，每一个模块都有一个在该网络里唯一的 2 个字节的地址。

3. 网络 PAN ID

PAN ID 的全称是 Personal Area Network ID，即网络标识符。PAN ID 是一个 2 个字节的编码，用来区别不同的 ZigBee 网络。在同一个网络中所有节点的 PAN ID 必须相同。

4. basicRfCfg_t 数据结构体

在 basic_rf.h 头文件中，定义了 basicRfCfg_t 数据结构如下：

```
/*----basicRfCfg_t 结构体定义 ----*/
typedef struct
{
    unsigned short myAddr;    //16 位短地址（节点的地址，用户设定）
    unsigned short panId;     // 节点的 PAN ID
    unsigned char channel;    //RF 信道号（11~26）
    unsigned char ackRequest; // 如果要求通信回复 ACK，则该为置 1
    #ifdef SECURITY_CCM        // 是否加密，预定义里取消了加密
    unsigned char *securityKey;   // 安全密钥指针
    unsigned char *securityNonce; // 安全随机数指针
    #endif
} basicRfCfg_t;
```

该结构体是 ZigBee 无线通信的重要参数，成员变量包含了本机节点地址、网络 PAN ID、信道号、ACK 确认和是否加密等。

5. Basic RF 无线通信关键函数

Basic RF 软件包涉及的无线通信函数主要有 Basic RF 无线通信初始化、ZigBee 数据发送、ZigBee 数据接收、ZigBee 接收使能、ZigBee 接收禁止等函数的声明和定义。ZigBee 无线通信相关函数及其基本功能描述见表 11-2。

表 11-2 BasicRF 中 ZigBee 无线通信相关函数描述

函数名	基本功能
basicRfInit ( )	Basic RF 无线通信初始化
basicRfSendPacket ( )	ZigBee 无线发送
basicRfPacketIsReady ( )	是否收到新数据包
basicRfGetRssi ( )	获取接收信号强度 RSSI 值
basicRfReceive ( )	无线接收数据
basicRfReceiveOn ( )	开启无线接收功能
basicRfReceiveOff ( )	禁用无线接收功能

上述函数由 TI 公司提供，实际应用时只需调用对应函数即可。

（1）basicRfInit( )

无线通信初始化函数 basicRfInit( ) 的声明如下：

```
unsigned char basicRfInit( basicRfCfg_t *pRfConfig );
```

该函数的形式参数 pRfConfig 是一个指针,指向 basicRfCfg_t 结构体。该函数返回值类型是 unsigned char,若初始化成功则返回 SUCCESS;若函数执行失败返回 FAILED。SUCCESS 和 FAILED 是宏定义,定义在 hal_defs.h 头文件,可定义如下:

```
#define SUCCESS 0
#define FAILED  1
```

ZigBee 无线通信中,需要调用 basicRfInit( ) 函数,并且初始化执行成功才能进行无线发送和接收。实现等待初始化成功过程的代码如下:

```
while( basicRfInit( &basicRfCfg )==FAILED );  // 等待 RF 初始化完成
```

(2) basicRfSendPacket( )

basicRfSendPacket( ) 函数的声明如下:

```
unsigned char basicRfSendPacket( unsigned short destAddr, unsigned char *pPayload, unsigned char length );
```

basicRfSendPacket( ) 函数的 3 个形式参数及说明见表 11-3。

表 11-3 basicRfSendPacket( ) 的形式参数及说明

形式参数类型	形式参数名称	说明
unsigned short	destAddr	目的节点的地址
unsigned char *	pPayload	发送数据缓存的首地址
unsigned char	length	发送数据的长度,指从数据缓存首地址开始,发送多少个字节长度的数据

无线发送函数 basicRfSendPacket( ) 返回值类型是 unsigned char,若函数执行成功则返回 SUCCESS;若函数执行失败则返回 FAILED。

在应用开发中,先创建一个字节数组作为数据发送的缓冲区,将要发送的内容置于数组之中,然后直接调用该函数进行发送即可。

(3) basicRfPacketIsReady( ) 函数

调用 basicRfReceiveOn( ) 函数使能 ZigBee 无线接收后,可以调用 basicRfPacketIsReady( ) 函数来判断是否有新数据包需要接收。该函数声明如下:

```
unsigned char basicRfPacketIsReady( void );
```

该函数没有输入形式参数,返回值类型是 unsigned char。如果接收端有新的数据包,则返回值为 1,表示接收到新数据包。如果没有接收到新数据,则返回值为 0。只有接收到新数据包,才进行数据处理。

(4) basicRfGetRssi( ) 函数

basicRfGetRssi( ) 函数的声明如下:

```
char basicRfGetRssi( void );  // 获取接收信号强度
```

该函数形式参数为 void，返回值是 char 类型，返回接收信号强度 RSSI 值。在基于 BasicRF 协议的实际接收中，通常不需要接收信号强度值，因此一般无需调用 basicRfGetRssi( ) 函数。

（5）basicRfReceive( ) 函数

basicRfReceive( ) 函数的声明如下：

```
unsigned char basicRfReceive( unsigned char *pRxData, unsigned short len, short *pRssi );
```

第一个形式参数为名为 pRxData，为 unsigned char 类型的指针，指向接收数据缓冲区的首地址。
第二个形式参数名称为 len，为 unsigned short 类型，表示接收数据字节数。
第三个形式参数是 pRssi，表示无线信号强度，与模块发送功率、天线增益有关。

（6）basicRfReceiveOn( ) 函数

要让节点具有接收功能，首先需要调用 basicRfReceiveOn( ) 函数打开射频 RF 的无线接收功能。该函数声明如下：

```
void basicRfReceiveOn( void );    // 使能接收
```

basicRfReceiveOn( ) 函数的输入形式参数和输出返回值均为 void，表示没有输入参数，也没有返回值。直接调用该函数就可以打开无线接收功能。

（7）basicRfReceiveOff( ) 函数

basicRfReceiveOff( ) 函数的声明如下：

```
void basicRfReceiveOff( void );
```

该函数的形式参数和返回值都是 void，表示不需要输入形参，也没有返回值。调用该函数可以实现关闭无线接收功能，节约功耗。

6. Basic RF 无线发送流程

基于 Basic RF 的 ZigBee 无线发送流程如图 11-20 所示。

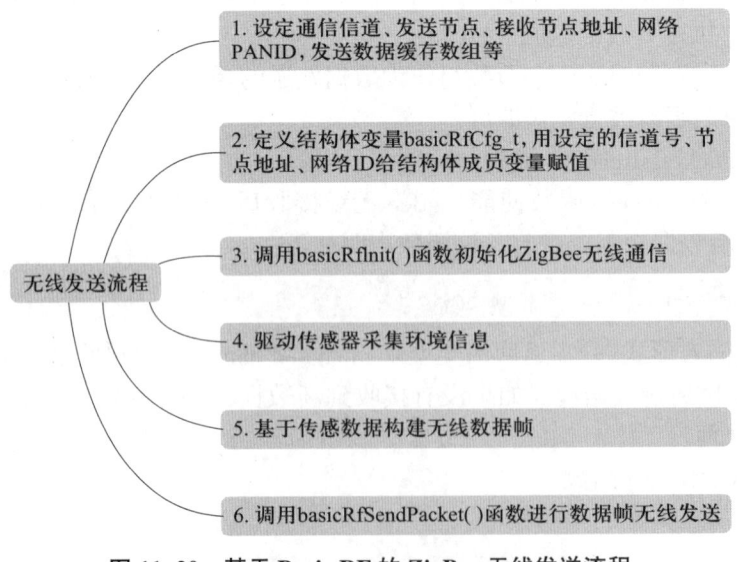

图 11-20　基于 Basic RF 的 ZigBee 无线发送流程

7. 无线通信数据帧结构

在实际通信过程中，存在多个不同类型的节点进行信号传输的问题。为了区别不同类型的传感数据，需要将采集到的传感数据组成数据帧的形式发送，收发双方需要遵循共同的数据帧结构。数据帧需要包含起始位、传感数据类型、传感器采集值、检验位等信息。表 11-4 是新大陆公司采用的一种无线数据帧格式（实际中也可以采用其他的数据帧格式）。

表 11-4　无线发送数据帧格式示例（新大陆公司）

START	CMD	LEN	Count	TYPE1	DATA1	……	TYPEn	DATAn	CHK

其中，无线通信帧各字段含义如下：

（1）START：起始位，本任务中取值 0xCC。也可以选择其他数值，但是收发双方需要遵循相同的约定。

（2）CMD：命令类型，1 表示获取采集数据。

（3）LEN：数据总长度，指从 START 开始到校验 CHK 字节之前的长度，不包括校验位。

（4）Count：传感器个数，依据传感器种类决定，如采集温湿度传感器时，个数为 2。

（5）TYPEn：第 n 个传感器的类型。在"1+X"例程中，1 表示温度传感器；2 表示湿度传感器；3 表示火焰传感器。具体数值可自定义更改。

（6）DATAn：第 n 个传感器的传感器数值。

（7）CHK：校验位，从 START 字节开始到 CHK 字节之前的累加和，该累加和与 0xFF 按位与运算（保留低 8 位），得到的结果就是 CHK 的值。

注意，无线通信数据帧结构可以根据实际应用进行调整自定义，并非完全按照例程的格式进行定义。例如，数据帧还可以包含发送节点地址、停止位等信息。

三、任务实施

1. 任务流程

任务流程如图 11-21 所示，首先进行板载资源初始化，然后每隔 2 s 调用温湿度采集函数进行温湿度数据的采集和本地显示，接着将温湿度数据按照自定义格式封装为数据帧，最后，调用无线发送函数进行数据帧的发送。

2. 新建工程

将温湿度数据采集工程文件拷贝到一个新的位置作为新的温湿度数据采集和 ZigBee 无线发送工程文件。

3. 预编译及编写相关函数

首先，在 app 工作组下的 sensor.c 源文件中新增 Basic RF 无线通信头文件 basic_rf.h 以及 Basic RF 的硬件抽象层 hal 库头文件 hal_rf.h。具体代码如下：

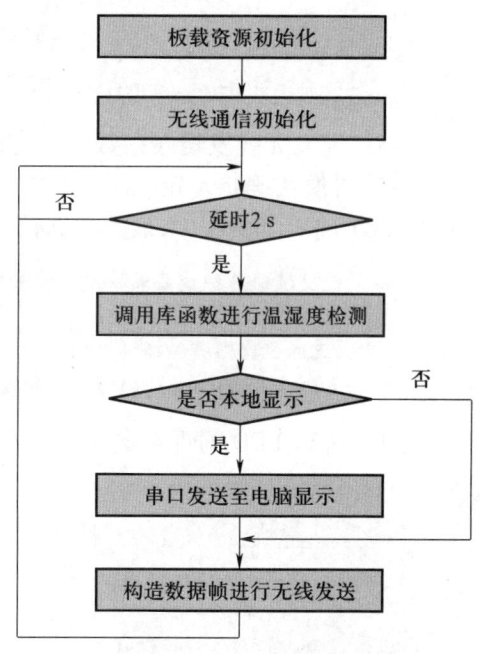

图 11-21　基于 Basic RF 的温湿度采集和无线发送流程

```c
/*—— 温湿度数据无线数据发送程序头文件 ——*/
#include "hal_defs.h"
#include "hal_board.h"
#include "hal_rf.h"
#include "basic_rf.h"
#include "TIMER.h"
#include "sht0.h"
#include "UART_PRINT.h"
```

其次,新增宏定义,定义无线收发节点地址、PAN ID、发送数据帧各字段、定义 basicRfCfg_t 变量等宏。具体代码如下:

```c
/*———ZigBee 无线发送相关宏定义———*/
#define RF_CHANNEL 12// 2.4GHz 频段,信道号 11~26
// 网络 ID,同一个网络中,节点的 PAN ID 必须相同
#define PAN_ID 0x0001
#define MY_ADDR 0x00A1// 本机节点地址,2 个字节
// 接收节点地址,例程中为汇聚节点地址
#define DEST_ADDR 0x00A3
#define START_HEAD 0xCC// 数据帧头字段
#define CMD_READ 0x01// 数据 read 域字段
// 传感器类型字段:温度传感 1
#define SENSOR_TEMP 0x01
// 传感器类型字段:湿度传感 2
#define SENSOR_RH 0x02
// 传感器类型字段:火焰传感 3
#define SENSOR_FIRE 0x03
// 定义 Basic RF 结构体变量
static basicRfCfg_t basicRfConfig;
```

然后,定义无线发送缓存数组和定时器超时标志的变量。实际有效的数据帧长度需根据实际传感器模块确定。定义无线发送数据帧最大长度 MAX_SEND_BUF_LEN 和数据帧缓存数组 pTxData[ ],本例程中,最大数据长度设为 128 个字节。具体代码如下:

```c
/*——— 定义发送数据帧最大长度/字节数 ———*/
#define MAX_SEND_BUF_LEN 128
// 定义无线发送数据帧缓冲数组
unsigned char pTxData[MAX_SEND_BUF_LEN]={0};
```

最后,进行 LED 闪烁宏定义。该宏定义是一个带参数的宏命令,以 LED 闪烁时间和 LED 号为参数。具体代码如下:

```c
/*——— LED 闪烁宏定义 ———*/
#define FlashLed(n,time) do{\
        halLedSet(n);\
        halMcuWaitMs(time);\
        halLedClear(n);\
        }while(0)
```

4. 设计关键函数

（1）Basic RF 初始化函数

Basic RF 初始化函数如下，定义 ConfigRf_Init( ) 函数，对 basicRfCfg_t 结构体成员变量 basicRfConfig 赋值，然后调用库函数 basicRfInit( ) 进行 Basic RF 无线通信初始化。

```
/*---- Basic RF 初始化函数定义 ----*/
void ConfigRf_Init(void)
{
    basicRfConfig.panId=PAN_ID;
    basicRfConfig.channel=RF_CHANNEL;
    basicRfConfig.myAddr=MY_ADDR;
    basicRfConfig.ackRequest=TRUE;
    //等待 Basic RF 初始化成功
    while(basicRfInit(&basicRfConfig)==FAILED);
}
```

其中，FAILED 为 1 是定义在 hal_defs.h 中的宏定义。

（2）温湿度数据封装

启动传感器后，需要将检测数据封装起来进行无线数据帧的发送。收发双方都需要遵循事先约定好的帧格式进行数据通信。首先在源文件头部对数据帧各字段进行宏定义。具体代码如下：

```
/*----- 无线数据帧字段宏定义 -----*/
#define START_HEAD 0xCC// 数据帧头字段
#define CMD_READ 0x01// 数据命令域字段
// 传感器类型字段：温度传感 1
#define SENSOR_TEMP 0x01
// 传感器类型字段：湿度传感 2
#define SENSOR_RH 0x02
// 传感器类型字段：火焰传感 3
#define SENSOR_FIRE 0x03
```

根据检测的温湿度数据值，最终封装成无线数据帧。然后，将检测的数据封装成自定义的格式，由于 SH1x 传感器模块具有温度和湿度采集值，所以应设置传感器数量字段 pTxData[3]=2。具体代码如下：

```
/*----- 温湿度传感无线发送数据帧构造 -----*/
memset(pTxData,'\0',MAX_SEND_BUF_LEN);// 将发送数据缓冲赋初值 0
pTxData[0]=START_HEAD;// 发送缓冲数组第 0 个元素存放数据"起始标志"域
pTxData[1]=CMD_READ;// 发送缓冲数组第 1 个元素存放"命令标志"
pTxData[2]=8;// 发送缓冲数组第 2 个元素存放"数据长度"
pTxData[3]=2;// 发送缓冲数组第 3 个元素存放"传感器数量"
pTxData[4]=SENSOR_TEMP;// 发送缓冲数组第 4 个元素存放"传感器 1 类型"
pTxData[5]=sensor_tem;// 发送缓冲数组第 5 个元素存放"传感器 1 数值"
pTxData[6]=SENSOR_RH;// 发送缓冲数组第 6 个元素存放"传感器 2 类型"
pTxData[7]=sensor_val;// 发送缓冲数组第 7 个元素存放"传感器 2 数值"
pTxData[8]=校验位;// 发送缓冲数组第 8 个元素存放"校验位"
```

上述数据帧构造中,数据帧最后一位是校验位。无线数据发送中,由于天气变化、建筑物遮挡、同频干扰等因素的影响,信号在传输过程中出现不可预知的错误——"误码"。为了达到通信的稳定性,在无线通信中一般要引入校验位来检测"误码"甚至纠正"误码"。

本例程校验位采用了较为简单的校验和方法,实际中还有奇校验、偶校验、循环冗余校验等方法。累加和校验有很多种,最常见的一种是在每一个通信数据包末尾都加一个字节的校验数据,这个校验字节里的数据是通信数据包里所有数据的不进位累加和。累加和校验函数的定义如下:

```
/*---- 累加和校验函数定义 ----*/
// 形式参数 uint8 *buf:需要进行校验的数据存放指针
// 形式参数 uint8 len:需要进行校验的数据长度
// 返回值类型:uint8,表示校验和最终结果
uint8 CheckSum(uint8 *buf, uint8 len)
{
    uint8 temp=0;
    while(len--)
    {
        temp +=*buf;
        buf++;
    }
    return (uint8)temp;
}
```

根据上述函数,可以调用CheckSum()函数得到数据帧校验位的值为pTxData[8]=CheckSum((uint8*)pTxData,pTxData[2]),然后,调用basicRfSendPacket()函数进行无线数据帧发送具体代码如下:

```
basicRfSendPacket(((uint)DEST_ADDR,(uchar *)pTxData,pTxData[2]+1);
```

其中,第一个实参为目的地址 DEST_ADDR,第二个实参为发送数据帧首地址 pTxData,第三个实参是数据帧长度 pTxData[2]+1。

综上,温湿度数据采集和无线数据发送主函数如下:

```
/*---- 温湿度采集与 ZigBee 无线发送主函数 ----*/
void main(void)
{
halBoardInit();// 板载资源初始化
ConfigRf_Init();// 新增 Basic RF 初始化函数
uint16 sensor_val,sensor_tem;// 定义温湿度变量
while(1)
{
halMcuWaitMs(2000);// 延时 2s
// 调用第三方库函数进行温湿度数据采集
call_sht11((unsigned int *)(&sensor_tem),(unsigned int *)(&sensor_val));
// 按照自定义格式进行数据封装
pTxData[0]=START_HEAD;
```

```
pTxData[1]=CMD_READ;
pTxData[2]=8;// 数据长度
pTxData[3]=2;// 传感器数量
pTxData[4]=SENSOR_TEMP;// 温度传感器
pTxData[5]=sensor_tem;// 温度值
pTxData[6]=SENSOR_RH;// 湿度传感器
pTxData[7]=sensor_val;// 湿度值
pTxData[8]=CheckSum((uint8*)pTxData,pTxData[2]);// 校验和
basicRfSendPacket((uint)SEND_ADDR,(uchar*)pTxData,pTxData[2]+1);
FlashLed(1,100);//LED 指示灯闪烁
}
}
```

四、任务拓展

在实际开发过程中,通常通过串口通信将数据发送至电脑端进行显示和调试。当串口调试助手显示数据正常后,再将调试模式改为正常工作模式。要实现上述过程,最直接的方式是分别建立两个工程文件,一个用于串口调试,另一个用于正常工作。但这种方法需要建立两个独立工程,效率较低。实际中,往往通过条件编译将两个工程合并为一个工程进行管理。

增加了串口显示的温湿度采集无线发送主函数如下,其中为实现串口通信发送,函数中增加条件编译 #ifdef CC2530_DEBUG uart_printf( ) #endif 语句块。

```
/*---- 温湿度采集、串口显示及 ZigBee 无线发送主函数 ----*/
void main(void)
{
halBoardInit();
ConfigRf_Init();// 新增 Basic RF 初始化函数
uint16 sensor_val,sensor_tem;// 定义温湿度变量
while(1)
{
halMcuWaitMs(2000);// 延时 2s
// 调用第三方库函数进行温湿度数据采集
call_sht11((unsigned int*)(&sensor_tem),(unsigned int*)(&sensor_val));
#ifdef CC2530_DEBUG// 条件编译
 uart_printf("温度:%d C,湿度:%d\r\n",sensor_tem,sensor_val);
#endif
// 按照自定义格式进行数据封装
pTxData[0]=START_HEAD;// 帧头
pTxData[1]=CMD_READ;// 命令类型,读传感器数据
pTxData[2]=8;// 数据长度
pTxData[3]=2;// 传感器数量
pTxData[4]=SENSOR_TEMP;// 温度传感器
pTxData[5]=sensor_tem;// 温度值
pTxData[6]=SENSOR_RH;// 湿度传感器
pTxData[7]=sensor_val;// 湿度值
```

```
pTxData[8]=CheckSum((uint8*)pTxData,pTxData[2]);//数校验
//调用 Basic RF 库函数 basicRfSendPacket( )进行 ZigBee 无线发送
basicRfSendPacket((unsigned short)SEND_ADDR,(unsigned char*)
pTxData,pTxData[2]+1);
FlashLed(1,100);//LED 指示灯闪烁
    }
  }
```

根据上述代码，如果要实现数据串口通信显示，仅需要在配置里添加条件编译符号"CC2530_DEBUG"。串口通信显示的预编译配置如图 11-22 所示。

温湿度数据通过串行通信在计算机端验证无误后，在后续无线组网中不再需要对单节点数据进行验证，为了提高效率，可去掉条件编译选项中的"CC2530_DEBUG"，或者改成其他字符，如"xCC2530_DEBUG"。图 11-23 是去除串口通信预编译的一种配置方法。

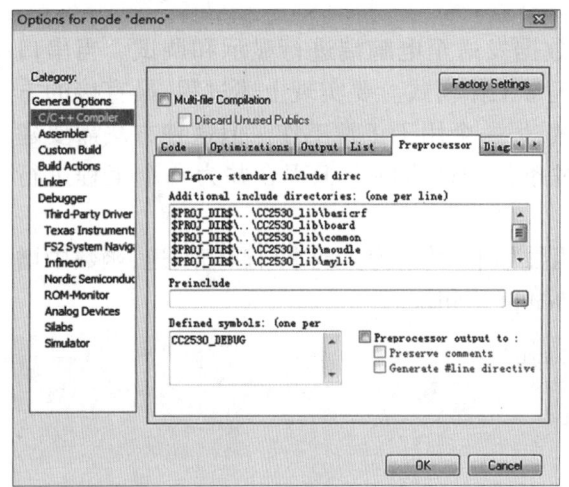
图 11-22　串口通信预编译配置

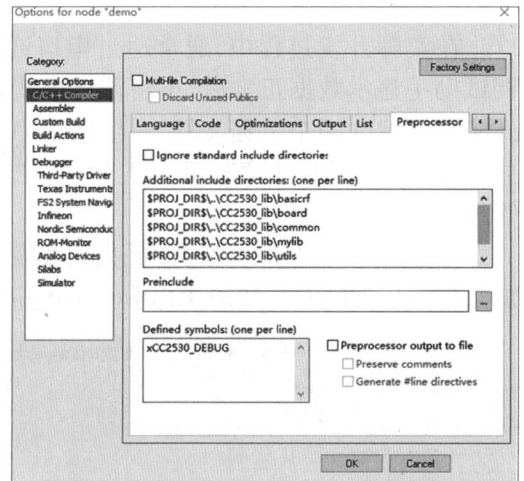
图 11-23　去除串口通信预编译配置

任务 5　火焰传感数据无线发送

一、任务描述

将本项目任务 4 中周期性采集到的火焰强度数据通过 ZigBee 无线通信的方式传输至汇聚节点。

二、任务实施

1. 设计关键函数

（1）ZigBee 无线通信相关参数

在温湿度传感器节点和火焰传感器节点共同组网的网络中，只有一个汇聚节点。因此，无线发送的目的节点地址必须设为相同。此外，信道号也必须设为相同，这样才能保证发送节点和汇聚节点调频到相同的信道号和相同的网络 ID 中。但是火焰传感器节点地址与温湿度传

感器节点地址不能设为相同,否则,汇聚节点无法正确解析接收到的数据。火焰传感器数据无线发送相关参数如下:

```
// 火焰传感器节点无线发送信道号
#define RF_CHANNEL 13
// 火焰传感器所在的网络 ID
#define PAN_ID 0xD0C1
// 火焰传感器节点地址
#define MY_ADDR 0xBD02
// 目的节点地址,汇聚节点地址
#define DEST_ADDR 0xBDCC
```

其中,无线信道号为 13,与温湿度传感器无线信道号相同;火焰传感器本机节点地址设为 0xBD02,也可以自定义为其他 2 个字节的地址;网络 PAN ID 设置为 0xD0C1,目的节点地址设置为 0xBDCC,与温湿度传感器目的节点地址相同,表示两个传感器节点都向相同的目的节点(汇聚节点)发送数据。上述参数均可自定义为满足条件的其他值。

(2) 构建火焰传感数据无线数据帧

先调用第三方库函数 get_adc( ) 获取火焰传感器数值,然后需要对采集的数值进行帧头帧尾封装。火焰传感器数据帧格式如下:

```
/*--- 火焰传感器数据帧 ---*/
uint16 FireAdc=get_adc( );// 调用第三方火焰传感器采集库函数
// 将发送数据缓冲赋初值'0'
memset(pTxData,'\0',MAX_SEND_BUF_LEN);// 发送缓冲数据帧数组
pTxData[0]=START_HEAD;// 发送缓冲数组第 0 个元素存放数据"起始标志"
pTxData[1]=CMD_READ;// 发送缓冲数组第 1 个元素存放"命令标志"
pTxData[2]=7;// 发送缓冲数组第 2 个元素存放"数据长度"域
pTxData[3]=1;// 发送缓冲数组第 2 个元素存放"传感器数量"
pTxData[4]=SENSOR_FIRE;// 存放"传感器 1 类型"
pTxData[5]=(uint8)((FireAdc*10)>>8);// 存放数据高 8 位,单位 mV
pTxData[6]=(uint8)(FireAdc*10);// 存放火焰强度值低 8 位,单位 mV
pTxData[7]= 检验位;// 存放"校验位"
```

火焰传感器数据帧构建仍遵从表 11-4 无线发送数据帧格式。其中,pTxData[2] 表示除了校验位以外的数据帧总长度,对于火焰传感器,该位取值为 7。pTxData[3] 表示传感器个数,对于火焰传感器,传感器个数为 1。

注意,新大陆公司提供的火焰传感器库函数 get_adc( ) 将 ADC 转换后的结果乘以 100。因此,FireAdc 结果将再乘以 10,对应单位变为 mV。由于 FireAdc 是 16 位的数据类型,而数据帧缓存 pTxData[ ] 是 8 位的数据类型,因此,需要左移 8 位得到高字节存放在 pTxData[5];对 (uint8)(FireAdc*10) 强制类型转换为 8 位存放在 pTxData[6]。

(3) 避免干扰

当火焰传感器节点与温湿度传感器节点同时在相同信道相同网络进行数据发送时,信号可能会出现干扰从而造成接收端汇聚节点的误码率。为了对抗干扰,这里给出一种简单的随机退避等待策略,代码如下。在火焰传感器节点采集数据后,随机等待一段时间再进行数据

发送。

```
/*---- 无线发送干扰避免核心代码 ----*/
srand1(FireAdc);//随机数产生器的初始值(种子值)
halMcuWaitMs(randr(0,3000));//CPU随机等待一段时间
//调用Basic RF库函数basicRfSendPacket()进行ZigBee无线发送
basicRfSendPacket((uint16)SEND_ADDR,(uint8 *)pTxData,pTxData[2]+1);
```

其中，uint16 是 unsigned int 宏定义，uint8 是 unsigned char 宏定义。

（4）设计主函数

综上，火焰传感无线发送程序需要包含的头文件有本机节点、目的节点和网络 ID 的宏定义、自定义数据帧各字段宏定义，以及 basicRfCfg_t 全局变量定义等。具体代码如下：

```
/*-- 火焰传感无线发送程序文件包含和宏定义 --*/
#include "hal_defs.h" //硬件抽象层定义
#include "hal_board.h" //板载资源头文件
#include "get_adc.h" //ADC采集库函数头文件
#include "hal_rf.h"
#include "basic_rf.h" //无线通信头文件
#include "UART_PRINT.h" //串口通信头文件
#define PAN_ID 0x0001
#define MY_ADDR 0x00A2// 本机节点地址
接收节点地址，本任务中为汇聚节点地址
#define DEST_ADDR 0x00A3
#define MAX_SEND_BUF_LEN 128
// 自定义数据帧字段宏定义
#define HEAD 0XCC
#define CMD_READ 0X01
#define SENSOR_TEMP 0X01
#define SENSOR_RH 0X02
#define SENSOR_FIRE 0X03
#define uint16 unsigned int
#define uint8 unsigned char
basicRfCfg_t RfConfig;//ZigBee无线发送结构体全局变量
```

火焰传感无线发送主函数首先进行板载资源初始化，然后调用无线初始化函数 ConfigRf_Init() 进行 Basic RF 无线通信初始化。最后，在 while(1) 循环中，调用 get_adc() 库函数采集火焰强度，如果定义了串口通信宏，则进行串口发送，然后按照自定义格式进行数据封装，最后，按照干扰避免的方式进行数据帧无线发送。具体代码如下：

```
/*-- 火焰传感无线发送主函数 --*/
void main(void)
{
    halBoardInit();//板载资源初始化
    ConfigRf_Init();//Basic RF 初始化函数
    uint16 FireAdc;//定义火焰传感变量
    while(1)
```

```
{
    FireAdc=get_adc();// 调用火焰传感器采集函数
    #ifdef CC2530_DEBUG// 条件编译
    uart_printf("火焰传感值:%d mV\n",FireAdc*10);
    #endif
    // 按照自定义格式进行数据封装
    pTxData[0]=START_HEAD;// 发送缓冲数组第0个元素存放数据"起始标志"
    pTxData[1]=CMD_READ;// 发送缓冲数组第1个元素存放"命令标志"
    pTxData[2]=7;// 发送缓冲数组第2个元素存放"数据长度"
    pTxData[3]=1;// 发送缓冲数组第2个元素存放"传感器数量"
    pTxData[4]=SENSOR_FIRE;// 存放"传感器1类型"
    pTxData[5]=(uint8)((FireAdc*10)>>8);// 存放火焰强度值高8位,单位mV
    pTxData[6]=(uint8)(FireAdc*10);// 存放火焰强度值低8位,单位mV
    pTxData[7]=checksum((pTxData,pTxData[2]);// 存放"校验位"
    srand1(FireAdc);
    halMcuWaitMs(randr(0,3000));
    // 调用 Basic RF 库函数 basicRfSendPacket() 进行 ZigBee 无线发送
    basicRfSendPacket((uint16)DEST_ADDR,(uint8 *)pTxData,pTxData[2]+1);
    FlashLed(1,100);//LED 指示灯闪烁
}
}
```

2. 任务结果

增加条件编译和去除条件编译在本项目任务 4 中已详细介绍,不再赘述。如果有条件编译,下载代码后将看到如图 11-23 所示串口调试助手上每隔 2 s 显示火焰传感器相关数据值,同时还会看到实训主控板上的 LED 闪烁 100 ms。如果去除条件编译,则只能看到 LED 周期性闪烁。

任务 6 汇聚节点数据接收与显示

一、任务描述

实现汇聚节点接收不同传感器发送的数据,并将接收的数据帧通过串口发送到计算机,并显示在串口调试助手中。

任务实现的关键在于需要使汇聚节点具备无线接收的功能,再调用 Basic RF 库函数进行无线数据接收,然后将接收的数据通过串口通信进行显示。

二、必备知识

与 ZigBee 无线发送流程相似,基于 Basic RF 的 ZigBee 无线接收流程如图 11-24 所示。

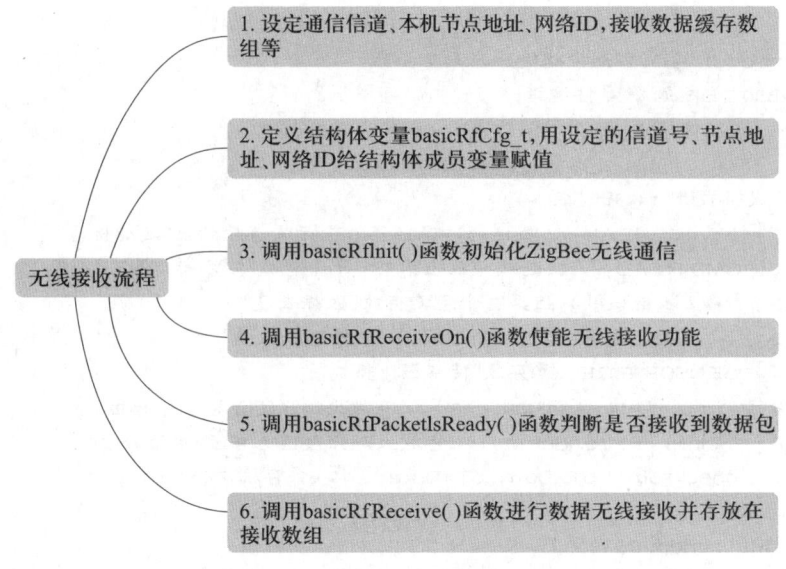

图 11-24 基于 Basic RF 的 ZigBee 无线接收流程

三、任务实施

1. 任务流程

汇聚节点数据无线接收流程如图 11-25 所示。首先调用 halBoardInit( ) 进行板载资源的初始化，然后进行无线的初始化。与 Basic RF 无线发送流程不同，基于 Basic RF 的 ZigBee 无线接收需要调用 basicRfReceiveOn( ) 函数使能无线接收功能。同时，需要调用 basicRfPacketIsReady( ) 函数循环监测是否接收到新数据包。如果接收到新数据包，就可以调用 basicRfReceive( ) 函数进行数据无线接收。接收数据存放在新定义的数组中，然后通过串口通信将接收的数据显示在计算机串口软件助手中。

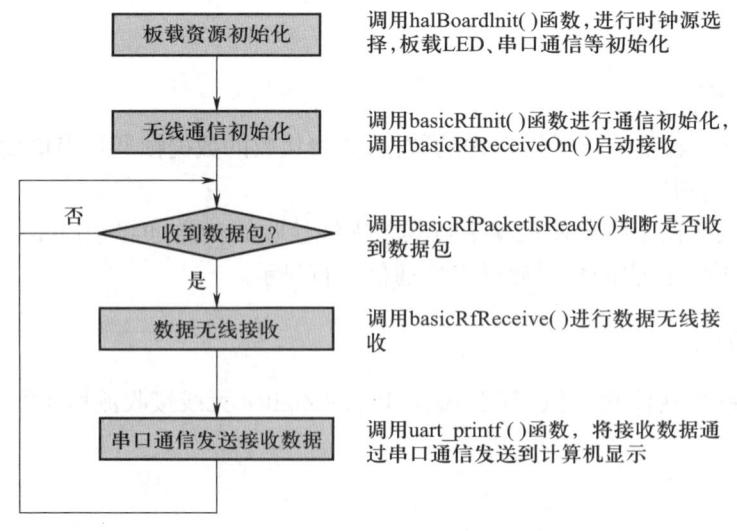

图 11-25 汇聚节点无线接收流程

2. 设计关键函数

(1) 无线接收参数设置

无线通信需要定义接收节点的地址、信道号、网络 ID 等信息。由于 Basic RF 只支持点对点通信，所以如果要实现无线网络架构，所有的传感器节点的数据都向一个汇聚节点传输，接收节点的信道号和网络 ID 必须与发送节点的相同，这样才能保证发送节点和汇聚节点调频到相同的信道号和相同的网络 ID 中。同时，汇聚节点的本机地址是发送节点的目的地址。汇集节点的信道号、网络 ID 和本机节点的地址宏定义如下：

```c
// 汇聚节点无线接收信道号
#define RF_CHANNEL 11
// 汇聚节点所在的网络 ID
#define PAN_ID 0x0001
// 汇聚节点地址
#define MY_ADDR 0x00A3
```

(2) 无线接收初始化函数

CC2530 无线接收功能默认是禁止的，因此，与无线发送初始化不同，无线接收在调用 basicRfInit( ) 初始化成功后，需要调用 basicRfReceiveOn( ) 函数启用无线接收功能。无线接收初始化函数如下：

```c
/*——ZigBee 接收节点无线通信初始化函数 ——*/
void ConfigRf_Init( void )
{
    basicRfConfig.panId=PAN_ID;
    basicRfConfig.channel=RF_CHANNEL;
    basicRfConfig.myAddr=MY_ADDR;
    basicRfConfig.ackRequest=TRUE;
    // 等待 Basic RF 初始化成功
    while( basicRfInit( &basicRfConfig )==FAILED );
    basicRfReceiveOn( );// 启用无线接收功能
}
```

(3) 数据汇聚

无线接收的数据帧是按字节连续存放在数组中的，数据类型是整型，而串口通信时数据类型是字符型，且以字节为单位进行收发。因此，需要新定义一个函数将各字节数据转换为字符类型，并且每个字节数据用空格区分开。数组转换为字符串函数的定义如下：

```c
/*—— 功能：将 8 位无符号整数数组转换成 16 进制的字符串,不同字段元素用空格隔开 ——*/
uint8 GetHexStr( uint8 *input, uint8 len, uint8 *output )
{
    char str[128];
    memset( str,'\0',128 );
    for( uint8 i=0; i<len; i++ )
    {
    // 将指针 input 所指的内容格式化输出到 str+i*3 所指向的字符串
        sprintf( str+i*3,"%02x", *input );
        input++;
```

```
// 将 str 指向的字符串复制到 output 所指的字符串
   strcpy((char*)output,(const char*)str);
   return strlen((const char*)str);
}
```

该函数有 3 个形式参数，*input 是待转换的数值类型数组首地址，len 是需要转换的字符个数，*output 是转换后的字符类型数组首地址。sprintf(str+i*3,"%02x",*input) 将待转换数据转换为 16 进制格式的字符串，每个字符用空格隔开。

（4）主函数

综上，无线接收和串口显示主函数如下：

```
/*--- 无线接收和串口显示主函数 ---*/
void main(void)
{
    halBoardInit();// 板载资源初始化
    ConfigRf_Init();//Basic RF 无线接收初始化
    while(1)
    {
        if(basicRfPacketIsReady())
        {
            FlashLed(2,100);
            uint16 len=basicRfReceive(pRxData,MAX_RECV_BUF_LEN,NULL);// 数据接收
            char DebugOutput[256];
            memset(DebugOutput,'\0',256);
            GetHexStr((uint8*)pRxData,len,(uint8*)DebugOutput);
            uart_printf("接收到原始无线 RF 数据:%s\r\n",DebugOutput);
        }
    }
}
```

3. 任务结果

组建三节点 ZigBee 无线网络：将温度传感器模块连接在 ZigBee 模块 1 中，将火焰传感器模块连接在 ZigBee 模块 2 中，将温湿度传感器节点和火焰传感器节点分别下载对应的采集和无线发送代码，然后将接收汇聚节点实训主控板上的串口用串口线连接到计算机端的串口，打开计算机上的串口软件，设置好串口号、波特率（115 200）等串口通信参数。然后将上述代码编译无误后下载到实训主控板。

在串口软件上观察到，每隔 2 s 串口调试助手上周期性显示接收到的 16 进制数据帧，如图 11-26 所示。

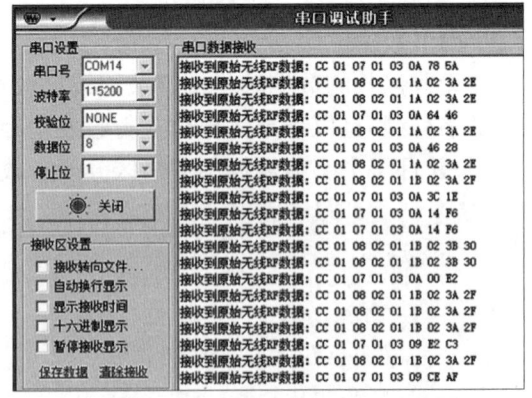

图 11-26 汇聚节点接收数据帧串口软件界面显示结果

任务7　汇聚节点数据解析与数据透传

一、任务描述

汇聚节点接收到传感器数据后，按照协议格式对接收数据进行解析，并将解析后的数据显示在计算机串口调试助手中。具体设置：温度显示格为"当前温度：xx℃"；湿度显示格式为"当前相对湿度：xx％"；火焰显示格式为"当前红外线（火焰）强度：xx mV"；汇聚节点与串口调试助手的波特率为115 200，8位数据位，1位停止位。本地解析数据无误后，将接收到的原始数据帧通过数据透发送到云平台进行远程监控。

本任务中，温湿度传感器节点和火焰传感器节点都按照约定的数据帧格式进行打包发送。因此，接收节点需要根据数据帧格式从相应的字段中提取有效传感数据。具体来看，需要根据字段逐个判断。如果起始位、校验位、数据长度位都跟定义的数据帧结构字段一致，则需根据传感器个数和类型，读取对应传感数值。

二、任务实施

1. 任务流程

汇聚节点接收和解析数据的流程如图11-27所示，基本思路是根据发送数据帧格式逐个字段进行判断分析。

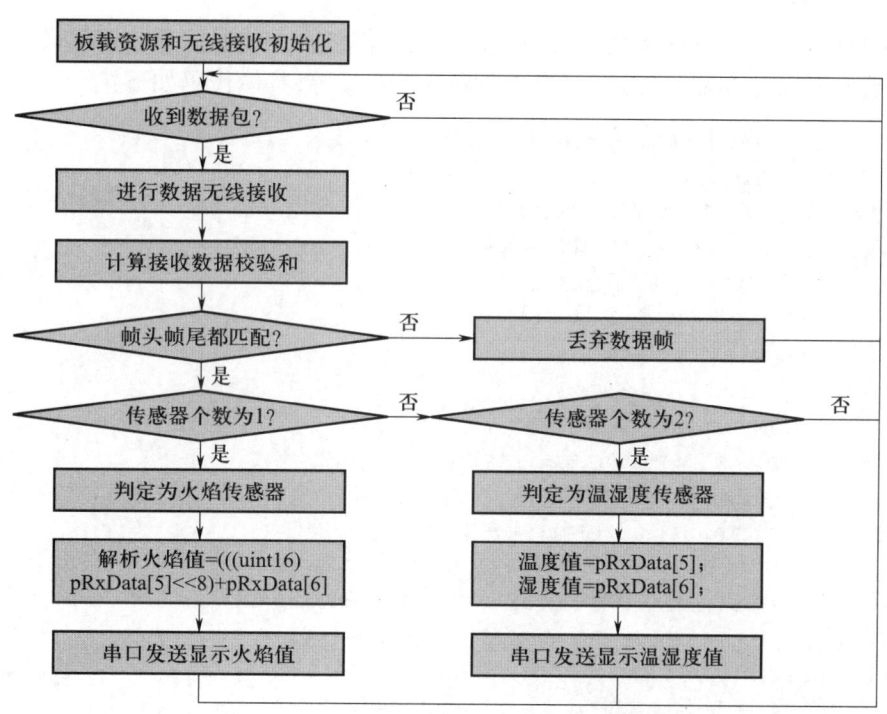

图11-27　汇聚节点接收及解析数据流程图

数据帧解析的基本步骤如下：

（1）进行板载资源和无线接收初始化；

（2）进入 while(1) 循环不断调用 basicRfPacketIsReady( ) 函数，判断是否接收到新数据，如果收到新数据，调用 basicRfReceive( ) 函数进行数据接收，把数据存放在缓冲数组中。调用 CheckSum( ) 函数进行校验和计算；

（3）通过 if 判断语句进行数据帧头和帧尾的验证。如果帧头帧尾均匹配，则进一步解析，否则，返回重新判断是否收到新数据包；

（4）如果帧头和帧尾都匹配，则进一步判断传感器个数。

（5）如果传感器个数等于1，则可判定接收数据来自火焰传感器。可从接收数组的第6个和第7个元素提取火焰传感器数值，由火焰传感器数据无线发送可知，pRxData[5] 存储的是火焰数据的高字节，pRxData[6] 存储的是火焰数据的低字节。因此，需要还原火焰值，火焰值等于高字节 pRxData[5] 左移 8 位，然后加上低字节 pRxData[6]，即

```
火焰值=(((uint16)pRxData[5])<<8)+pRxData[6];
```

（6）如果传感器个数等于2，则可判定接收数据来自温湿度传感器。可从接收数组的第6个和第8个元素提取温湿度传感器数值，由温湿度传感器数据无线发送可知，温度值 = pRxData[5]; 湿度值 = pRxData[7];

（7）最后调用 uart_printf( ) 函数将提取出来的火焰传感值或者温湿度值发送到串口调试助手进行显示。

2．设计关键函数

根据接收流程，汇聚节点接收数据解析程序头文件包含无线通信参数宏定义、数据帧字段宏定义、函数声明以及 basicRfCfg_t 结构体全局变量定义等，具体代码如下：

```
/*--- 接收汇聚节点数据解析头文件包含和宏定义 ---*/
#include "hal_defs.h"// 硬件抽象层定义
#include "hal_board.h"// 板载资源头文件
#include "hal_rf.h"// 包含硬件抽象层头文件
#include "basic_rf.h"// 包含 ZigBee 无线通信头文件
// 接收节点无线信道相关宏定义
#define RF_CHANNEL 13// 信道号
#define PAN_ID 0xD0C1// 网络 ID
#define MY_ADDR 0xC2CC// 汇聚节点地址
basicRfCfg_t RfConfig; // basicRfCfg_t 结构体
#define START_HEAD 0xCC// 数据帧头
#define CMD_READ 0x01// 数据帧命令域字段
#define SENSOR_TEMP 0x01// 传感器类型：1—温度传感器
#define SENSOR_RH 0x02// 传感器类型：2—湿度传感器
#define SENSOR_FIRE 0x03// 传感器类型：3—火焰传感器
#define MAX_SEND_BUF_LEN 128 // 发送数据缓冲数组长度
// 带参数宏定义,指示 LED 闪烁
#define FlashLed(n,time) do{halLedSet(n);halMcuWaitMs(time);halLedClear(n);}while(0)
uint8 GetHexStr( uint8 *input, uint8 len, uint8 *output );
```

接收汇聚节点数据解析的主函数如下。首先进行板载资源初始化和无线接收初始化，然后进入 while(1) 循环接收数据帧，并将接收到的原始数据帧通过串口通信发送到计算机，然后根据数据帧格式提取有效信息并进行串口通信显示。

```
/*---- 接收汇聚节点数据解析主函数 ----*/
void main(void)
{
    halBoardInit();　// 板载资源初始化
    ConfigRf_Init();　// Basic RF 无线接收初始化
    while(1)
    {
        if(basicRfPacketIsReady())
        {
            flashLed(2,100);　// 接收节点 LED2 闪烁 100ms
            uint16 len=basicRfReceive(pRxData,MAX_RECV_BUF_LEN,NULL);　// 无线接收
            char DebugOutput[256];
            memset(DebugOutput,'\0',256);
            GetHexStr((uint8*)pRxData,len,(uint8*)DebugOutput);　//
            uart_printf("接收的原始数据帧：%s\n",DebugOutput);　// 串口显示接收原始数据
            /*------------------- 接下来进行原始数据帧解析 ----------------*/
            uint8 check=CheckSum((uint8*)pRxData,pRxData[2]);　// 计算校验和
            // 解析：如果包头和包尾数据都相同，就进行数据解析
            if((pRxData[0]==START_HEAD)&&(check==pRxData[pRxData[2]]))
            {
                if(pRxData[3]==1)// 如果传感器个数为 1，说明是火焰传感器
                {/*------ 火焰数据解析 ------*/
                    uart_printf("当前火焰强度值：%dmV\r\n",(((uint16)pRxData[5])<<8)+pRxData[6]);
                }
                else if(pRxData[3]==2)// 如果传感器个数为 2，说明是温湿度传感器
                {/*------ 温湿度感数据解析 ------*/
                    uart_printf("当前温度值：%d℃ \r\n",pRxData[5]);
                    uart_printf("当前温湿度值：%d%%\r\n",pRxData[7]);
                }
                else // 如果传感器个数不是 1 和 2，抛弃该帧数据不解析
                    continue;
            }
        }
    }
}
```

3. 任务结果

组建一个三节点的 ZigBee 无线传感网络，其中 2 个发送节点分别为温湿度传感器节点和火焰传感器节点，另一个节点为接收汇聚节点。

将一个主控机安装温湿度传感器模块并下载温湿度传感和发送代码。同时，将另一个主控机安装火焰传感器模块并下载火焰传感和发送代码。然后，将接收节点通过串口线连接到计算机中，打开串口调试助手，选择正确的串口号。将接收代码下载到接收主控机中。示例结果如图 11-28 所示。

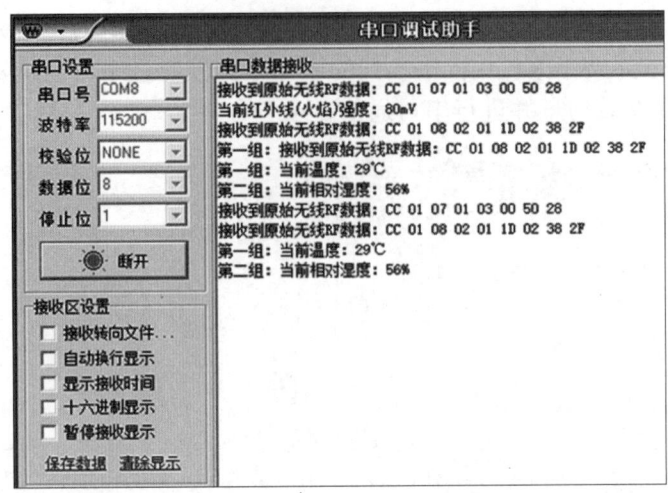

图 11-28 汇聚节点接收数据帧解析串口软件界面示例结果

由图 11-32 可知,串口调试助手同时显示原始数据和解析的传感器数据值。这说明汇聚节点同时接收到火焰传感器数据和温湿度数据。此外,有一些原始数据没有显示具体的传感器数值,这是因为解析时如果帧头帧尾不匹配,汇聚节点主动丢弃这类数据帧。

4. 远程监控数据

当本地解析数据无误后,可以将接收到的原始数据帧通过数据通过串口透传发送到云平台进行远程监控。

数据串口透传,可以调用 halUartWrite( ) 函数。该函数形式参数 *buf 表示要透传数据的首地址/指针,len 表示希望传输的数据字节数。返回值表示实际传输的字节数。

汇聚节点无线接收串口透传主函数如下。首先进行板载资源初始化和无线接收初始化,然后进入 while(1) 循环接收数据帧,最后调用 halUartWrite( ) 函数将接收到的原始数据帧通过串口透传发送到物联网网关。

```
/*--- 汇聚节点无线接收串口透传主函数 ---*/
void main( void )
{
halBoardInit( );// 板载资源初始化
ConfigRf_Init( );//Basic RF 无线接收初始化
while(1)
  {
  if( basicRfPacketIsReady( ))
    { FlashLed( 2,100 );// 接收节点 LED2 闪烁 100ms
     uint16 len=basicRfReceive( pRxData, MAX_RECV_BUF_LEN, NULL );// 数据接收
     halUartWrite( pRxData, len );// 串口透传
    }
  }
}
```

为了实现代码复用,可在接收数据解析与串口通信显示主函数基础上,增加预处理命令,实现数据解析和串口透传。具体代码如下:

```
/*---- 基于预编译的数据解析和串口透传伪代码 ----*/
#ifdef CC2530_DEBUG
// 接收数据解析与串口通信显示
#else
// 接收数据不解析直接串口透传
#endif
```

基于预编译的数据解析和串口透传的主函数如下:

```
/*-- 基于预编译的汇聚节点数据解析和串口透传主函数 ----*/
void main( void )
{
halBoardInit( );// 板载资源初始化
ConfigRf_Init( );//Basic RF 无线接收初始化
while( 1 )
  {
  if( basicRfPacketIsReady( ))
  { FlashLed( 2,100 );// 接收节点 LED2 闪烁 100ms
    uint16 len=basicRfReceive( pRxData, MAX_RECV_BUF_LEN, NULL );// 数据接收
#ifdef CC2530_DEBUG
    char DebugOutput[ 256 ];
    memset( DebugOutput,'\0',256 );
    GetHexStr((uint8* )pRxData, len,( uint8* )DebugOutput );//
    uart_printf( "接收的原始数据帧:%s\r\n", DebugOutput );// 串口显示接收原始数据
    /*------------------- 接下来进行原始数据帧解析 ----------------*/
    uart_printf( "解析接收数据:\r\n" );
    uint8 check=CheckSum(( uint8* )pRxData, pRxData[ 2 ]);// 校验域
    // 解析:如果包头和包尾数据都相同,就进行数据解析
    if(( pRxData[ 0 ]==START_HEAD )&&( check==pRxData[ pRxData[ 2 ]]))
    {
    if( pRxData[ 3 ]==1 )// 如果传感器个数为 1,说明是火焰传感器
    {/*------ 火焰数据解析 --------*/
    uart_printf( "当前火焰强度值:%dmV\n",( pRxData[ 5 ]*256 +pRxData[ 6 ]);
    }
    else if( pRxData[ 3 ]==2 )// 如果传感器个数为 2,说明是温湿度传感器
    {/*------ 温湿度传感数据解析 --------*/
    uart_printf( "当前温度值:%d℃ \r\n",pRxData[ 5 ]);
    uart_printf( "当前湿度值:%d%%\r\n",pRxData[ 7 ]);
    }
    else // 如果传感器个数不是 1 和 2,抛弃该帧数据不解析
    continue;
    }
#else
    halUartWrite( pRxData, len );// 串口透传
#endif
    }
   }
 }
}
```

如果需要在串口软件上观察解析数据,可在工程配置中设置预编译 CC2530_DEBUG。如果只需要透传数据,在工程配置中设置预编译为 xCC2530_DEBUG 即可,实现代码复用。

任务 8　云平台任务创建

一、任务描述

目前阿里、华为、腾讯、移动、电信等商业巨头都出租公有云平台。为对标"1+X"传感网应用开发,本任务将基于新大陆公司的云平台进行云平台任务创建,用于后续端管云应用数据监控。其他公司云平台任务创建步骤类似,具体需要参考对应公司的开发手册。

二、任务实施

1. 新建云平台账号

登录新大陆公司云平台网站 http://www.nlecloud.com/。点击图 11-29 中的"开发者中心",弹出登录/注册界面。已经注册的用户直接登录即可。新用户点击"免费注册",选择"个人注册"进行注册。

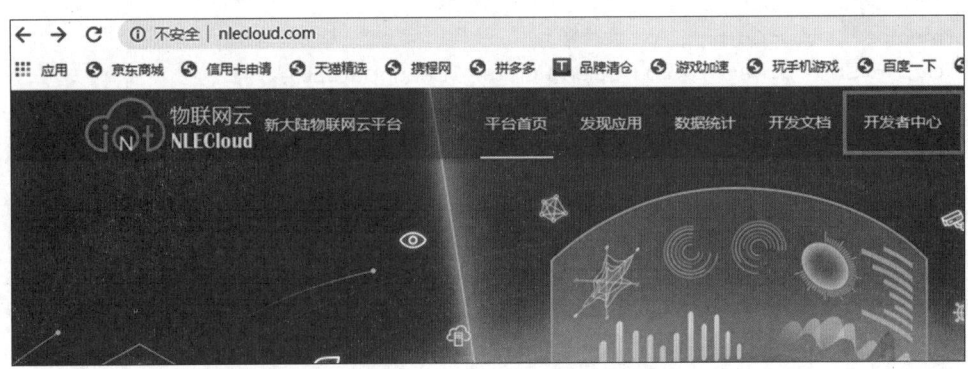

图 11-29　新大陆云平台网站界面

2. 新增项目

登录云平台,点击"开发者中心",弹出如图 11-30 所示的界面。此界面显示的是该账号下已经创建的项目名称。如果之前没有创建项目,此处为空白。

3. 添加项目

点击图 11-30 中的"新增项目",在弹出的"添加项目"对话框(11-31)中,设置"项目名称"为"仓储环境监测","行业类别"为"工业物联","联网方案"为"以太网"。

4. 添加设备

在图 11-31 所示界面中点击"下一步",进入添加设备界面,如图 11-32 所示。在"添加设备"界面,需要

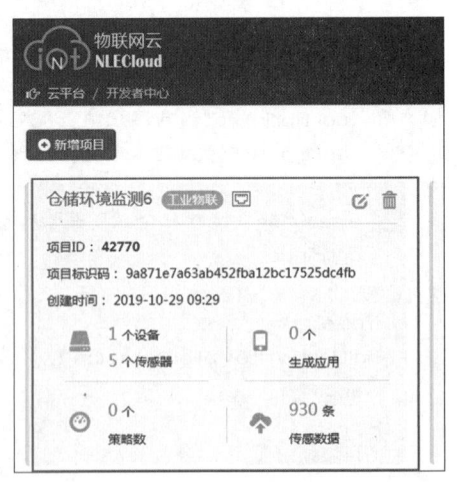

图 11-30　开发者中心界面

填写设备名称、通讯协议、设备标识等信息,其中设备名称和设备标识自定义。设备标识命名规则为自定义设备标识名末尾添加一串随机数字,防止与其他设备重复。此外,如果添加的设备被占用,需要先申请解绑。本任务中,设置"设备名称"为"仓储环境监测","通讯协议"为"TCP",最后点击"确定设备添加",弹出如11-33所示的项目概览界面。

5. 设备管理

点击图11-33中的"设备管理"标签,弹出如图11-34所示的设备管理页面。可以看到设备ID、设备标识、传输密钥、通讯协议等信息,这些信息是终端节点通过物联网网关连接到云平台的证明,用于确认用户的权限及身份,网关配置时需要设置设备ID、设备标识、传输密钥等信息。

图 11-31 项目名称行业类别联网方案配置界面

图 11-32 添加设备配置界面

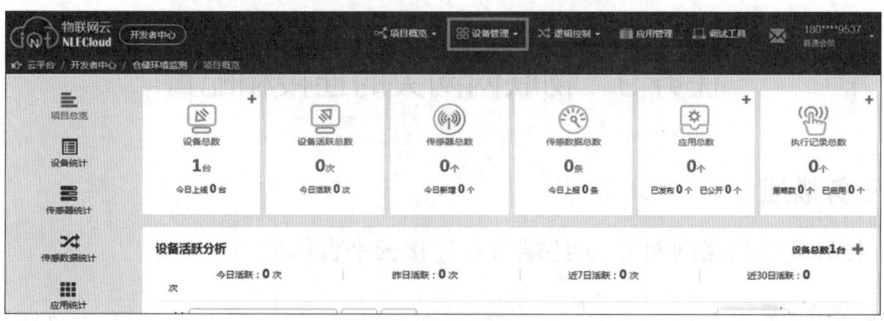

图 11-33 项目概览界面

图 11-34 设备管理界面

6. 验证应用密钥 ApiKey 有效期

点击图 11-40 中个人设置下的"开发设置",弹出密钥 ApiKey 设置界面,如图 11-35 所示。点击"生成",选择密钥有效期,最后点击"确认提交",将弹出如图 11-36 所示的 Apikey 密钥有效期申请成功提示框。

云平台任务创建配置完成后,云平台网页上显示设备处于离线状态,需要连接和配置物联网网关使设备上线。

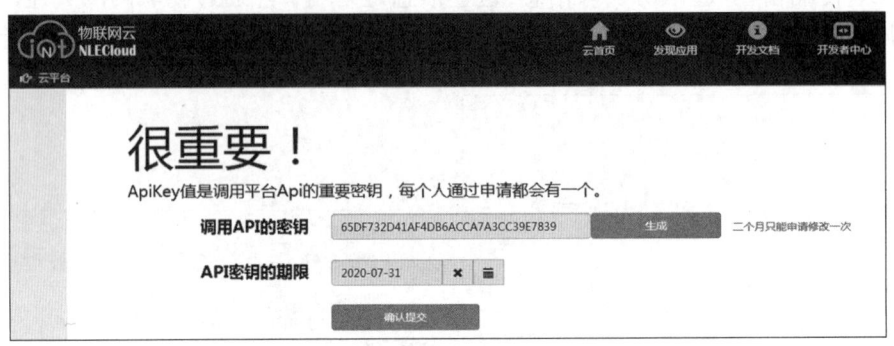

图 11-35　ApiKey 密钥设置界面

图 11-36　Apikey 密钥有效期申请成功提示框

任务 9　物联网网关的连接和配置

一、任务描述

实现连接和配置物联网网关,为终端节点连接云平台做准备。

二、必备知识

新大陆公司的物联网网关有 2 根天线,1 个电源接口,1 个 LAN 接口,1 个 WAN 接口,2 个 RS-485 接口。其中,网关的 LAN 接口接计算机组成局域网,WAN 接口接路由器,通过 Internet 连接云平台。通常物联网网关背面有管理地址 IP 以及 MAC 地址等信息。

三、任务实施

1. 硬件连接

三节点的端—管—云架构 ZigBee 无线网络连接逻辑图如图 11-37 所示。终端节点分别采集温湿度和火焰数据,然后将各自采集的传感数据发送到汇聚节点,汇聚节点通过 RS-232

转 485 转换头连接到物联网网关的 RS-485 信号接口，物联网网关的 LAN 接口接计算机的 LAN 接口，物联网网关的 WAN 接口连接路由器网口，连接外网至云平台。

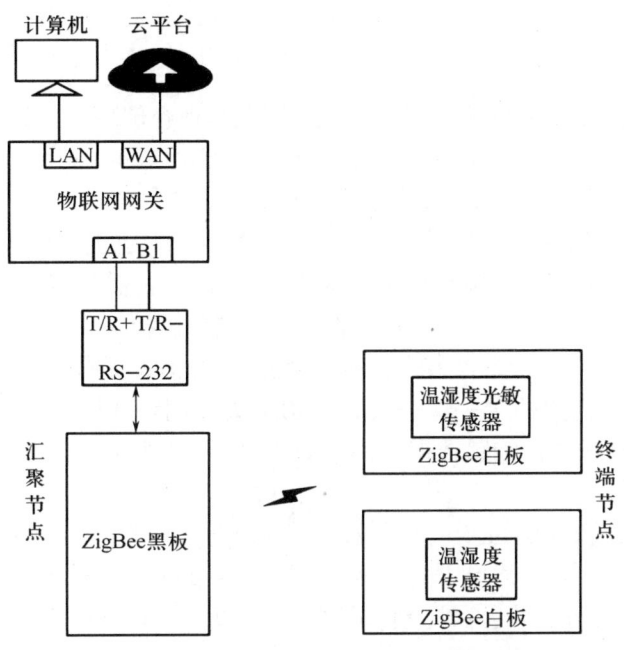

图 11-37　三节点端—管—云架构无线网络连接示意图

2. 物联网网关设置

按照图 11-37 连接物联网网关并上电，在浏览器中输入 IP 地址 192.168.14.200:8400，登录物联网网关管理界面。点击图 11-38 中的"云平台接入"，在弹出的物联网网关配置界面中根据设备管理界面信息，填入平台账号、平台密码、设备 ID 等信息，如图 11-39 所示。

点击"设置"，物联网网关自动重启，等待 20 s 左右后，系统初始化完毕。点击"读取"，即可看到配置成功后的信息。

图 11-38　物联网网关管理界面

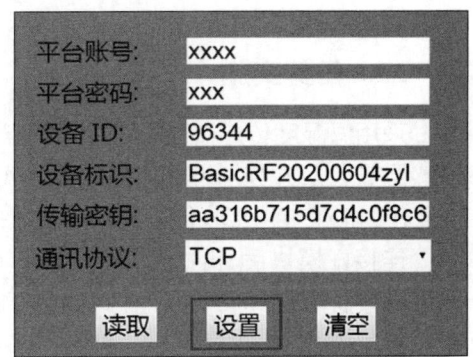

图 11-39　物联网网关配置界面
（填入云平台项目信息）

任务 10　端—管—云架构的 ZigBee 网络搭建

一、任务描述

实现组建三节点的端—管—云 ZigBee 网络,模拟实现仓储环境监测功能:
(1) 采用温湿度传感器模块和 ZigBee 模块组成传感器节点 1;
(2) 火焰传感器模块和 ZigBee 模块组成传感器节点 2;
(3) 传感器节点实时采集传感器的信号,每隔 2 s 将采集的传感器信号通过 ZigBee 无线通信传输给汇聚节点模块,汇聚节点解析传感器节点 1、传感器节点 2 无线传输的数据,并将数据通过网关透传到云平台,进行传感数据的云端存储和监控。

本任务可以拓展到多个传感器节点的数据采集和 ZigBee 无线通信组网,通过网关上传到云平台进行云端监控。通用的端—管—云的 ZigBee 无线网络架构示意如图 11-40 所示。

传感器节点:主要是进行传感数据采集,涉及晶振与时钟、GPIO、定时器、中断、串口通信、ADC 转换的控制等。

ZigBee 无线通信:基于 Basic RF 进行 ZigBee 无线通信,涉及无线通信数据帧构建、无线数据发送、无线数据帧接收与解析、汇聚节点数据透传,多节点通信干扰避免等。

物联网网关与物联网云平台:涉及物联网网关配置、云平台开发者中心账号管理、项目创建与配置、云平台数据显示与监测等。

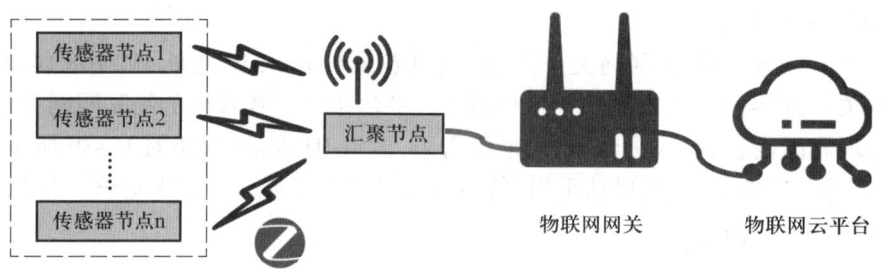

图 11-40　端—管—云的 ZigBee 无线网络架构

二、任务实施

采用温湿度传感器模块、火焰传感器模块分别与 ZigBee 模块组成一个数字量传感器节点 1、传感器节点 2,并分别下载相应的代码实现两类传感器的采集和无线发送。将一个黑色的 ZigBee 节点作为汇聚节点接收传感器发送的数据,下载对应的无线接收串口透传代码作为节点 3。

连接好模块后,再次登录云平台,其界面如图 11-41 所示,可以观察到设备在线信息。再次进入设备管理界面,可以看到如图 11-42 所示的在线信息以及上报记录数等。

传感器数据实时信息界面如图 11-43 所示。传感器数据历史信息界面示例如图 11-44 所示。注意,汇聚节点串口透传发送的数据是原始数据帧,而云平台端能直接读取有效数据,这是由于新大陆云平台后台进行了数据解析。云平台可添加策略远程控制传感设备和执行器,还可进行 Web 和 App 端应用设计,详情可参考云平台开发相关知识,本书不作具体介绍。

学习单元 4　端—管—云架构的 ZigBee 无线传感网络开发

图 11-41　云平台项目概览界面（在线）

图 11-42　设备管理界面（在线）

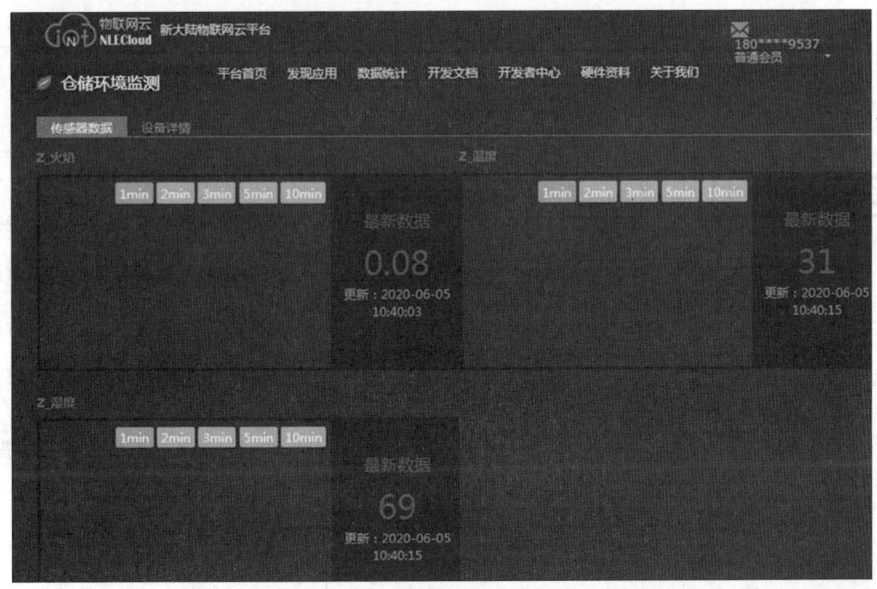

图 11-43　传感器数据实时信息界面

图 11-44 传感器数据历史信息界面

项目小结

本项目的小结如图 11-45 所示,介绍了 Basic RF 的基本工作原理及 ZigBee 无线组网应用,详细介绍了如何组建三节点的端—管—云无线传感网络,包括基于第三方库函数的温湿度数据采集和火焰传感器数据采集,无线数据帧的构建和传感数据的无线发送;汇聚节点的无线接收和解析;串口透传和物联网网关配置和云平台任务创建等。

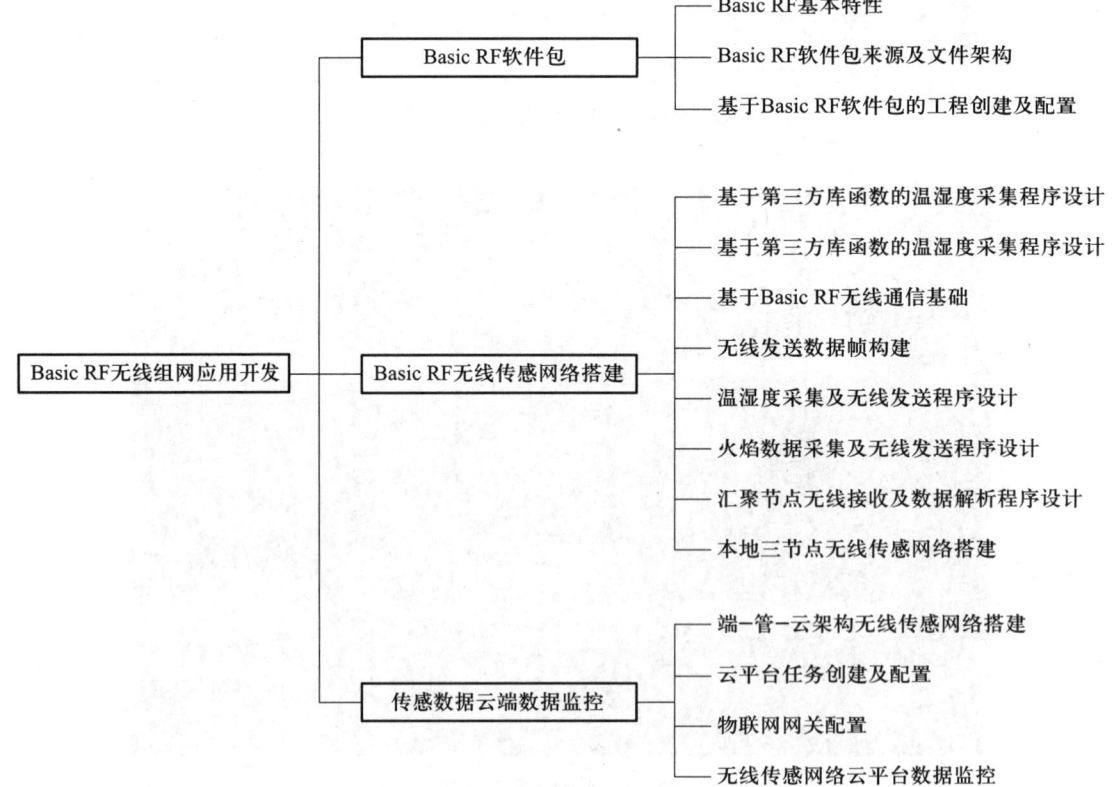

图 11-45 Basic RF 点对点无线组网项目小结

项目实训

1. 简述 Basic RF 的基本功能。
2. 简述 Basic RF 无线通信初始化的关键参数和函数。
3. 简述 Basic RF 无线发送的基本流程。
4. 简述 Basic RF 无线接收的基本流程。
5. 面向多传感器终端采集的 ZigBee 无线传感网络,自定义一个无线数据帧格式。

学习单元 5

ZigBee 3.0 无线组网开发

项目 12

ZigBee 3.0 协议栈安装

> **项目目标**
> 1. 了解 ZigBee 协议发展历史。
> 2. 了解 ZigBee 协议各逻辑层基本功能。
> 3. 了解 ZigBee 3.0 协议基本功能及特点。
> 4. 了解 ZigBee 3.0 协议栈特点及发展历史。
> 5. 掌握 ZigBee 3.0 协议栈的安装方法。
> 6. 了解 ZigBee 协议栈文件组织架构。
> 7. 了解样例工程模块功能。

任务 1　初识 ZigBee 3.0 协议

一、任务描述

了解最新的 ZigBee 3.0 协议及逻辑层基本功能和特性。

二、任务实施

ZigBee 协议是 ZigBee 联盟开发的一种基于 IEEE 802.15.4 规范的低成本、低功耗双向的无线通信标准。

ZigBee 联盟建立于 2002 年，是一家致力于制定、优化和完善 ZigBee 技术标准的非营利业界组织。ZigBee 联盟成员包括亚马逊、苹果、谷歌、华为、ST、TI、ARM 等知名企业，覆盖芯片供应商、设备制造商，电视与电信运营商、认证机构、大型零售集团等产业链的各个环节。2021 年 5 月 12 日，ZigBee 联盟更名为 CSA 联盟。

如图 12-1 所示，ZigBee 协议分为 4 层，从下向上分别为物理层、MAC 层、网络层和应用层。其中物理层和 MAC 层由 IEEE 802.15.4 标准定义，合称为 IEEE 802.15.4 通信层；网络层和应用层由 ZigBee 联盟定义。

ZigBee 3.0 协议是目前最新的 ZigBee 协议规范，该协议整合了各领域的应用协议，解决了不同领域的 ZigBee 设备之间的兼容性问题，使其能够真正地互联互通。同时，ZigBee 3.0 协议也增加了更多的产品类型和属性定义，并且提升了通信安全性和稳定性。

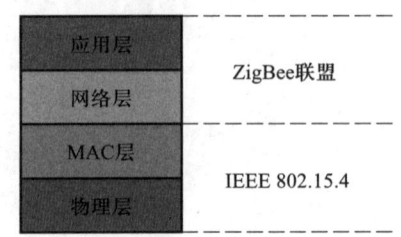

图 12-1　ZigBee 协议层

迄今为止，ZigBee 3.0 协议已被 TI、Silicon Lab、NXP、华为、小米等各大公司采用，是应用最为广泛的 ZigBee 应用协议。

1. 初识 ZigBee 物理层

通俗地理解，ZigBee 物理层基本功能是发送设备将数据通过 RF 射频前端以电磁波的形式发送到空中，接收设备通过 RF 射频前端接收电磁波信号转换成电信号并解析数据。

ZigBee 物理层提供了最基础的功能，主要包括：① 激活和休眠 RF 射频收发器；② 物理层测量，主要为上层协议操作提供参考依据，包括链路质量指示、信道能量水平检测、空闲信道评估和信道选择；③ 通过物理媒质接收和发送数据帧；④ 物理层属性管理，MAC 层通过原语对物理层的属性进行读取和设置。注意，每一个协议层都会有一些内部属性。

2. 初识 ZigBee MAC 层

ZigBee MAC 层即媒体接入控制层，它建立在物理层之上，不关心数据如何转换成电磁波信号或电磁波的频率大小。

MAC 层的主要作用是控制多个网络设备有序地利用物理通信资源来进行可靠通信，其提供的主要服务包括：① MAC 层管理，如设备类型的划分、无线个域网的建立和维护、信标管理、信道接入、保障时隙分配与管理、网络关联与取消关联、发送确认帧、同步机制、发送连接和断开请求、提供安全机制等；② 通过 MAC 协议数据单元进行数据发送和接收。

3. 初识 ZigBee 网络层

ZigBee 网络层基于 IEEE 802.15.4 协议，是 ZigBee 协议的核心部分，通常称为核心协议。网络层确保 IEEE 802.15.4 MAC 子层的正常运行，同时给应用层提供合适的服务接口。

ZigBee 网络提供的主要服务包括：① 多设备组网，指网络拓扑结构和设备角色设置、动态路由等；② 数据传输，指设备之间的控制指令和设备的状态信息等数据的传输。以 ZigBee 空调为例，控制指令是指空调的开关、制冷温度设定、工作模式设定等指令；状态信息是指空调在某个时刻的状态，例如设定温度、室内温度、工作模式等；③ 网络安全管理，指数据的加密解密等网络安全管理，确保数据传输的真实性和机密性。

处于网络中的设备称为网络节点，如图 12-2 所示，ZigBee 网络节点通常有以下 3 种类型。

（1）协调器：充当 ZigBee 网络网关（中心节点）的角色，负责网络的创建和维护，ZigBee 协议与 NB-IoT、Wi-Fi 等其他协议的转换，在特定的信道组建网络等，同时具备路由器的功能。

（2）路由器：又称为中继器，负责数据路由。所有的终端设备都需要通过协调器或者路由器加入网络。

（3）终端设备：又称为叶子节点，负责信息感知和传输，必须通过协调器或路由器才能加入 ZigBee 网络。在智能家居场景，终端设备通常是温湿度传感器、无线开关按钮或者各种生活电器。

ZigBee 网络拓扑结构主要有星形拓扑、树状拓扑和网状拓扑，如图 12-3 所示。

（1）星形拓扑：在星形拓扑结构中，所有的终端设备只和协调器之间进行通信。协调器作为发起设备，一旦被激活，就建立一个自己的网络，并作为 PAN 协调器。路由设备和终端设备可以选择 PAN 标识符加入网络。

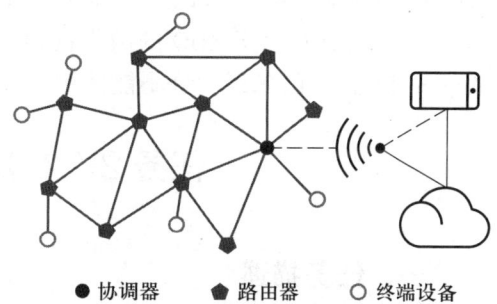

图 12-2 ZigBee 网络架构及节点类型

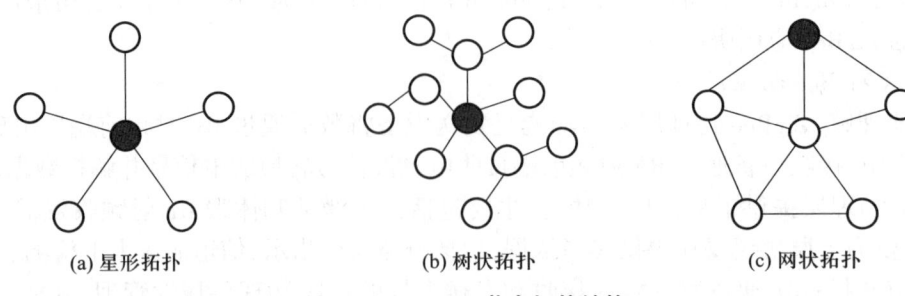

图 12-3 ZigBee 节点拓扑结构

（2）树状拓扑：树状拓扑结构由一个协调器和多个星形拓扑结构连接而成，设备除了能与自己的父节点或子节点互相通信外，只能通过网络中的树状路由完成通信。在树状拓扑结构中，由协调器发起网络，路由器和终端设备加入网络。

（3）网状拓扑：网状拓扑结构是在树状网络的基础上实现的。与树状拓扑结构不同的是，它允许网络中所有具有路由功能的节点互相通信，由路由器中的路由表完成路由查询过程。在网状拓扑结构中，每个设备都可以与在无线通信范围内的其他任何设备进行通信。

ZigBee 网络的主要特性：

（1）ZigBee 理论上支持构建和维护超过 10 000 个网络节点的网状网络，远远超过蓝牙和 Wi-Fi 网络节点数，极大扩展了传感网监控范围。在网状拓扑结构中，两个网络节点之间通常由多链路通信，从而确保了无线通信的稳定性。

（2）ZigBee 支持自组织组网，包括加入、重新加入或离开网络控制，动态路由寻址，邻居节点发现，路由发现，接收控制等。部分网络节点离开网络后，网络节点可根据动态路由重新构建通信链路进行组网。ZigBee 网络可根据各个网络节点的实时状态来动态计算网络中任意两个节点之间的最优路径。

4. 初识 ZigBee 应用层

ZigBee 应用层包含应用支持子层（Application Support Sub-layer, APS）、应用框架（Application Framework, AF）、ZigBee 设备对象（ZigBee Device Objects, ZDO）以及设备商自定义应用对象。

应用框架包含应用领域和簇。应用领域可以理解为一套标准规范，对象的属性和状态等，因此又称为应用协议。ZigBee 技术开发就是指基于 ZigBee 应用协议层的技术开发。应用协议可以发送命令、请求数据、处理命令等。簇由簇标识符来标识，与数据输入输出相关。在一个特定领域内，簇标识符是唯一的。

应用层框架规定可以最多定义 254 个应用对象，每一个应用对象由标号为 1~254 的端点表示。端点 0 用于 ZDO 的数据接口，端点 255 向网络内节点广播数据。端点 241~254 由 ZigBee 联盟分配，未经允许不能使用。如果用于绿色能源，则用端点 242。

任务 2　安装 ZigBee 3.0 协议栈

一、任务描述

了解和安装 ZigBee 3.0 协议栈。

二、必备知识

ZigBee 设备开发通常基于 ZigBee 协议栈。ZigBee 协议栈是 ZigBee 芯片产商按照 ZigBee 协议文档的规范编写的源码，实现 ZigBee 协议文档里组网、路由、加密通信等功能。

TI 公司的 ZigBee 协议栈也称为 Z-Stack 协议栈，它是 ZigBee 协议的代码实现。Z-Stack 协议栈是一个半开源的 ZigBee 协议栈，它内嵌了 OSAL 操作系统，是标准的 C 语言代码。它使用 IAR 开发平台，比较易于学习，是一款适合工业级应用的 ZigBee 协议栈。

Z-Stack 协议栈由内核层和应用层组成。早期的 Z-Stack 的应用层与内核层在版本上有着明显的一一对应关系。在 Z-Stack 2.5.1a 以后，Z-Stack 协议栈分为内核协议栈和应用协议栈。应用协议栈根据不同的应用领域被划分成不同的版本。注意，这里的内核层和应用层跟 ZigBee 协议层次并没有一一对应关系。

在 Z-Stack 协议栈的升级过程，TI 公司主要做了两方面的工作：一是根据 ZigBee 联盟的 ZigBee 规范添加新的特征；二是修复其自身缺陷。

TI 公司最新的 ZigBee 协议栈是 Z-Stack 3.0.2，它完全满足 ZigBee 3.0 要求，包括基本设备行为、绿色电源基本代理和 ZigBee 簇。Z-Stack 3.0.2 基于 Z-Stack Core 2.7.2，支持嵌入式芯片 CC2530 和 CC2538。

三、任务实施

本任务将介绍如何安装并使用 Z-Stack 3.0.2 协议栈。

Z-Stack 3.0.2 协议栈可在 TI 官网下载，解压压缩包后，选中可执行程序单击右键，选择以管理员身份运行安装包，待出现如图 12-4 所示界面后点击"Next"。安装路径可自定义。

Z-Stack 3.0.2 协议栈文件组织架构如图 12-5 所示。

图 12-4 Z-Stack 3.0.2 协议栈安装

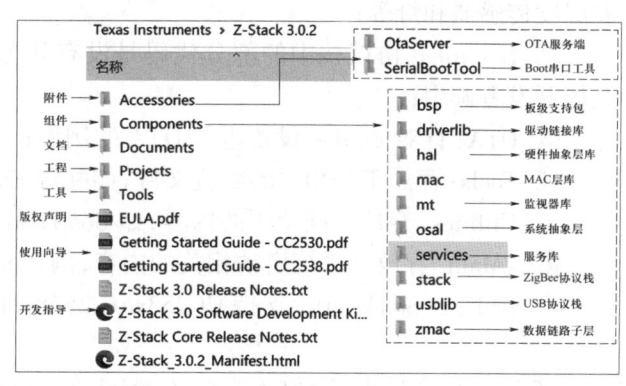

图 12-5 Z-Stack 3.0.2 协议栈文件组织架构

（1）Accessories 文件夹：存放辅助开发工具等附件。

（2）Component 协议栈组件文件夹：协议栈的重要组成部分，存放 Z-Stack 的核心文件，主要包括：

① bsp：为上层的驱动程序提供访问硬件设备寄存器的函数包；

② driverlib：为上层提供驱动程序 API；

③ hal：适配下层不同硬件的驱动程序，为上层提供统一 API；

④ mac：实现 IEEE 802.15.4 协议、射频收发控制等功能；
⑤ mt：为监视协议栈各层的运行状态提供支持；
⑥ osal：可以通俗地理解为一个简化版的操作系统，为 Z-Stack 的正确运行提供了内存管理、中断管理和任务调度等基本的功能支持；
⑦ services：提供了一些常用的 API，比如复制 MAC 地址等；
⑧ stack：实现了 ZigBee 协议的相关功能；
⑨ usblib：如果芯片支持 USB，就需要 USB 链接库的支持；
⑩ zmac：MAC 层的支持子层，属于 MAC 层的一部分。

（3）Documents 文件夹：存放 API 接口说明文档等开发辅助文档。

（4）Project 文件夹：包含 tools 文件夹和 zstack 文件夹。tools 文件夹存放了应用例程可能会使用到的工具，zstack 文件夹存放 ZigBee 应用例程，如图 12-6 所示。

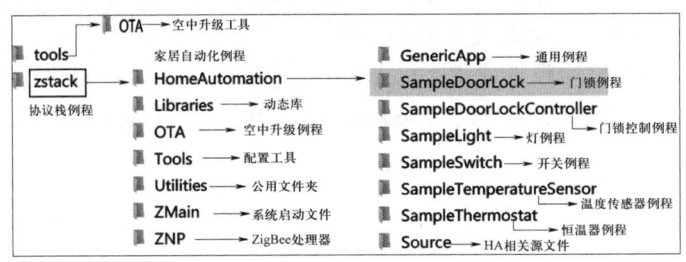

图 12-6　Z-Stack 3.0.2 协议栈 Projects 文件夹下文件组织架构

其中 zstack 文件夹包含：
① HomeAutomation（简称 ZHA）：ZigBee 面向智能家居自动化控制的应用，如智能插座、温湿度传感器和灯等；
② Libraries：协议栈中的部分代码是没有开源的，这部分源代码会被编译为链接库的形式供开发者调用；
③ OTA：针对 ZigBee 设备进行 OTA 的例程；
④ Tools：存放工程相关的配置文件，如配置 Flash 存储器中用来存放程序的空间大小等；
⑤ Utilities：存放共同使用的内容，如 BootLoader 例程；
⑥ ZMain：存放和系统启动相关的内容，例如 main() 入口函数；
⑦ ZNP：Z-Stack 3.0.1 支持 CC253x/CC2538+MCU 的方案，比如 CC2530+QCA4531（Wi-Fi 芯片）。

（5）Tools 文件夹：存放了配合 Z-Stack 使用的工具和配置文件等，如 ZigBee 网络信息的配置、程序启动位置地址配置等。

（6）EULA：版权说明文件。

（7）Getting Started Guide：使用向导。

（8）Z-Stack 3.0 Release Note：协议栈版本说明。

（9）Z-Stack 3.0 Software Development Kit Resource Guide：帮助文档链接。

（10）Z-Stack Core Release Note：协议栈的内核版本说明。

（11）Z-Stack_3.0.2_Manifest：协议栈的清单文件，包含例如软件版本信息等。

四、拓展知识

HA Profile 子文件夹包含以下样例工程。

（1）GenericApp 样例工程。

（2）SampleLight 智能灯光样例工程：可以使用 On/Off cluster 命令打开/关闭设备上的 LED D1，或者通过 ZCL Write 命令设置 IdentifyTime 属性为非 0 值，使设备进入 Identification 模式。

（3）SampleSwitch 智能开关样例工程：用作智能电灯开关来打开/关闭设备上的 LED D1。

（4）SampleDoorLock 智能门锁样例工程：作为智能门锁，接收来自智能门锁控制器的 lock/unlock、设置主 PIN 等簇命令。

（5）SampleDoorLockController 门锁控制器样例工程：作为门锁控制器向门锁设备发送触发 lock/unlock、设置主 PIN 等门锁簇命令。

（6）SampleThermostat 恒温器样例工程：接收来自温度传感器的温度测量值，并发送恒温命令到加热或冷却单元。

（7）SampleTemperatureSensor 温度传感器样例工程：作为温度传感器发送温度测量值到恒温器。局部温度可以手动调节增加/减少，也可以手动发送当前的温度到温度传感器。

上述所有例程都由以下模块组成（ZigBee 协议栈的最上层）。

（1）OSAL_<Samplexxx>.c：任务初始化函数和表。

（2）zcl_<Samplexxx>.c：主应用程序，主要涉及应用层初始化 init( ) 和事件处理函数 event loop( )。

（3）zcl_<Samplexxx>.h：应用程序的头文件模块。

（4）zcl_<Samplexxx>_data.c：声明属性、簇和简单描述符。

其中"Samplexxx"表示具体的样例工程名。不同应用工程的框架结构是类似的，实际开发中，通常基于上述其中一个样例工程进行开发应用。以 GenericApp 样例工程为例打开应用工程，该样例的组织架构如图 12-7 所示。在工作空间栏可选择设备类型 CoordinatorEB 为（协调器）、RouterEB（路由器）或 EndDeviceEB（终端节点）。App 文件夹中包含了应用层开发内容，大部分应用开发工作都是基于 App 协议栈展开，这将在项目 13 重点介绍。

Z-Stack 协议栈工程通常以分组的方式组织库函数，样例工程通常都包含了以下工作组：应用程序 App，基本设备行为 BDB，硬件抽象层 HAL，媒体访问控制 MAC，网络层 NWK，操作系统抽象层 OSAL，应用领域 Profile，公共服务 Services，配置文件 Tools，ZigBee 设备对象 ZDO，数据链路子层 ZMac，系统启动 ZMain 等。

图 12-7　Z-Stack 3.0.2 样例工程组织架构（GenericApp）

项目小结

本项目的小结如图 12-8 所示,介绍了 ZigBee 协议的发展及 ZigBee 协议层的基本功能;同时介绍了 ZigBee 协议和 ZigBee 协议栈的区别与联系;重点介绍了最新 ZigBee 3.0 协议栈的特点及其安装、ZigBee 协议栈文件组织架构和样例工程模块功能,为后续 ZigBee 3.0 开发提供基础。

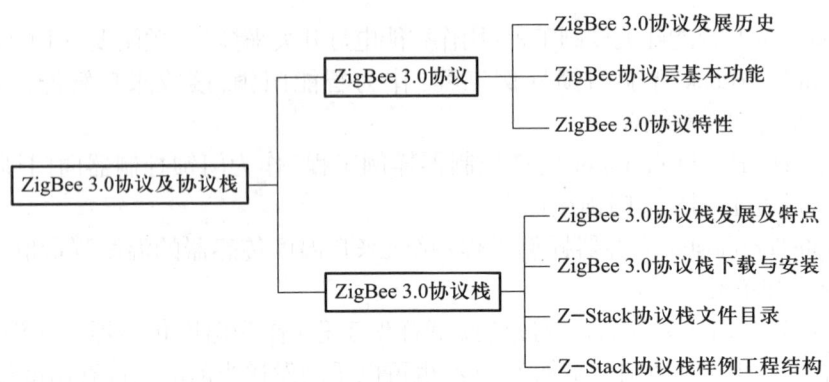

图 12-8 ZigBee 3.0 协议栈的安装项目小结

项目实训

1. 简述 ZigBee 协议与 ZigBee 协议栈的关系。
2. 简述 ZigBee MAC 层的基本功能及特点。
3. 简述 ZigBee 网络节点的类型及特点。
4. 简述 ZigBee 3.0 协议为何可以实现不同 ZigBee 设备的互联互通。
5. 下载安装 Z-Stack 3.0.2 协议栈。

项目 13

基于 OSAL 的 HAL 层应用开发

> **项目目标**
>
> 1. 理解 OSAL 运行机制。
> 2. 理解事件、事件初始化、事件轮询和事件处理函数。
> 3. 了解 HAL 的基本功能和目录结构。
> 4. 掌握 HAL 层板载硬件资源引脚映射。
> 5. 了解常见的 HAL 层 LED 控制 API 函数。
> 6. 掌握基于 HAL 的 LED 控制程序设计。
> 7. 理解 Z-Stack 协议栈按键工作原理。
> 8. 理解基于轮询的 HAL 层按键控制程序设计。
> 9. 掌握基于中断的 HAL 层按键程序设计。
> 10. 理解 Z-Stack 协议栈串口通信工作原理。
> 11. 掌握 HAL 层串口通信收发程序设计方法。
> 12. 理解 HAL 层 ADC 工作原理及常见 API 函数。
> 13. 掌握 HAL 层 ADC 程序设计方法。

任务 1 理解 OSAL 调度机制

一、任务描述

理解 Z-Stack 协议栈 OSAL 的工作机制。

二、必备知识

Z-Stack 协议栈是一个基于任务轮询方式的操作系统,就是不断地查询任务池中哪个任务被触发然后进行处理,其任务调度和资源分配由 OSAL 管理。Z-Stack 协议栈可理解为:Z-Stack 协议栈 =OSAL+CC2530 硬件模块 +AF 无线网络应用。其中,OSAL 的主要功能是任务调度和资源分配,CC2530 硬件模块的主要功能包含了 GPIO、外部中断、定时器、串口通信、ADC 等模块功能的实现;AF 无线网络应用的主要功能是发送和接收无线数据。

OSAL 实现了一个易用的操作系统平台,通过时间片轮转函数实现任务调度,提供多任务处理机制。用户可以调用 OSAL 提供的相关 API 进行多任务编程,将自己的应用程序作为一个独立的任务来实现。深入理解 OSAL 的调度机制和工作机理,是灵活应用 Z-Satck 协议栈进行 ZigBee 无线应用开发的重要基础。

三、任务实施

1. 初识 OSAL 函数

在项目 12 任务 2 中,已经介绍了工作空间栏下的文件组织架构,如图 12-7 所示,其中,OSAL 工作组包含的就是操作系统抽象层的代码源文件。ZMain 文件夹目录(图 13-1)中的 ZMain.c 包含 main( ) 函数入口。main( ) 函数主要做两件事,首先进行系统初始化,然后启动 OSAL 操作系统。在任务轮询过程中,系统将会不断查询每个任务是否有事件发生,如果有事件发生,就执行相应的事件处理函数,如果没有事件发生,则查询下一个任务。

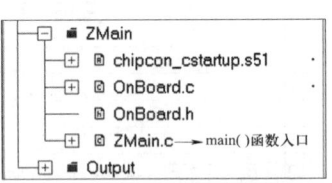

图 13-1　ZMain 文件夹及其子文件夹目录

接下来从协议栈入口函数,即 main( ) 函数开始分析基于 OSAL 的 Z-Stack 协议栈函数调度。Z-Stack 协议栈调度机制解析如图 13-2 所示。重点关注任务初始化函数 osal_init_system( ) 和任务轮询函数 osal_start_system( )。在 osal_init_system( ) 函数中,首先进行内存堆栈初始化、系统时钟初始化、低功耗电源管理初始化,这些初始化函数都是 TI 公司提供的函数,通常不需要修改。最后,调用 osalInitTask( ) 函数进行任务初始化,osalInitTask( ) 函数通常不需要修改定义如下:

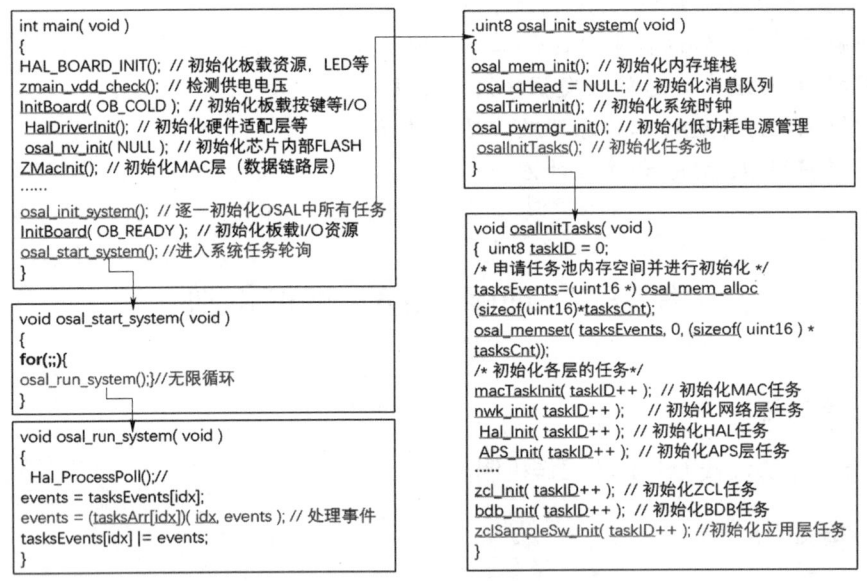

图 13-2　Z-Stack 协议栈调度机制解析

Z-Stack 框架是分层的,如 HAL(硬件抽象层)、OSAL(操作系统抽象层)、MAC(数据链路层)、MT(监视器)、App(应用层)等。在 Z-Stack 框架中,每一层都是任务池中的任务,而且任务是具有优先级的;系统在轮询进行任务调度时,会扫描每一层,如果发现有任务且任务已到期就会被处理。

在 osalInitTask( ) 函数定义中,首先调用 osal_mem_alloc( ) 函数申请任务池内存空间赋值给 taskEvents 数组,然后调用 osal_memset( ) 函数进行初始化。接着调用 macTaskInit( ) 函数初始化

MAC 层任务,调用 nwk_init( ) 函数进行网络层初始化,调用 hal_Init( ) 函数进行 HAL 任务初始化,调用 APS_Init( ) 函数进行 APS 任务初始化,调用 zcl_Init( ) 函数进行 ZCL 任务初始化,调用 bdb_Init( ) 函数进行 BDB 任务初始化,最后一个函数是应用层初始化函数 zclSampleSw_Init( )。这些任务初始化函数一般也不需要修改,通常只需要修改应用层初始化。可以看出,Z-Stack 协议栈提供了基本的函数运行框架,开发者只需要根据具体应用对应用层相关函数进行修改。

osalInitTask( ) 函数中,taskID 是任务的标识符,系统轮询也是根据 taskID 而来,taskID 越小表示该任务的优先级越高(因为系统更早的轮询到该任务)。osalInitTasks( ) 函数实现了从 MAC 层到 ZigBee 设备应用层任务处理函数,而用户自己的初始化函数优先级是最低的。

任务轮询函数 osal_start_system( ) 是一个 for(::) 死循环,相当于 while(1),在该死循环中,不断调用 osal_run_system( ) 函数。osal_run_system( ) 函数的核心代码如下:

```
/*----osal_run_system 函数核心代码 ----*/
void osal_run_system( void )
{
    uint8 idx=0;
    Hal_ProcessPoll( );  // 硬件事件处理
    do {
        if( tasksEvents[idx] )  // 进行系统轮旋,判断哪一层/任务事件发生
        {
            break;  // 任务 ID 为 0 的优先级最高
        }
    } while( ++idx<tasksCnt );
    /* 确认本次有任务需要处理 */
    if( idx < tasksCnt )
    {
        uint16 events;
        halIntState_t intState;
        HAL_ENTER_CRITICAL_SECTION( intState );  // 进入临界区
        events = tasksEvents[idx];  // 提取待处理任务
        tasksEvents[idx]=0;  // 清除当前任务
        HAL_EXIT_CRITICAL_SECTION( intState );  // 退出临界区
        activeTaskID=idx;
        events=( tasksArr[idx] )( idx, events );  // 进行事件处理
        activeTaskID=TASK_NO_TASK;
        HAL_ENTER_CRITICAL_SECTION( intState );  // 进入临界区
        tasksEvents[idx]|=events;  // 保存尚未处理事件至事件表
        HAL_EXIT_CRITICAL_SECTION( intState );  // 退出临界区
    }
    // 删除非核心代码
}
```

实际上,osal_run_system( ) 是一个系统轮询函数。首先通过调用 Hal_ProcessPoll( ) 函数查看是否有硬件事件发生并进行相应处理,然后通过 do{} while( ) 语句进行系统轮询,轮询每一层任务。这也说明硬件事件的优先级大于任务事件的优先级。但是任务是由多个事件组成

的,也就是说轮询到需要处理的任务时,先处理该任务中已经到时间的事件,而还没到时间的事件暂时不处理,等待下次时间到了再处理。

处理事件有一个很重要的函数,即"events=(tasksArr[idx])(idx, events)",其中 tasksArr 是一个指向数组的指针,也可以把 tasksArr[ ] 看成一个数组,该数组存放所有任务处理函数入口。

2. 认识 OSAL 事件

ZigBee 事件包括系统事件和用户事件。系统事件是协议栈定义的,用户事件是用户自定义的。在 Z-Stack 架构中,事件编码方式采用独热码(one-hot code),独热码是一种只有 1 位为 1,其他位皆为 0 的编码,直观来说就是有多少比特位就有多少个状态,例如 uint16 有 16 个比特位,可以代表 16 种状态。当 events 的最高位为 1 时,表示系统事件集合,即 events 中的事件全是系统事件;当 events 的最高位为 0 时,表示用户事件集合,即 events 中的事件全是用户事件,那么剩下的 15 位就是 15 种事件,因此,events 最多可以包含 15 种用户事件。

基于上述规则,表 13-1 给出了 Z-Stack 用户事件编码示例。由该表可知,除了用于表示系统事件或者用户事件的最高位,其他 15 个比特位中,只有 1 位为 1,其他位均为 0。假设 events 的值为 0010 1000 0001 0001,即其右起第 1、5、11、14 位为 1,那么可理解为事件集合 events 包含了用户事件 A、E、L 和 N。

表 13-1 Z-Stack 用户事件编码示例

二进制编码	十六进制编码	用户事件名称
0000 0000 0000 0001	0x00 01	用户事件 A
0000 0000 0000 0010	0x00 02	用户事件 B
0000 0000 0000 0100	0x00 04	用户事件 C
0000 0000 0000 1000	0x00 08	用户事件 D
0000 0000 0001 0000	0x00 10	用户事件 E
0000 0000 0010 0000	0x00 20	用户事件 F
0000 0000 0100 0000	0x00 40	用户事件 G
0000 0000 1000 0000	0x00 80	用户事件 H
0000 0001 0000 0000	0x01 00	用户事件 I
0000 0010 0000 0000	0x02 00	用户事件 J
0000 0100 0000 0000	0x04 00	用户事件 K
0000 1000 0000 0000	0x08 00	用户事件 L
0001 0000 0000 0000	0x10 00	用户事件 M
0010 0000 0000 0000	0x20 00	用户事件 N
0100 0000 0000 0000	0x40 00	用户事件 O

用户事件由开发者自定义并进行相应处理。在 zcl_samplesw.h 中,如用户事件定义如下:

```
#define USER_TEST_EVT 0x0001
```

利用独热码,可以通过简单的位操作指令实现事件的提取和清除。例如:

```
提取系统类事件:events&SYS_EVENT_MSG
清除系统类事件:events^SYS_EVENT_MSG
```

由于事件编号是 16 位,也就是说 ZigBee 事件类只有 16 个,其中系统事件 SYS_EVENT_MSG 使用 0x8000,所以,用户事件只有 15 个,可采用 0x4000 ~ 0x0001。

3. 理解事件处理函数

每个任务包含一个或多个待处理事件,设置用户事件有专门的 API 函数。tasksArr[ ] 数组包含了各任务层的事件处理函数。tasksArr[ ] 数组的定义如下:

```c
/*-- 任务事件处理函数指针数组定义 ---*/
const pTaskEventHandlerFn tasksArr[ ]={
  macEventLoop,    // 第 1 个元素, MAC 层事件处理函数
  nwk_event_loop,  // 第 2 个元素, 网络层事件处理函数
#if !defined( DISABLE_GREENPOWER_BASIC_PROXY )&&( ZG_BUILD_RTR_TYPE )
  gp_event_loop,   // 第 3 个元素, 绿电事件处理函数
#endif
  Hal_ProcessEvent, // 第 4 个元素, HAL 事件处理函数
#if defined( MT_TASK )
  MT_ProcessEvent, // 第 5 个元素, 监视器事件处理函数
#endif
  APS_event_loop,  // 第 6 个元素, APS 层事件处理函数
#if defined( ZIGBEE_FRAGMENTATION )
  APSF_ProcessEvent, // 第 7 个元素, APSF 层事件处理函数
#endif
  ZDApp_event_loop, // 第 8 个元素, ZDApp 层事件处理函数
#if defined( ZIGBEE_FREQ_AGILITY )|| defined( ZIGBEE_PANID_CONFLICT )
  ZDNwkMgr_event_loop, // 第 9 个元素, 网络管理事件处理函数
#endif
#if defined( INTER_PAN )
  StubAPS_ProcessEvent, // 第 10 个元素, 网络间事件处理函数
#endif
#if defined( BDB_TL_INITIATOR )
  touchLinkInitiator_event_loop, // 第 11 个元素, 触摸初始化事件处理函数
#endif
#if defined( BDB_TL_TARGET )
  touchLinkTarget_event_loop, // 第 12 个元素, 触摸目标事件处理函数
#endif
  zcl_event_loop,  // 第 13 个元素, ZCL 事件处理函数
  bdb_event_loop,  // 第 14 个元素, BDB 事件处理函数
  zclSampleSw_event_loop // 第 15 个元素, 应用层事件处理函数
};
```

可以看到,在任务处理事件数组 tasksArr[ ] 中有各层的任务处理函数, events = (tasksArr[idx])(idx, events) 这条语句的数组 tasksArr[idx] 有一个索引号 idx,这个索引号决定了调用第几个任务处理函数,比如 idx=1,那么调用的就是 macEventLoop 这个任务处理函数。

根据定义可知, tasksArr[ ] 是一个指向 pTaskEventHandlerFn 类型的数组,而 pTaskEventHandlerFn 是一个函数类型,用于指向某系列事件对应的处理函数。上述代码定义了一个事件处理函数数组,这个数组中的每一个元素均表示某一个层次任务的对应的事件处理函数。

pTaskEventHandlerFn 函数指针类型的定义如下:

```
typedef unsignedshort( *pTaskEventHandlerFn )( unsigned char task_id, unsigned short event )
```

这表明,pTaskEventHandlerFn 是一个指向返回值为 unsigned short,形式参数为 unsigned char task_id 和 unsigned short event 的函数指针。

如图 13-3 所示,taskEvents 通过 task_id 与 tasksArr 函数指针数组建立映射,调用相关的任务处理函数 (tasksArr[task_id])(task_id, events)。

图 13-3 tasksEvents 与任务处理函数数组 tasksArr 的关系

初始化函数 osallnitTasks( ) 进行各层任务的初始化,从 MAC 层、MWK 网络层、HAL 层,一直到应用层,全局变量 task_id 依次递增。task_id 值越大,优先级越低。

在 taskArr[ ] 定义中,涉及应用层事件处理函数。应用层事件处理函数 zclSampleSw_event_loop(uint8 task_id, uint16 events) 有两个形式参数,即 task_id 和 events。task_id 表示任务函数对应的任务号,events 对应系统事件或者用户自定义事件。实际中根据不同应用,任务处理事件也不完全相同。

应用层事件处理函数的定义如下,首先根据事件号来判断是何种类型事件,如果是用户事件,则进行用户任务事件处理;如果是系统事件,则使用 osal_msg_receive( ) 函数从消息队列上接收消息,该消息中包含了接收无线数据包的指针 MSGpkt,最后根据消息指针结构里的事件号 MSGpkt → hdr.event 来判断具体事件,比如 ZCL_INCOMING_MSG 事件、KEY_CHANGE 事件或 ZDO_STATE_CHANGE 事件等,并执行相应处理。

```
/*---- 应用层用户事件处理函数解析 ----*/
uint16 zclSampleSw_event_loop( uint8 task_id, uint16 events )
{
    afIncomingMSGPacket_t *MSGpkt;  // 定义一个指向接收消息结构体的指针
    (void)task_id;  //Intentionally unreferenced parameter
    // 如果是用户事件处理
    if( events&SAMPLESW_TOGGLE_TEST_EVT )
    {// 再次触发用户事件
        osal_start_timerEx( zclSampleSw_TaskID, SAMPLESW_TOGGLE_TEST_EVT, 500 );
        // 用户事件处理;
```

```c
    return( events^SAMPLESW_TOGGLE_TEST_EVT );
  }
  if( events & SYS_EVENT_MSG )// 如果是系统事件
  // 调用 osal_msg_receive( ) 函数从消息队列上接收消息
  { while(( MSGpkt=( afIncomingMSGPacket_t* )osal_msg_receive( zclSampleSw_TaskID )))
  // 该消息中包含了接收无线数据包的指针
    { // 判断消息类型
      switch( MSGpkt->hdr.event )
      {
        case ZCL_INCOMING_MSG: // 接收数据事件
        //ZCL 接收事件处理；
          break;
        case KEY_CHANGE: // 按键处理事件
    zclSampleSw_HandleKeys((( keyChange_t* )MSGpkt )->state, (( keyChange_t* )MSGpkt )->keys );// 调用按键处理函数
          break;
        case ZDO_STATE_CHANGE:
        //ZDO 状态变化事件处理
      break;
        default: break;
      }
        osal_msg_deallocate((( uint8 * )MSGpkt );// 释放内存
    }
    return( events^SYS_EVENT_MSG );// 返回未处理的任务
  }
  return 0;//Discard unknown events
}
```

注意，返回值全是 events^SYS_EVENT_MSG，用异或操作消除已处理事件标志位，对未处理事件标志位不做改变。

协议栈中触发事件有以下方式：

（1）通过设置一个软件定时器，当其溢出时触发事件：osal_start_timerEx( )->osalTimerUpdate( )->osal_set_event( );

（2）通过调用系统消息传递机制触发事件：osal_msg_send( )->osal_set_event( );

（3）直接调用 osal_set_event( ) 触发事件。

前两种事件触发方式其实是间接调用了 osal_set_event( ) 函数，协议栈中很多应用都是通过这两种方式来触发。

下面介绍最常见的软件定时器触发事件函数 osal_start_timerEx( )，在系统软件定时器链表中添加一个软件定时器并启动，系统通过 osalTimerUpdate( ) 对链表中的每一个软件定时器进行减 1 ms 操作，当定时器溢出时，调用 osal_set_event( ) 触发事件。osal_start_timerEx( ) 函数的声明如下：

```
uint8 osal_start_timerEx( uint8 task_id, uint16 event_id, uint32 timeout_value );
```

① task_id：任务 ID，其中，指具体哪一层（任务）的标识符；

② event_id：事件 ID，指任务中的哪一个事件；

③ timeout_value：指多少毫秒后才处理这个事件。

如果用户希望 3 s 后处理自定义的事件，可以在应用层初始化函数 zclSampleSw_Init( ) 中添加 osal_start_timerEx( ) 函数进行处理代码如下：

```
/*-- 事件延时触发函数的应用示例 --*/
void zclSampleSw_Init( byte task_id )
{
    zclSampleSw_TaskID=task_id;
    // 删除不相关函数
    osal_start_timerEx( zclSampleSw_TaskID, SAMPLEAPP_TEST_EVT, 3000 );
}
```

其中 zclSampleSw_TaskID 是一个全局变量，用以保存应用层的任务 ID。

任务 2 基于 HAL 的 LED 控制应用开发

一、任务描述

基于 Z-Stack 协议栈的 HAL 实现实训主控板上 4 个 LED 每隔 2 s 周期性闪烁的效果。

二、必备知识

1. HAL 层协议栈工作机制

Z-Stack 协议栈采用分层的软件结构，HAL 层用于适配不同硬件的驱动程序，为上层提供统一 API，方便开发者使用各种硬件；提供各种硬件模块的驱动，包括定时器、通用 I/O、通用异步收发传输器、模数转换的应用程序接口 API，并提供各种服务的扩展集。

展开 HAL 文件夹目录，可以看到公共目录 Common 文件夹、驱动 API 头文件目录 Include 文件夹和驱动程序 Target 文件夹，各文件夹及其目录如图 13-4、图 13-5 所示。

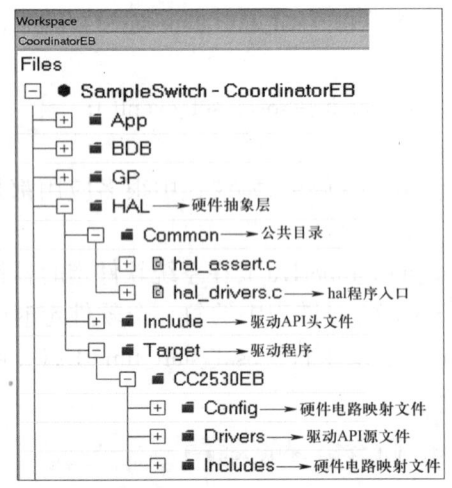

图 13-4　Z-Stack 协议栈 HAL 文件夹目录

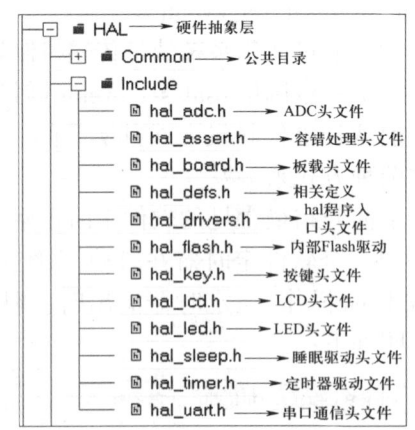

图 13-5　Z-Stack 协议栈 Include 文件夹目录

hal_drivers.c 文件是 HAL 层的入口,包含 HAL 层任务初始化函数 Hal_Init(uint8 task_id) 和 HAL 层事件处理函数 Hal_ProcessEvent( ),这两个函数分别与本项目任务 1 介绍的应用层任务初始化函数和应用层事件处理函数类似。HAL 层硬件驱动初始化函数如下:

```
/*--HalDriverInit 硬件驱动初始化函数 ---*/
void HalDriverInit( void )
{
    /* TIMER 定时器初始化 */
#if( defined HAL_TIMER )&&( HAL_TIMER==TRUE )
#endif
    /* ADC 初始化 */
#if( defined HAL_ADC )&&( HAL_ADC==TRUE )
    HalAdcInit( );
#endif
    /* DMA 初始化 */
#if( defined HAL_DMA )&&( HAL_DMA==TRUE )
    HalDmaInit( );
#endif
    /* AES */
#if( defined HAL_AES )&&( HAL_AES==TRUE )
    HalAesInit( );
#endif
    /* LCD 初始化 */
#if( defined HAL_LCD )&&( HAL_LCD==TRUE )
    HalLcdInit( );
#endif
    /* LED 初始化 */
#if( defined HAL_LED )&&( HAL_LED==TRUE )
    HalLedInit( );
#endif
    /* UART 初始化 */
#if( defined HAL_UART )&&( HAL_UART==TRUE )
    HalUARTInit( );
#endif
    /* KEY 按键初始化 */
#if( defined HAL_KEY )&&( HAL_KEY==TRUE )
    HalKeyInit( );
#endif
    /* SPI 初始化 */
#if( defined HAL_SPI )&&( HAL_SPI==TRUE )
    HalSpiInit( );
#endif
    /* HID 初始化 */
#if( defined HAL_HID )&&( HAL_HID==TRUE )
    usbHidInit( );
#endif
}
```

上述代码对各个硬件模块进行初始化。在实际开发过程中,并不需要使用全部硬件资源。如果需要用到硬件资源,则定义其对应的宏,否则,可以不用定义对应宏。

硬件宏启用方式:右键单击工程名,选择"Options",然后依次选择"C/C++ Compiler"→"Preprocessor",在"Defined symbols"中输入"HAL_LED=TRUE",如图 13-6 所示。其中,在"Defined symbols"部分定义的宏是全局的宏,在整个工程中均起作用。

图 13-6 硬件资源宏定义启用示例

2. 板载硬件资源引脚映射

HAL 层提供了一个硬件资源配置文件 hal_board_cfg.h,用于配置 ZigBee 设备硬件与 CC2530 引脚的配对。展开 Target 文件目录,可以在 Config 文件目录中找到 hal_board_cfg.h 文件,hal_board_cfg.h 文件包含了板载 LED、按键、LCD、Flash 映射、RF 前端等资源映射。打开 hal_board_cfg.h 文件,即可找到与 LED 有关的配置,代码如图 13-7 所示。

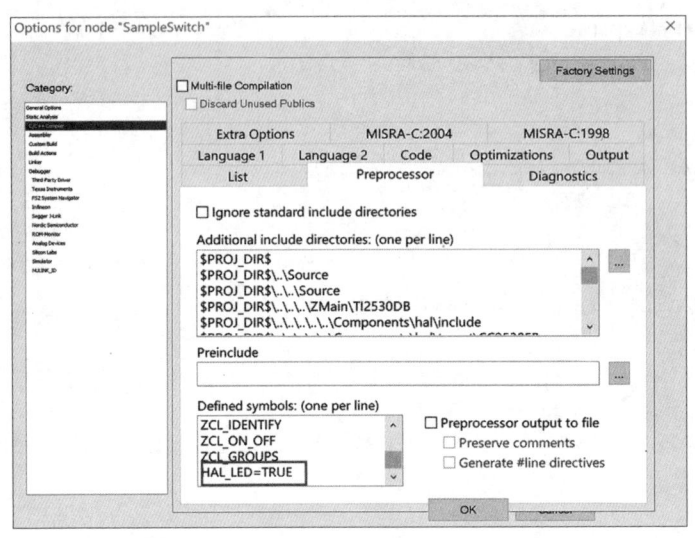

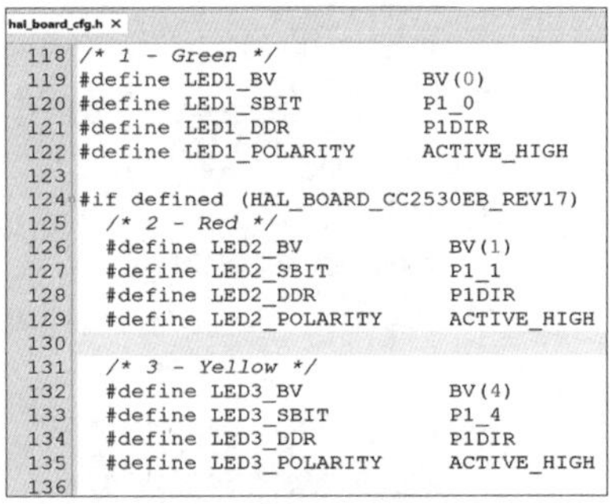

图 13-7 协议栈硬件板载默认 LED 引脚配置

以 LED1 为例,"#define LED1_SBIT P1_0"表示 LED1 连接了 CC2530 的 P1_0 引脚。这是协议栈默认的硬件板载配置,需要根据实际硬件电路原理图中 LED 与 CC2530 引脚的连接关系做相应修改。本书配套的 ZigBee 实训主控板(新大陆公司 ZigBee 黑板)上的 LED1 连接 CC2530 的 P1_0,因此不用修改 LED1 的配置。如果 LED1 连接在 CC2530 的 P0_5 引脚,可以做相应修改如下:

```
#define LED1_SBIT P0_5
```

三、任务实施

1. LED 控制工作机制

基于 Z-Stack 协议栈 HAL 的 LED 控制程序设计,首先需要在 HAL 工作组硬件资源配置文件 hal_board_cfg.h 中，根据电路原理图修改板载资源引脚映射。其次需要在应用层头文件 zcl_samplesw.h 中定义用户事件，并在 zcl_samplesw.c 源文件中对用户事件进行初始化 zclSampleSw_Init( )，然后在事件处理函数的用户事件状态下，调用 HAL 库的 LED 处理函数进行 LED 控制。最后，待编译运行后，系统按照 OSAL 事件调度机制处理各种事件。本任务中，采用软件定时器触发方式，即调用 osal_start_timerEx( ) 函数进行事件的触发，这也是最常见的用户事件触发方式。

2. 协议栈 LED 硬件映射

在 GPIO 应用开发单元，如图 3-1 所示，本书配套的实训主控板上，LED1（LED3）、LED2（LED4）、LED5、LED6 的正极分别对应 CC2530 的 P1_0，P1_1，P1_3 和 P1_4 引脚。为了配合协议栈关于 LED3 和 LED4 的定义，例程将 LED5、LED6 分别定义为 LED3、LED4，实训主控板 LED 配置修改后的代码如下：

```
/*—— 协议栈硬件板载 LED 实际引脚配置 ——hal_board_cfg.h 文件 */
/* LED1-Green */
#define LED1_BV              BV(0)
#define LED1_SBIT            P1_0
#define LED1_DDR             P1DIR
#define LED1_POLARITY        ACTIVE_HIGH

/* LED2 - Red */
#define LED2_BV              BV(1)
#define LED2_SBIT            P1_1
#define LED2_DDR             P1DIR
#define LED2_POLARITY        ACTIVE_HIGH

/* LED3 - Yellow */
#define LED3_BV              BV(3)
#define LED3_SBIT            P1_3
#define LED3_DDR             P1DIR
#define LED3_POLARITY        ACTIVE_HIGH

/* LED4 - Orange */
#define LED4_BV              BV(4)
#define LED4_SBIT            P1_4
#define LED4_DDR             P1DIR
#define LED4_POLARITY        ACTIVE_HIGH
```

根据上述代码修改后的 HAL 的 LED 驱动支持 HAL_LED_1、HAL_LED_2、HAL_LED_3、HAL_LED_4 逻辑定义。其中 ACTIVE_HIGH 表示该 LED 是高电平驱动的。若电路设计为低电平驱动，只需将其修改为 ACTIVE_LOW 即可。

3. 基于 HAL 的 LED 控制事件定义

在 zcl_samplesw.h 中，定义 LED 事件宏如下：

```
#define SAMPLEAPP_LED_EVT 0x0040
```

4. 用户事件进行初始化

在 zcl_samplesw.c 中，LED 事件初始化函数如下：

```
/*--- 基于 Z-Stack 协议栈的 LED 事件初始化函数核心代码 ---*/
void zclSampleSw_Init( byte task_id )
{
  zclSampleSw_TaskID=task_id;
// 省略不相干代码
// 触发用户事件
osal_start_timerEx( zclSampleSw_TaskID, // 任务 ID
                    SAMPLEAPP_LED_EVT, // 任务事件
                    2000// 触发时间,单位 s
);
}
```

5. 应用层事件处理

应用层事件处理函数 zclSampleSw_event_loop( )(zcl_samplesw.c 文件)与 LED 事件相关的核心代码如下,如果用户事件被触发,则调用对应的 LED 库函数。

```
/*-- 用户事件处理函数 LED 事件处理核心代码 --*/
uint16 zclSampleSw_event_loop( uint8 task_id, uint16 events )
{
  afIncomingMSGPacket_t *MSGpkt;
  // 省略处理系统事件等不相关代码
if( events & SAMPLEAPP_LED_EVT )// 处理定义的用户事件
{
HalLedSet( HAL_LED_ALL, HAL_LED_MODE_TOGGLE );//LED 状态切换
// 周期性事件
osal_start_timerEx( zclSampleSw_TaskID, SAMPLEAPP_LED_EVT, 2000 );
// 返回未处理的事件
}
return( events^SAMPLEAPP_LED_EVT );
}
```

6. 启用 LED 的宏定义

在下载代码前,需要在 "Preprocessor" 标签的 "Defined symbols" 栏输入 "HAL_LED=TRUE",启用 LED 对应宏定义 HAL_LED。

7. 任务结果

编译工程后将程序烧录到实训主控板中,全速运行后,可以看到实训主控板上的 4 个 LED 每隔 2 s 周期性闪烁。

任务 3 基于 HAL 的按键控制应用开发

一、任务描述

基于 OSAL 机制设计按键控制程序,实现实训主控板的按键控制 LED 的亮灭。

二、必备知识

1. 基于 HAL 的按键逻辑映射

Z-Stack 协议栈的 HAL 提供了完善的按键驱动 API,其定义在 hal_key.h 和 hal_key.c 文件中。在 hal_board_cfg.h 头文件中配置了按键与 CC2530 引脚的对接关系,包含 2 个独立按键和 1 个 Joystick 摇杆按键,独立按键 S1 默认的配置连接 P0.1,Joystick 摇杆按键连接 P2_0。

Z-Stack 中,Joystick 游戏摇杆方向键采用 ADC 接口,中心键采用 TTL 接口,方向键与 CC2530 的 AN6/P0_6 相连。随着摇杆方向不同,抽头阻值发生变化,CC2530 的 ADC 采样值也会发生变化;中心键与 CC2530 的 P2_0 相连。

2. 基于轮询的 HAL 按键控制

Z-Stack 中按键有中断和轮询两种运行方式,默认为轮询方式,如使用中断方式,需定义按键中断宏 ISR_KEYINTERRUPT,具体代码见 initBoard() 函数定义。

基于轮询方式的按键初始化流程如图 13-8 所示。CPU 首先调用 HalDriverInit() 函数,然后调用 InitBoard() 函数,配置按键轮询函数 HalKeyConfig(),调用按键处理函数句柄 pHalKeyProcessFunction,即 OnBoard_KeyCallback() 按键回调函数,触发 HAL_KEY_EVENT 事件。

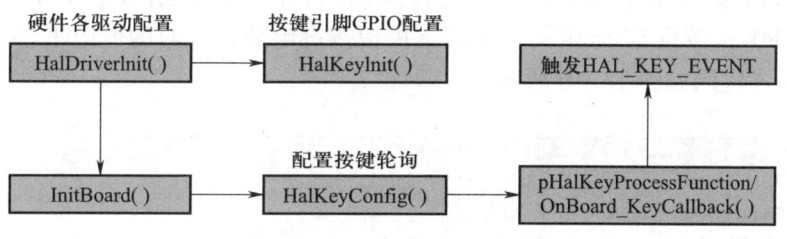

图 13-8 板载资源按键初始化流程(轮询方式)

3. 按键处理事件

轮询方式下按键事件处理流程如图 13-9 所示。

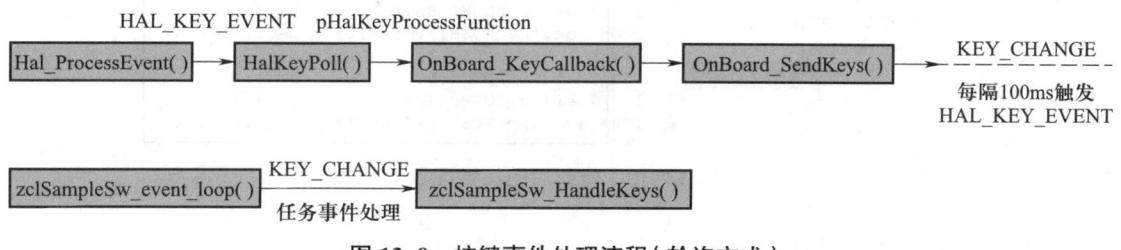

图 13-9 按键事件处理流程(轮询方式)

首先调用 Hal_ProcessEvent() 函数,产生 HAL_KEY_EVENT 事件,然后调用按键轮询函数 HalKeyPoll(),产生回调函数 OnBoard_KeyCallback(),调用 OnBoard_SendKeys() 产生 KEY_CHANG 事件,每隔 100 ms 左右触发一次 HAL_KEY_EVNET 事件。在应用层事件处理函数 zclSampleSw_event_loop() 中,一旦检查到 KEY_CHANGE 事件,则调用按键处理函数 zclSampleSw_HandleKeys()。

由于按键受OSAL调度,所以在Z-Stack中使用按键之前,必须要先在OSAL中注册。也可以在应用层中注册,在应用层的初始化函数zclSampleSw_Init()中,调用函数RegisterForKeys()后,默认已经完成了OSAL注册工作。

注册后,如果按键被按下,就会产生一个应用层的系统事件KEY_CHANGE。Z-Stack默认使用轮询模式,可以通过Hal_ProcessEvent()函数定义查询按键轮询机制。

可以利用HalKeyPoll()函数查询按键状态。在上述HalKeyPoll()函数定义的最后,调用按键回调函数OnBoard_KeyCallback()。OnBoard_KeyCallback()函数的主要任务是调用OnBoard_SendKeys()函数。OnBoard_SendKeys()函数将按键触发状态key打包发送到应用层,并触发应用层事件KEY_CHANGE后,就可以在应用层调用相应的事件处理函数来处理这个按键事件。

在zclSampleSw_event_loop()应用事件处理函数中,可以找到KEY_CHANGE事件的处理函数zclSampleSw_HandleKeys()。zclSampleSw_HandleKeys()函数默认的工作任务是在LCD中显示按键按下的信息。实际中,需根据具体任务要求进行代码编写。

三、任务实施

1. 按键I/O逻辑映射

本书配套的ZigBee实训主控板没有摇杆按键,只有两个独立按键S1和S2,其中按键S1连接的引脚是P0_1,按键S2未定义。实训主控板按键电路按下时为低电平,未按下时为高电平,修改后的配置代码如图13-10所示

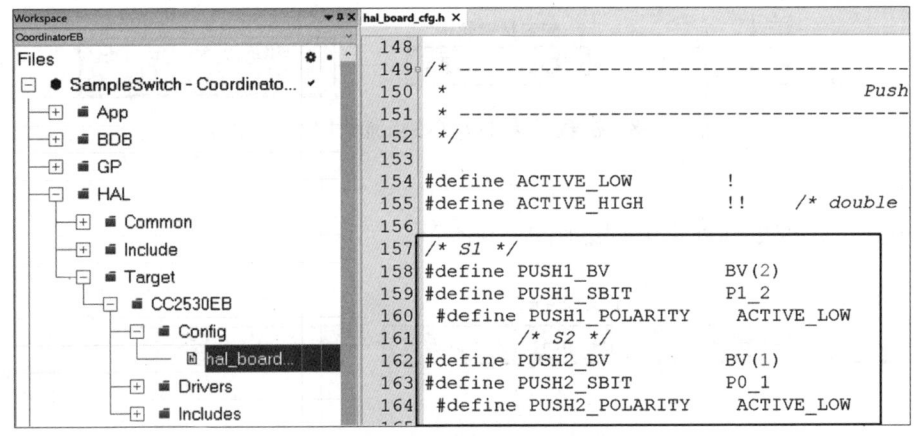

图13-10 修改后的按键配置

2. 按键初始化函数修改

在hal_key.c文件中,Z-Stack按键初始化函数HalKeyInit()的定义如图13-11所示。

Z-Stack协议栈默认设置中,按键S1引脚和LED4引脚复用CC2530引脚P0_1。由上述代码可知,如果定义了宏ENABLE_LED4_DISABLE_S1,则不能用于按键。但是Z-Stack没有开源ENABLE_LED4_DISABLE_S1这个宏定义。因此,如果要使能独立按键,则需要去掉预编译;否则,按键引脚不能被配置为输入。注意,即使实训主控板上的独立按键没有连接P0_1,也需要注释对应的预编译代码。

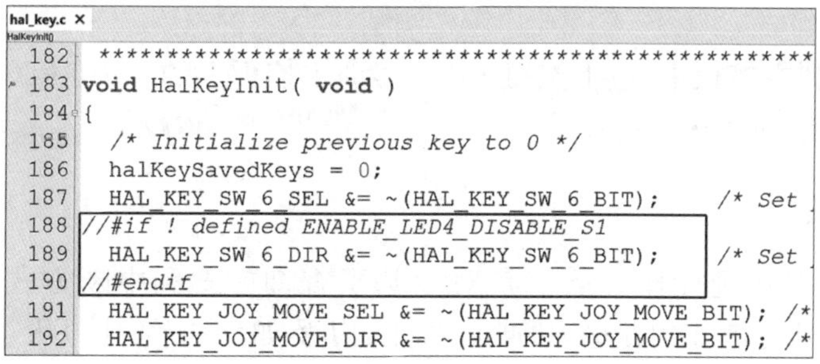

```
hal_key.c ×
HalKeyInit()
182   /**************************************************
183   void HalKeyInit( void )
184   {
185     /* Initialize previous key to 0 */
186     halKeySavedKeys = 0;
187     HAL_KEY_SW_6_SEL &= ~(HAL_KEY_SW_6_BIT);        /* Set
188   //#if ! defined ENABLE_LED4_DISABLE_S1
189     HAL_KEY_SW_6_DIR &= ~(HAL_KEY_SW_6_BIT);        /* Set
190   //#endif
191     HAL_KEY_JOY_MOVE_SEL &= ~(HAL_KEY_JOY_MOVE_BIT); /*
192     HAL_KEY_JOY_MOVE_DIR &= ~(HAL_KEY_JOY_MOVE_BIT); /*
```

图 13-11 按键初始化函数 HalKeyInit( ) 定义

3. 按键轮询函数修改

轮询方式下,需要将查询独立按键的代码提前。此外,由于实训主控板上没有摇杆按键,所以 HalKeyPoll( ) 函数定义中,需要将摇杆按键代码屏蔽掉。否则,将无法检测到独立按键状态。修改后的按键轮询函数核心代码如下:

```
/*---HalKeyPoll( )函数按键处理核心代码---*/
void HalKeyPoll( void )
{
  uint8 keys=0;
//轮询方式必须提前该段代码
  if( HAL_PUSH_BUTTON1( ))
  {
    keys |=HAL_KEY_SW_6;
  }
// 实训主控板上没有 Joystick 按键需要屏蔽或者删除
//if(( HAL_KEY_JOY_MOVE_PORT & HAL_KEY_JOY_MOVE_BIT ))
//{
//keys=halGetJoyKeyInput( );
//}
// 删除不相关代码
// 按键回调函数
  ( pHalKeyProcessFunction )( keys, HAL_KEY_STATE_NORMAL );
}
```

4. 按键事件处理

本任务是按键控制 LED 亮灭,因此,添加按键事件处理的对应代码如下:

```
/*--- 按键事件处理函数对应代码 ---*/
static void zclSampleSw_HandleKeys( byte shift, byte keys )
{
  if( keys&HAL_KEY_SW_6 )
  {
    HalLedSet( HAL_LED_ALL, HAL_LED_MODE_TOGGLE );//LED 状态切换
  }
}
```

5. 任务结果

下载代码到实训主控板中,按下按键 SW1,实训主控板上的 4 个 LED 状态同时发生变化,从而实现了按键控制 LED 状态的效果。

四、任务拓展

ZigBee 协议栈的按键操作本质上是对于基于查询方式和中断方式的封装。对于查询方式,关键是要找到它是如何配置引脚的功能,以及如何查询引脚状态。对于中断方式,关键是配置相应引脚的中断和相应的中断处理函数。接下来分析 HAL 按键中断的工作机制。

首先要开启 ISR_KEYINTERRUPT 的宏定义。

按键中断方式的初始化流程如图 13-12 所示。其中,HalDriverInit( ) 函数和 HalKeyInit( ) 函数在前述按键轮询部分已介绍,故不作赘述。

HalKeyConfig( ) 函数中,注册按键回调函数,如果是按键中断方式,则需要配置边缘触发方式、中断使能等寄存器,并停止按键轮询。按键中断使能后,一旦发生按键中断,CPU 就会自动跳转到中断服务函数中进行中断事件处理。

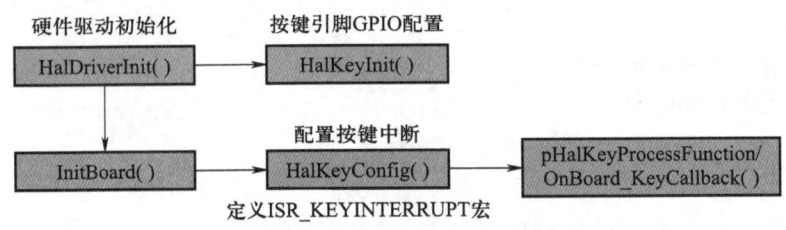

图 13-12 按键初始化流程(中断方式)

任务 4 基于 HAL 的串口通信应用开发

一、任务要求

基于 Z-Stack 协议栈,实现计算机通过串口软件发送命令控制终端节点 LED 亮灭。具体要求:当计算机发送命令时,终端节点将接收命令全部发送回计算机,并根据命令对 LED 状态做出响应。发送命令"1",终端节点接收到"1"后点亮 LED(P1_0),同时显示"1 打开 LED";发送命令"0",终端节点接收到"0"后关闭 LED(P1_0),同时显示"0 关闭 LED";发送其他字符,终端节点接收字符后向计算机返回对应字符,保持 LED 状态不变,并向计算机发送"未知命名!"字符串。

二、必备知识

1. Z-Stack 协议栈串口通信机制

Z-Stack 中对串口通信操作的 API 封装主要在 hal_uart.h 和 hal_uart.c 中,支持 DMA 和 ISR 两种处理方式。系统默认推荐使用 DMA 方式,也可以通过修改宏定义改为 ISR 的方式,宏定义在 hal_board_cfg.h 中。Z-Stack 对串口操作的封装使用了缓冲区的方式,不论是 DMA

方式还是 ISR 方式,串口通信的收发都是直接操作缓冲区。

串口通信 DMA 模式,即直接存储模式。串口接收的过程,即从串口读取字符串的过程,指系统在串口数据到来之前,调用 HalUARTPollDMA( ) 函数轮询串口中是否有数据。当串口数据缓存寄存器 UxDBUF 中有数据时,直接利用 DMA 传输,即将 UxDBUF 的数据发送到 rxBuf 中。而 HalUARTPollDMA( ) 函数轮询时只检查 rxBuf 中是否有新数据,当检查到 rxBuf 中有新数据时,则会响应串口事件,调用串口回调函数。在串口回调函数中,通常调用 HalUARTReadDMA( ) 函数读取缓冲区中的数据。

串口发送过程,即向串口发送一定字符串的过程。通常在 Z-Stack 的应用程序中调用 HalUARTWriteDMA 向发送缓冲区中写字符串,这是在 HalUARTPollDMA 轮询之前进行的,即如果没有调用 HalUARTWriteDMA( ),则将不会检测到有数据要发送到串口。当发送缓冲区中有数据后,在 HalUARTPollDMA( ) 函数中将强制启动 DMA 传输,将发送缓冲区中的数据发送到 UxDBUF 中去。DMA 传输是逐字节传输,当一个字节传输完成时,串口将发送 UxDBUF 中的数据,然后发生 DMA 中断,在中断函数里面,判断是否还有数据要发送,如果有,则当系统轮询调用 HalUARTPollDMA( ) 函数时,进行剩余数据的 DMA 传输。

串口通信 ISR 模式,即中断模式,在 OASL 操作系统轮询时调用了 Hal_ProcessPoll( ) 函数,在此函数中如果定义了 HAL_UART=TRUE,则轮询串口,查询是否有数据要发送或接收。然后定位到 HalUARTPoll( ) 函数中,如果采用 ISR 方式,即 HAL_UART_ISR 为 1 或 2,则调用 ISR 串口轮询函数 HalUARTPollISR( ),在该函数中调用串口回调函数。回调函数指针 typedef void(*halUARTCBack_t)(uint8 port, uint8 event) 定义在 hal_uart.h 头文件中。

2. 协议栈串口通信结构体和 API

(1) halUARTCfg_t 结构体

要使用串口,首先需要对串口进行初始化配置。在 hal_uart.h 头文件中,可以找到 halUARTCfg_t 结构体用于配置串口,其定义如下:

```
/*--- halUARTCfg_t 结构体定义 ---*/
typedef struct
{
    bool                 configured;
    uint8                baudRate; // 波特率
    bool                 flowControl; // 流控
    uint16               flowControlThreshold; // 流控门限
    uint8                idleTimeout; // 空闲超时
    halUARTBufControl_t rx; // 串口接收控制结构体
    halUARTBufControl_t tx; // 串口发送控制结构体
    bool                 intEnable;
    uint32               rxChRvdTime;
    halUARTCBack_t       callBackFunc; // 回调函数
} halUARTCfg_t;
```

(2) 串口发送 API

串口发送 API 函数为 HalUARTWrite( ),其基本功能是通过串口发送数据。函数声明为 uint16 HalUARTWrite(uint8 port, uint8 *buf, uint16 len),该函数有 3 个形式参数,包含串口号 port、写入首地址 buf 和写入缓冲区最大字节数 len,返回值为实际接收字节数。

(3) 串口接收 API

串口接收 API 函数 HalUARTRead( ) 的基本功能是通过串口接收数据,并从串口缓冲区中读取数据。该函数声明为 uint16 HalUARTRead(uint8 port, uint8 *buf, uint16 len),包含 3 个形式参数,包含串口号 port、接收缓存首地址 buf、接收缓冲区最大字节数 len,返回时为实际接收字节数。

(4) 串口接收长度 API

串口通信 API 函数 Hal_UART_RxBufLen( ),其基本功能是查看当前串口接收缓冲区数据的字节大小。该函数声明为 uint16 Hal_UART_RxBufLen(uint8 port),仅包含一个形式参数 port,表示串口号,函数返回值是实际接收的字节数。

三、任务实施

1. Z-Stack 协议栈串口通信配置

在 OSAL 机制下,串口通信的程序设计非常简单,只需要进行串口初始化和设计串口通信回调函数。

首先配置串口。定义一个串口初始化函数 zclSampleSw_InitUart( ),具体代码如下。串口初始化函数对 halUARTCfg_t 结构体变量进行实体化,设置波特率、流控、接收和发送缓冲区大小,以及回调函数等成员变量,然后调用 HalUARTOpen( ) API 函数打开串口。

```
/*--- 自定义串口初始化函数 ---*/
static void zclSampleSw_InitUart( void )
{
    halUARTCfg_t uartConfig;
    /* UART Configuration */
    uartConfig.configured           =TRUE;   // 允许配置
    uartConfig.baudRate             =HAL_UART_BR_115200; // 波特率
    uartConfig.flowControl          =FALSE;  // 关闭硬件流控
    uartConfig.flowControlThreshold =0;      // 和流控相关
    uartConfig.rx.maxBufSize        =ZCLSAMPLESW_UART_BUF_LEN; // 接收缓冲区大小
    uartConfig.tx.maxBufSize        =6;      // 发送缓冲区大小
    uartConfig.idleTimeout          =6;      // 默认超时时间
    uartConfig.intEnable            =TRUE;   // 使能中断
    uartConfig.callBackFunc         =zclSampleSw_UartCB; // 设置回调函数
    /* Start UART */
    HalUARTOpen( HAL_UART_PORT_0, &uartConfig ); // 根据配置打开串口 0
}
```

其中:

(1) uartConfig.rx.maxBufSize=UART_BUF_LEN:设置串口接收缓冲区的大小,在 zcl_samplesw.c 文件中,#define UART_BUF_LEN 16;

(2) uartConfig.tx.maxBufSize =6:配置发送缓冲区的大小为 6;

(3) HalUARTOpen(HAL_UART_PORT_0, &uartConfig):根据 uartConfig 配置打开串口 0,由 HAL 提供 API;

(4) uartConfig.callBackFunc=zclSampleSw_UartCB:设置自定义串口通信回调函数

zclSampleSw_UartCB();

（5）ZCLSAMPLESW_UART_BUF_LEN 是串口缓存宏定义。

通常，根据任务要求自定义 zclSampleSw_UartCB() 串口通信事件处理函数。本任务要求实现串口通信命令控制 LED，函数定义如下：

```c
/*--- 自定义串口通信任务处理函数 ---*/
static void zclSampleSw_UartCB( uint8 port, uint8 event )
{
    // 获取当前串口接收缓冲区有多少字节的数据
    uint8 rxLen=Hal_UART_RxBufLen( HAL_UART_PORT_0 );
    if( rxLen !=0 )// 如果字节数数量不等于 0
    {
        // 从串口缓冲区中读取数据
        HalUARTRead( HAL_UART_PORT_0, zclSampleSw_UartBuf, rxLen );
        // 将串口接收的数据全部发送至计算机
        HalUARTWrite( HAL_UART_PORT_0, zclSampleSw_UartBuf, rxLen );
        // 进一步判断接收字符
        if( zclSampleSw_UartBuf[0]=='1')
        { HalLedSet( HAL_LED_1, HAL_LED_MODE_ON );
          HalUARTWrite( HAL_UART_PORT_0,"打开 LED\n", sizeof("打开 LED\n"));
        }
        else if( zclSampleSw_UartBuf[0]=='0')
        { HalLedSet( HAL_LED_1, HAL_LED_MODE_OFF );
          HalUARTWrite( HAL_UART_PORT_0,"关闭 LED\n", sizeof("关闭 LED\n"));
        }
        else
          HalUARTWrite( HAL_UART_PORT_0,"未知命令", sizeof("未知命令"));
    }
}
```

2. 更新应用层初始化函数

基于串口通信初始化函数，在协议栈默认的应用程序初始化函数中，调用自定义串口初始化函数 zclSampleSw_InitUart()，其核心代码如下，通过回调函数自动检测串口是否接收数据并进行相应处理。

```c
/*-- 应用层初始化函数串口通信初始化核心代码 ---*/
void zclSampleSw_Init( byte task_id )
{
    zclSampleSw_TaskID=task_id;
    // 省略了不相关代码
    // 协议栈默认函数定义最后面，加上自定义串口初始化函数
    zclSampleSw_InitUart( );
}
```

3. 启动串口通信宏

在使用串口功能时，需要启用串口对应的宏定义 HAL_UART。在图 13-13 所示的 "Defined symbols" 部分输入宏："HAL_UART=TRUE" 与 "INT_HEAP_LEN=1024"。

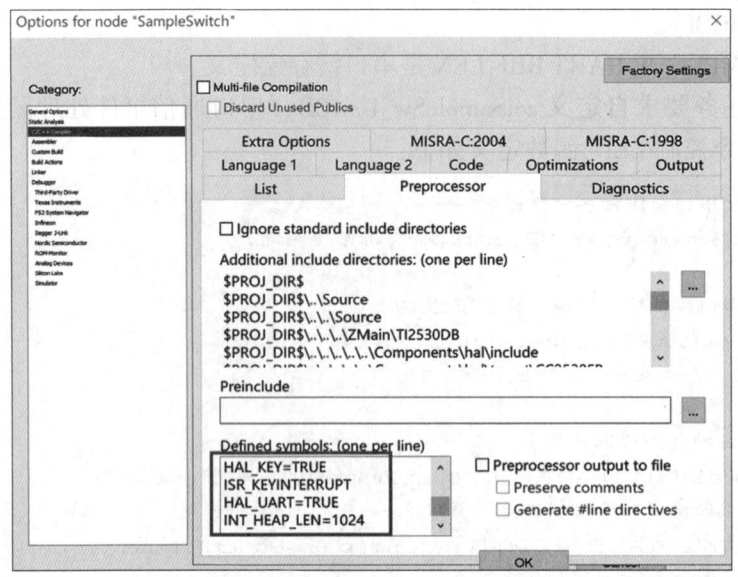

图 13-13 启用串口通信的宏配置

其中，HEAP 是堆，即一块内存空间。当程序动态地申请了一小块内存空间后，这一小块内存空间就来自于堆。IAR 工程默认堆的大小是 3 071 个字节。定义宏 INT_HEAP_LEN=1 024 后，堆的大小将减少到 1 024 个字节。之所以减少堆的字节大小，是因为串口通信功能会使用较多的栈内存空间。

4. 任务结果

编译工程后，将程序烧录到实训主控板中；用串口转 USB 线连接实训主控板至计算机 USB 口；打开串口助手，配置串口参数波特率设为 115 200，通过计算机串口助手软件发送字符串到实训主控板中，可以得到任务要求中所需呈现的 LED 效果。

任务 5　基于 HAL 的 ADC 应用开发

一、任务描述

基于协议栈 HAL 层，实现按键控制火焰传感数据采集，并将转换结果通过串口通信显示在串口调试助手中。

二、必备知识

在 HalAdcRead( ) 函数定义中，使能 ADC 通道，配置 ADCCON3 寄存器启动 ADC 转换，等待转换结束后，根据 ADCL 和 ADCH 组合成 16 位的 ADC 转换结果，最后根据分辨率进行 ADC 结果的转换。本书配套实训主控板上 ADC 连接在 CC2530 的 P0_0 引脚，映射为 ADC 输入通道 0。

ADC 输出的数字量与输入的模拟量成正比。根据设定的参考电压、分辨率，以及 ADC 转换结果，可以得到实际输入电压 $= \dfrac{\text{参考电压}}{2^{\text{分辨率}}} \times \text{ADC 转换结果}$。

三、任务实施

1. 设计关键函数

本任务是根据按键控制 ADC 采集,并将采集结果通过串口通信发送到计算机进行显示。按键和串口通信的程序设计在本项目的任务 3 和任务 4 已详细介绍,不再赘述。

首先要在应用层 zcl_samplesw.c 文件中添加 adc、按键、串口通信等 HAL 头文件,如下:

```
#include "hal_led.h"
#include "hal_key.h"
#include "hal_uart.h"
#include "hal_adc.h"
```

ADC 转换函数定义在按键处理函数 zclSampleSw_HandleKeys( ) 中,其定义代码如下。按下按键,调用 HalAdcRead( ) 函数进行 ADC 转换,然后,求出 ADC 输入通道电压值。由于实训主控板没有 LCD 显示模块,因此可调用 sprintf( ) 函数将 ADC 转换结果转换为字符串,然后调用 HalUARTWrite( ) 函数通过串口通信将数据发送出去,最后对 LED 状态进行切换。

```
/*--- 自定义按键处理 ADC 转换及串口发送函数 ---*/
static void zclSampleSw_HandleKeys( byte shift, byte keys )
{
  if( keys & HAL_KEY_SW_6 )
  {
    uint16 adcVal;
    uint8 adcStr[ 20 ];
    /* 读取通道 0 的 ADC 数值,在配套的实训主控板中,P0_0 连接外部传感器 */
    adcVal=HalAdcRead( HAL_ADC_CHANNEL_0, HAL_ADC_RESOLUTION_12 );
    /* 求出 ADC 通道输入电压,单位 mV */
    float Vin=3.3*adcVal*1000/4096;
    /* 将电压值格式化为字符串 */
    sprintf( adcStr, "ADC 检测结果:%0.3f mV\n", Vin );
    /* 将 ADC 数值通过串口发送到串口调试助手 */
    HalUARTWrite( HAL_UART_PORT_0,( uint8 * ) adcStr, osal_strlen( adcStr ));
    HalLedSet( HAL_LED_ALL, HAL_LED_MODE_TOGGLE ); //LED 状态切换
  }
}
```

注意,IAR 默认配置无法使用 sprintf( ) 函数输出浮点型数据,为解决该问题,需要进行相关配置。右键单击工程名,选择 "Options..." → "General Option" → "Library Options" → "Printf formatter" → "Auto" 即可。

由于本任务要求将 ADC 采集结果发送到串口进行显示,因此,需要在应用层任务初始化函数中调用串口初始化函数。另外,由于本任务不需要接收来自计算机的命令,因此,ADC 采集及显示任务中,串口通信回调函数可设置为 "NULL"。修订后的 zclSampleSw_InitUart( ) 函数定义如下,其他代码解析详见本项目任务 4。

```
/*--- 串口通信初始化（发送 ADC 结果）---*/
static void zclSampleSw_InitUart(void)
{
    halUARTCfg_t uartConfig;
    /* UART Configuration */
    uartConfig.configured=TRUE;                    // 允许配置
    uartConfig.baudRate=HAL_UART_BR_115200;        // 波特率
    uartConfig.flowControl=FALSE;                  // 关闭硬件流控
    uartConfig.flowControlThreshold=0;             // 和流控相关
    uartConfig.rx.maxBufSize=UART_BUF_LEN;         // 接收缓冲区大小
    uartConfig.tx.maxBufSize=0;                    // 发送缓冲区大小
    uartConfig.idleTimeout=6;                      // 默认超时时间
    uartConfig.intEnable=TRUE;                     // 使能中断
    uartConfig.callBackFunc=NULL;                  // 回调函数设为空
    /* Start UART */
    HalUARTOpen(HAL_UART_PORT_0, &uartConfig);     // 根据配置打开串口 0
}
```

2. 任务结果

将火焰传感器模块安装在 ZigBee 实训主控板上，编译工程后，使用仿真下载器将程序烧录到 ZigBee 实训主控板上，用串口转 USB 线连接 ZigBee 实训主控板至计算机 USB 口，打开串口助手，配置串口参数波特率设为 115 200，按下按键，可以在串口调试助手上观察到 ADC 采集火焰传感的结果，如图 13-14 所示。

可以看到，在没有明显火源的情况下，ADC 检测结果约为 40 mV，当将手机的手电筒灯光打开靠近火焰传感器，按下按键，ADC 检测结果增加至 1 417 mV 左右；将手机手电筒灯光关闭并远离火焰传感器，ADC 检测结果又恢复至 40 mV 左右。

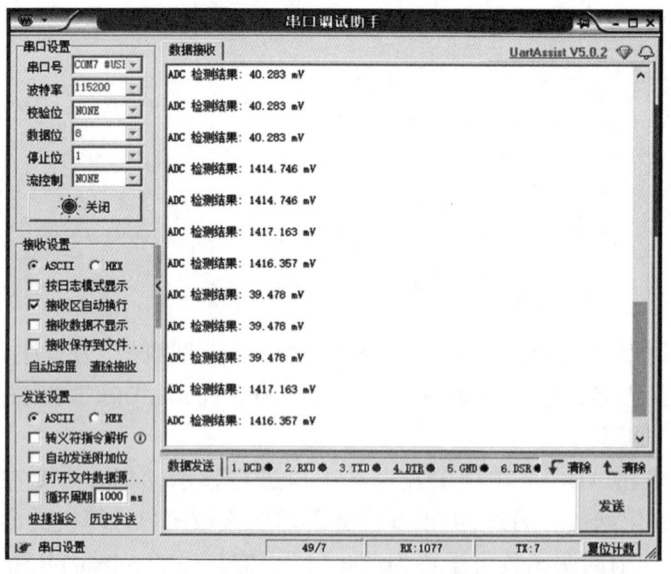

图 13-14 基于 HAL 的 ADC 火焰采集串口显示结果

项目小结

本项目的知识点小结如图 13-15 所示,介绍了基于 Z-Stack 协议栈的 OSAL 调度机制,以及基于 OSAL 调度机制的 HAL 库硬件资源开发程序设计。本单元基于 ZigBee 3.0 的单节点硬件控制设计,为后续 ZigBee 3.0 无线通信组网设计提供技术基础。

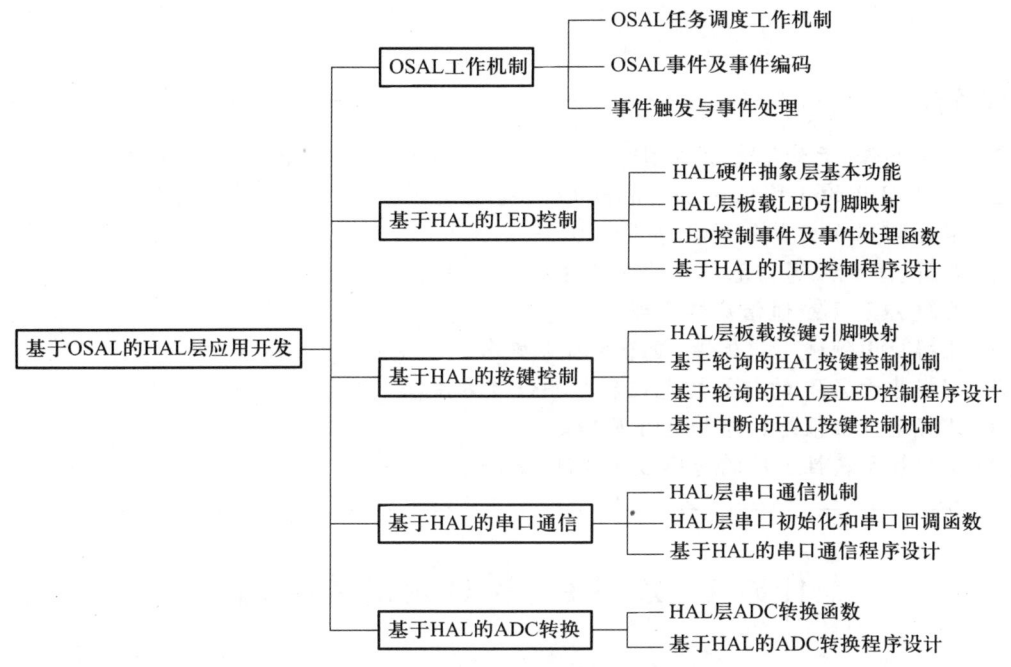

图 13-15　基于 OSAL 的 HAL 层应用开发项目小结

项目实训

1. 简述 Z-Stack 协议栈 OSAL 调度机制的基本原理。
2. 如何理解 Z-Stack 协议栈事件及事件编码?
3. 简述事件处理函数的工作原理。
4. 基于 OSAL 的 HAL 函数,设计实现每隔 2 s 周期性采集实训主控板上对应的 ADC 通道信号,并将 ADC 结果通过串口通信显示在串口助手中。

项目 14

基于 ZigBee 3.0 协议栈的无线传感网络开发

项目目标

1. 理解 ZigBee 无线信道、网络 ID、设备地址、设备角色、网络地址、应用端点等重要概念。
2. 理解 BDB 的 4 种 Commissioning 组网模式。
3. 掌握 BDB 的无线组网程序设计方法。
4. 理解 AF 无线通信基本原理和程序设计方法。
5. 理解 ZCL 无线通信基本原理。
6. 理解应用领域、簇、属性、命令等基本概念。
7. 掌握基于 ZCL 的智能灯光控制程序设计方法。
8. 掌握属性上报结构体和 API 原理。
9. 掌握基于属性上报的传感数据监测程序设计方法。

任务 1　ZigBee 3.0 无线通信配置

一、任务描述

配置 ZigBee 3.0 设备工作信道、获取设备地址、设置网络角色和应用端点。

二、必备知识

ZigBee 3.0 的网络架构如图 14-1 所示。

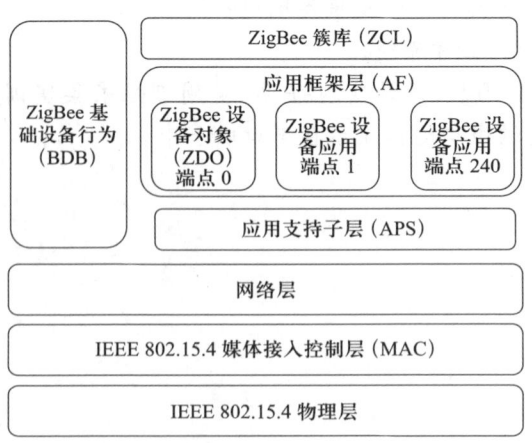

图 14-1　Zigbee 3.0 网络架构

Z-Stack 协议栈将各个层定义的协议都集合在一起,并以函数的形式实现 ZigBee 无线网络通信,同时给用户提供应用层,用户可以直接调用。Z-Stack 协议栈定义了通信硬件和软件在不同层次如何协调工作。Z-Stack 协议栈分层架构对应的代码文件夹见表 14-1。

表 14-1　Z-Stack 3.0 协议栈分层架构

协议栈体系分层架构	协议栈代码文件夹
物理层（PHY）	硬件抽象层目录 HAL
媒体接入控制层（MAC）	链路层目录 MAC、Zmac、Services
网络层（NWK）	网络层目录 NWK、Security
应用支持子层（APS）	网络层目录 NWK
应用程序框架（AF）	配置文件目录 Profile
ZigBee 设备对象（ZDO）	ZDO
ZigBee 集群库（ZCL）	配置文件目录 Profile
ZigBee 基础设备行为层（BDB）	基础设备行为目录 BDB

三、任务实施

1. 设置 ZigBee 工作信道

ZigBee 工作信道的频段被划分为 0~26 信道号。在 Z-Stack 协议栈中,ZigBee 信道被定义在工程文件 Tools/f8wConfig.cfg 文件中,如图 14-2 所示。

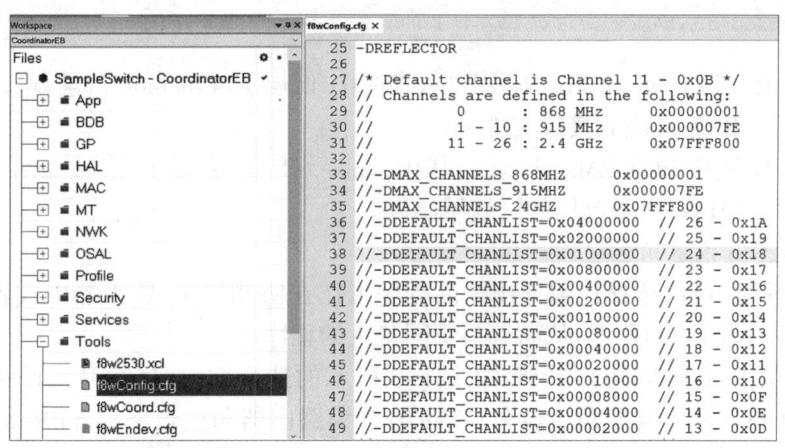

图 14-2　ZigBee 信道配置文件 f8wConfig.cfg

在该配置文件中,信道定义为 -DDEFAULT_CHANLIST,其中,默认开启的是 2.4GHz 频段的第 11 号信道,如果要更改设置为其他信道,去除对应信道的注释语句即可。例如,设置 13 号信道为工作信道,则去掉 13 号信道对应的注释符号"//",而在默认的 11 号信道中添加注释符号"//"。

2. 设置 ZigBee 网络 ID

在不同信道中创建的 ZigBee 网络互不干扰，在相同的信道中，也可以组建多个独立的 ZigBee 网络。每个 ZigBee 网络都会被分配一个唯一的 ID 号，称为 Pan ID，利用 Pan ID 可以区分相同信道中的不同 ZigBee 网络。

PAN ID 即 ZigBee 局域网 ID，节点用于判断自身所属网络的标识。可互相通信的节点，PAN ID 必须相同，且必须保证同一工作区域内的相邻网络 PAN ID 不同。如果使用 ZigBee 透传模块，通常可直接使用软件或 AT 指令设置 PAN ID。

设备的 PAN ID 值与 ZDAPP_CONFIG_PAN_ID 值的设置有关。f8wConfig.cfg 配置文件定义了 ZDAPP_CONFIG_PAN_ID 值。

默认 DZDAPP_CONFIG_PAN_ID=0xFFFF，表明协调器将随机产生一个值作为自己的 PAN ID。如果路由器和终端节点的 ZDAPP_CONFIG_PAN_ID 也设置为 0xFFFF，则路由器和终端设备会在自己的默认信道上随机选择一个网络加入，此时协调器的 PAN ID 即为自己的 PAN ID。如果协调器的 ZDAPP_CONFIG_PAN_ID 的值不是 0xFFFF，则协调器将根据该值建立网络，路由器和终端设备以该 PAN ID 值加入网络。如果在默认信道内已有该 PAN ID 值的网络存在，则协调器会继续搜寻其他 PAN ID，直到找到网络不冲突的 PAN ID 为止。在这种情况下，终端和路由器并不知道协调器已经更换 PAN ID，仍会加入原来设定的 PAN ID 中，因此，在多个 ZigBee 网络环境中，需要设计合适的算法使得终端节点正确加入对应的网络。

ZigBee 网络中的每一个设备都会有一个固定的 MAC 地址，也称为物理地址或者 IEEE 地址，用于标识 MAC 层设备的地址。MAC 地址是一个 64 位的二进制地址，通常由芯片厂商在芯片生产过程固化到芯片中。一般可以通过调用 NLMEDE.h 中相应的 API 函数得到节点 MAC 地址。相关代码如下：

```
NLME_GetExtAddr( )// 返回本设备的 64 位扩展地址
NLME_GetCoordExtAddr( )// 返回本设备的父亲设备的 64 位扩展地址
```

MAC 层目录分为 High Level（高层）、Low Level（低层）和 Include 目录，包含了 MAC 层的参数配置文件及 LIB 库的函数接口文件。

Z-Stack 协议栈中包含 ZMac 目录。其中，zmac.c 是 Z-Stack 协议栈 MAC 层接口文件，zmac_cb.c 包含了 ZMAC 需要调用的网络层函数。

3. 设置 ZigBee 设备角色

在编译工程时，可以选择让编译出来的程序工作在协调器中、路由器中或者终端中，即选择设备在 ZigBee 网络中的角色，从而编写不同角色的程序。

在工程中单击选项卡，可以看到如图 14-3 所示的选择框，选择待开发设备的工作模式。其中，CoordinatorEB 为协调器角色设备；RouterEB 为路由器角色设备；EndDeviceEB 为终端角色设备；EndDeviceEB-OTAClient 为带 OTA 功能的终端设备；RouterEB-OTAClient 为带 OTA 功能的路由设备。

处于网络中的 ZigBee 设备都会被分配一个用于标识的 16 位网络地址（NWK Address），通过这个网络地址可以找到对应的设备。当设备加入 ZigBee 网络时，从允许其加入的父设备上获取 16 位网络地址。该地址在 ZigBee 网络中唯一，用于数据传输和数据包路由。在 ZigBee 中，数据包可以单播（unicast）、多点传送（multicast）或者广播传输（broadcast），但必须有地址模式参数。一个单点传送数据包只发送给一个设备，多点传送数据包则要传送一组设备，而广播数据则要发送给整个网络的所有节点。当应用程序需要将数据包发送给网络上的一组设备时，还可以使用组寻址方式。在 Z-Stack 3.0 中，有以下特殊网络地址：

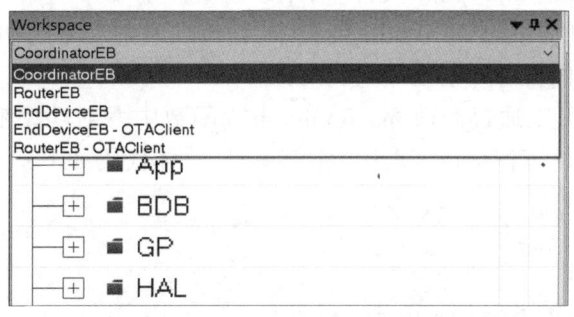

图 14-3　ZigBee 设备角色设置

（1）0x000：协调器的网络地址；
（2）0xFFFF：对整个 ZigBee 网络进行广播的广播地址；
（3）0xFFFD：只对打开接收的设备进行广播的地址；
（4）0xFFFC：只对协调器和路由设备广播的地址；
（5）0xFFFE：用作无效地址；
（6）0xFFF8~0xFFFB：保留地址。

从应用开发角度看，需掌握如何调用函数获取节点的网络地址。其中，

```
NLME_GetShortAddr( )// 返回本设备的 16 位网络地址
NLME_GetCoordShortAddr( )// 返回本设备的父设备的 16 位网络地址
```

4. 设置应用层端点

ZigBee 应用层的应用框架子层，由一个或者多个应用端点组成。应用端点是不同设备间通信的出入口，同时也是描述设备具备哪些功能的基础。ZigBee 设备进行通信时，最终是应用端点间的通信。

端点是协议栈应用层的入口，即入口地址，也可以理解应用对象存在的地方，它是为实现一个设备描述而定义的一组群集。节点也可以理解为一个容器，包含一组 ZigBee 设备，共享一个无线信道。每个节点有且只有一个无线信道。一个节点除了 64 位的 IEEE 地址或 16 位的网络地址外，每个节点还提供了 8 位应用层入口地址（端点），对应于用户应用对象。一个节点可以有多个端点。每个端点对应一个任务。因此，每增加一个端点，就要给它配置一个新任务。

简单来说，端点是用来管理同一个节点上不同任务的工具，相当于一个分类箱，将不同功能分别存放在不同任务上，这样做的优点是规范数据包，而不用再另外规定第几个字节属于哪个模块信息。在 Z-Stack 协议栈例程中，端点号被定义为 8，即

```
#define GENERICAPP_ENDPOINT 8// 也可以定义为其他端点号
```

5. 设置发射功率

根据 CC2530 数据手册，RF 无线发送功率范围为 −28~+4.5dBm，由 CC2530 射频无线推

荐发送功率及功率寄存器 TXPOWER 控制。因此,对 TXPOWER 赋值就可实现发射功率的设置。

在 Z-Stack 3.0 协议栈中,可以通过调用库函数设置发射功率。发射功率的默认设置在工程文件 mac\high_level 下的 mac_pib.c 文件中,用以设置发射功率初始值。mac_pib.c 文件中的 static CODE const macPib_t macPibDefaults 变量中,物理层发射功率的初始值默认设置为 0 dB,可以根据实际应用和表的推荐发射功率进行修改。

此外,初始功率还可以通过修改 macRadioInit() 函数中发射功率变量 reqTxPower 值来修改。该函数还设置了默认工作信道、默认工作信道等,具体代码如下:

```
/*--- 协议栈 macRadioInit( )函数定义 ---*/
MAC_INTERNAL_API void macRadioInit( void )
{
    /*variable initialization for this module*/
    reqChannel=MAC_RADIO_CHANNEL_DEFAULT;   //默认工作信道
    macPhyChannel=MAC_RADIO_CHANNEL_INVALID;
    macPhyTxPower=MAC_RADIO_TX_POWER_INVALID;
    reqTxPower=MAC_RADIO_TX_POWER_INVALID;  //默认发射功率
}
```

如果需要在程序中修改发射功率,也可以调用工程文件 mac\low_level 下 mac_radio.c 文件中的 macRadioSetTxPower() 函数进行赋值设置,该函数使 MAC_INTERNAL_API 被封装屏蔽。该函数在 HAL_EXIT_CRITICAL_SECTION 临界区,通过语句 reqTxPowe=txPower 将形式参数 txPower 赋值给全局静态变量 reqTxPower,然后调用函数 macRadioUpdateTxPower() 更新发射功率。在该函数中,通过调用 MAC_RADIO_SET_TX_POWER(macPhyTxPower),实现发射功率控制寄存器 TXPOWER 的设置,从而完成发射功率的设置。

任务 2　ZigBee 3.0 BDB 无线组网

一、任务描述

基于 Z-Stack3.0 协议栈,实现 Zigbee 无线组网。

二、必备知识

ZigBee 设备在发送无线数据前,需要先组建网络。BDB 是 ZigBee 3.0 的一个新特性,为各个 ZigBee 设备提供了一套统一的机制,使其正确地组建 ZigBee 网络。BDB 主要包含:Commissioning Modes,定义了 ZigBee 设备之间组网的基本规范(以下简称为 Commissioning 模式);BDB Security,定义了 ZigBee 网络安全规范;Reset Methods,指复位方法。其中,Commissioning Modes 是 ZigBee 组网的核心内容,而 BDB Security 和 Reset Methods 开发者一般接触较少。

Zigbee 3.0 网络可分为集中式网络和分布式网络。在集中式网络中,由协调器创建网络,其余设备加入网络均需要协调器设备的许可。在分布式网络中,没有唯一的信任中心网络,因此路由器可以建立网络,当某设备加入网络时,任何路由器都可以给该设备传输密钥。

在协议栈的 BDB 文件夹中可以找到 BDB 相关代码文件。

BDB 提供了 4 种主要的 Commissioning 模式给开发者使用,分别是 Network Steering、Network Formation、Finding and Binding(F&B)和 Touchlink。Touchlink 本来为 ZLL 专属,特点为接触式连接,支持在发起端点与目标端点靠近时相互连接并绑定,这个连接是双向的,即双方都可能为对方父节点。本书对 Touchlink 不作赘述,重点介绍另外 3 种模式的流程。

1. Network Steering

它定义了设备加入 ZigBee 网络的具体方式。如果设备还没有加入 ZigBee 网络,那么设备会寻找一个合适的 ZigBee 网络并加入其中。对于路由器类型的设备,在其加入网络成功后,允许其他设备通过路由器加入这个 ZigBee 网络。所有需要加入 ZigBee 网络的设备都必须支持 Network Steering。

2. Network Formation

它可以理解为网络构建,其安全模型取决于 ZigBee 的设备类型。协调器对应集中式安全模型网络,路由器对应于分布式安全模型。Network Formation 规定协调器类型的设备需要建立一个中心信任的安全网络。这种网络的特点是所有需要加入网络的设备都需要经过信任中心的同意,而协调器本身就是这个信任中心。类似地,对于路由器类型的设备,如果条件允许的话会创建一个分布式安全网络。所有的协调器类型设备都必须支持 Network Formation,而对于路由器类型的设备来说,这是可选的模式。

3. Finding and Binding

顾名思义,Finding and Binding 的意思是发现与绑定。ZigBee 3.0 使用簇描述设备功能。每种设备都有各自的功能,都有各自的一系列簇。而"发现与绑定"就是指 ZigBee 设备的簇之间的相互发现、相互绑定。所有的 ZigBee 设备都必须支持 Finding and Binding。

虽然 Commissioning 模式比较复杂,但是得益于 Z-Stack 3.0 协议栈,ZigBee 设备的组网代码非常简单,只需要调用一个 API 就可以实现组网。

打开例程工程代码,可以在 bdb_interface.h 头文件中找到入网模式的 API 函数 bdb_StartCommissioning( )。bdb_StartCommissioning( ) 函数有一个形式参数 mode,该形式参数由协议栈定义在 bdb_interface.h 中。

组建 ZigBee 网络核心代码时,首先需要使用协调器创建网络,其核心代码如下:

```
/*---- 协调器组建网络关键函数 ----*/
bdb_StartCommissioning( // 协调器组建网络
BDB_COMMISSIONING_MODE_NWK_FORMATION|// 支持 Network Formation
BDB_COMMISSIONING_MODE_FINDING_BINDING// 支持 Finding and Binding;
);
```

然后将路由器或终端设备加入网络,其核心代码如下:

```
/*---- 路由器/终端节点组建网络关键函数 ----*/
bdb_StartCommissioning( // 路由器或者终端节点加入网络
BDB_COMMISSIONING_MODE_NWK_STEERING|// 支持 Network Steering
BDB_COMMISSIONING_MODE_FINDING_BINDING// 支持 Finding and Binding
);
```

实际开发过程中,通常只需要使用 bdb_StartCommissioning( ) 这个 API 函数就可以基本满足网络创建和设备入网的功能需求。

三、任务实施

1. 设备组网程序设计

设备组网程序设计需要按设备类型分别完成组网,即协调器调用 bdb_StartCommissioning( ) 函数创建网络;其他设备调用 bdb_StartCommissioning( ) 函数加入网络。因此,首先要进行设备的类型判断。在代码中,可以利用宏 ZDO_COORDINATOR 判断当前工作模式。如果宏 ZDO_COORDINATOR 被定义,那么说明程序工作在协调器环境中,否则,工作在路由器或终端节点中。

在 zcl_Zigbee.c(原 zcl_samplesw.c)文件中,初始化函数 zclSampleSw_Init( ) 代码如下:

```
/*—— 无线组网初始化代码 ——*/
void zclSampleSw_Init( byte task_id )
{
  zclSampleSw_TaskID=task_id;
  bdb_RegisterCommissioningStatusCB( zclSampleSw_ProcessCommissioningStatus );
  // Register for a test endpoint
  afRegister( &sampleSw_TestEp );
#ifdef ZDO_COORDINATOR
  bdb_StartCommissioning( BDB_COMMISSIONING_MODE_NWK_FORMATION |
    BDB_COMMISSIONING_MODE_FINDING_BINDING );
  NLME_PermitJoiningRequest( 255 );
  zclSampleSw_InitUart( );
#else
  bdb_StartCommissioning( BDB_COMMISSIONING_MODE_NWK_STEERING |
                          BDB_COMMISSIONING_MODE_FINDING_BINDING );
  RegisterForKeys( zclSampleSw_TaskID );
#endif
}
```

由函数定义可知,组网代码比较简单,如果是协调器就创建网络,如果是路由器或终端就加入网络。其中 NLME_PermitJoiningRequest(255) 表示允许其他设备加入到由本协调器创建的网络,也就是设备要经过信任中心的同意才能加入到网络中。参数 255 表示一直允许,如果将其改为 0 则表示一直不允许;如果改为 1~254 则表示在 1~254 s 内允许。

2. 设备入网失败的处理

实际中,设备入网的过程可能会受到多种因素的影响,从而导致入网失败,例如在入网过程信号受到干扰等。一种简单而有效的办法就是在设备入网失败后,使设备自动重新尝试入网。

zclSampleSw_ProcessCommissioningStatus( ) 入网状态函数定义在 zcl_Zigbee.c 文件中。该函数的作用是处理入网结果。如协调器创建网络是否成功、设备是否成功加入网络等,从而采取相应的处理措施。

通常采用事件机制来实现入网过程处理,当设备入网失败后启动一个事件,即让程序在间隔一段时间后重新尝试入网。以下为主要处理步骤。

(1)定义重新入网用户事件

在 zcl_Zigbee.h 中定义一个用户事件,并且定义重新入网的时间间隔,核心代码如下:

```
/*-- 重新入网事件及触发事件宏定义 --*/
/* 协调器 */
#ifdef ZDO_COORDINATOR
/* 路由器或者终端 */
#else
    // 重新加入事件
    #define SAMPLEAPP_REJOIN_EVT 0x0100
    // 例程中，重新加入的时间间隔：1000ms（1s）
    #define SAMPLEAPP_REJOIN_PERIOD 1000
#endif
```

由于设备重新入网是针对路由器或者终端类型的 ZigBee 设备，所以使用了宏定义来判断程序角色。

（2）入网失败处理

在 zclSampleSw_ProcessCommissioningStatus() 函数中进行入网失败处理，如图 14-4 所示。

```
static void zclSampleSw_ProcessCommissioningStatus(bdbCommissioningModeMsg_t *bdbCommissioningModeMsg)
{
    switch(bdbCommissioningModeMsg->bdbCommissioningMode)
    {
    case BDB_COMMISSIONING_FORMATION:
        if(bdbCommissioningModeMsg->bdbCommissioningStatus == BDB_COMMISSIONING_SUCCESS)            ← 网络构建成功
        {
            bdb_StartCommissioning(BDB_COMMISSIONING_MODE_NWK_STEERING | bdbCommissioningModeMsg->bdbRemaini
            NLME_PermitJoiningRequest(255);
            printf("Network Formation success\n");
        }
        break;
    case BDB_COMMISSIONING_NWK_STEERING:
        if(bdbCommissioningModeMsg->bdbCommissioningStatus == BDB_COMMISSIONING_SUCCESS)
        {
            printf("Network Steering success\n");   ———— 入网成功
        }
        else
        {
            #ifdef ZDO_COORDINATOR
            #else
            printf("Rejoin network\n");
            osal_start_timerEx(zclSampleSw_TaskID,            ———— 入网失败，重新入网
                               SAMPLEAPP_REJOIN_EVT,
                               SAMPLEAPP_REJOIN_PERIOD);
            #endif
        }
        break;
    }
}
```

图 14-4 入网失败处理代码

在 zclSampleSw_ProcessCommissioningStatus() 函数的入网失败位置，添加定时触发重新加入网络事件代码。首先判断设备类型，然后调用 osal_start_timerEx() 函数，利用软件延时触发启动 SAMPLEAPP_REJOIN_EVT 事件。

3. 在应用层处理事件

在 zclSampleSw_event_loop() 函数中重新启动入网事件，核心代码如下：

```
/*-- 应用层处理函数中重新入网事件处理核心代码 --*/
zclSampleSw_event_loop()
```

```c
{// 删除不相关代码
#ifdef ZDO_COORDINATOR
#else
    if( events & SAMPLEAPP_REJOIN_EVT )// 如果事件类型为重新加入网络事件
    {
        /* 重新加入网络 */
        bdb_StartCommissioning( BDB_COMMISSIONING_MODE_NWK_STEERING | BDB_COMMISSIONING_MODE_FINDING_BINDING );
        return( events ^ SAMPLEAPP_REJOIN_EVT );
    }
#endif
// 删除不相关代码
}
```

4. 任务结果

将上述代码分别下载到协调器和终端节点中,在调试模式下,可以观察到连接终端节点的 IAR 软件的 terminal I/O 窗口,分别输出"Network Formation success""Network Steering success""Rejoin network"等提示字符串。

任务3　基于 AF 的无线通信

一、任务描述

基于 Z-Stack 协议栈,终端节点将采集的火焰传感数据通过 Zigbee 无线通信的方式每隔 2 s 周期性发送到协调器,接收的无线数据通过串口通信显示在串口助手中。

二、必备知识

在同一网络中的节点,发送端基于目的地址调用 AF_DataRequest( ) 函数进行无线发送,在目的地址的接收端,通过 AF_INCOMING_MSG_CMD 系统事件进行任务处理。AF_DataRequest( ) 函数的声明和形式参数说明如下:

```c
/*--- AF_DataRequest( )无线发送函数的声明和形式参数 ---*/
/* @param dstAddr:   目标地址(包括目标设备的网络地址及应用端点号)
 * @param srcEP:     源端点描述符(发送设备的端点)。
 * @param cID:       Cluster ID
 * @param len:       待发送数据的长度
 * @param buf:       待发送的数据
 * @param transID:   传输 ID,指示数据包的编号,比如数据包1,2,3 等
 * @param options:   附加选项
 * @param radius:    多跳设置
 */
afStatus_t AF_DataRequest( afAddrType_t *dstAddr, endPointDesc_t *srcEP, uint16 cID, uint16 len, uint8 *buf, uint8 *transID, uint8 options, uint8 radius );
```

AF_DataRequest( )的第一个形式参数是 afAddrType_t 结构体类型的目标地址 dstAddr。afAddrType_t 结构体定义如下：

```
/*-- AF 地址类型 afAddrType_t 结构体定义 ---*/
typedef struct
{
  union
  {
    uint16 shortAddr; // 短地址
    ZLongAddr_t extAddr; // 扩展地址
  } addr;
  afAddrMode_t addrMode; // 地址模式结构体
  uint8 endPoint; // 应用端点
  uint16 panId; // PAN ID
} afAddrType_t; // 地址类型结构体
```

其中，union 联合体地址变量 ZigBee 设备的 64 位 IEEE 地址/物理地址或者 16 位的网络地址。当设备加入 ZigBee 网络时，允许在其加入的父设备上获取 16 位网络地址。该地址在 ZigBee 网络中唯一，用于数据传输和数据包路由。

成员变量 addrMode 的类型为 afAddrMode_t，它是一个枚举类型，在 AF.h 头文件中的定义如下：

```
/*-- 传输模式 afAddrMode_t 结构体定义 --*/
typedef enum
{
  afAddrNotPresent=AddrNotPresent, // 按照绑定表进行绑定传输
  afAddr16Bit=Addr16Bit, // 指定目标网络地址进行单播传输
  afAddrGroup=AddrGroup, // 组播传输
  afAddrBroadcast=AddrBroadcast // 广播传输
} afAddrMode_t;
```

上述枚举类型参数值在 ZComDef.h 文件中进行了宏定义，具体取值如下：

```
/*--- 传输模式枚举类型定义 ---*/
enum
{
  AddrNotPresent=0, // 按照绑定表进行绑定传输
  AddrGroup=1, // 组播传输
  Addr16Bit=2, // 按指定 16 位目标网络地址进行单播传输
  Addr64Bit=3, // 按指定目标 IEEE 64 位地址进行单播传输
  AddrBroadcast=15 // 广播传输
};
```

其中，AddrNotPresent 表示根据绑定表进行绑定传输。绑定是在源节点的某个端点和目标节点的某个端点之间创建一条逻辑链路。绑定可以发生在两个或多个设备之间。协调器节点维护包括多个端点之间的逻辑链路的绑定表。绑定机制允许应用服务在不知道目标地址的情况下向对方（应用服务）发送数据包，发送时使用的目标地址将由应用支持子层从绑定表中

自动获得,从而能使消息顺利被目标节点的一个或多个应用服务,乃至分组接收。

AF_DataRequest( )函数的第二个参数是 endPointDesc_t 结构体类型的变量 *srcEP,表示发送设备的端点描述符的指针,其结构体定义如下。

```
/*—— 端点描述符定义 ——*/
typedef struct
{
    uint8 endPoint;       // 端点号 1~240 用来接收数据。
    uint8 *task_id;       // 消息传递的目的 ID
    SimpleDescriptionFormat_t *simpleDesc;  // 指向端点简单描述符
    afNetworkLatencyReq_t latencyReq;       // 必须用 noLatencyReqs 来填充
} endPointDesc_t;         // 端点描述符
```

Z-Stack 3.0 中利用简单描述符描述一个设备的某一方面的服务,这种服务也可以称为功能或者应用。例如,ZigBee 温湿度传感器具备温湿度监测的服务,就可以利用简单描述符来描述这个温湿度监测服务的具体内容。简单描述符本质上就是一个结构体,它在 Z-Stack 3.0 协议栈 AF.h 中定义如下:

```
/*—— 简单描述符结构体定义 ——*/
typedef uint16 cId_t;
typedef struct
{
    uint8       EndPoint;           // 端点
    uint16      AppProfId;          // 应用领域 ID
    uint16      AppDeviceId;        // 设备 ID
    uint8       AppDevVer:4;        // 设备版本
    uint8       Reserved:4;         // 保留位
    uint8       AppNumInClusters;   // 输入簇数目
    cId_t       *pAppInClusterList; // 输入簇列表指针
    uint8       AppNumOutClusters;  // 输出簇数目
    cId_t       *pAppOutClusterList;// 输出簇列表指针
} SimpleDescriptionFormat_t;        // 简单描述符结
```

其中:

(1) EndPoint:端点号,也可以理解为简单描述符的编号,取值范围是 0~255。在同一个 ZigBee 设备中,每一个简单描述符都有一个不同的端点号,可以利用端点号来找到对应的简单描述符。

(2) AppProfId:表示这个简单描述符所属的应用场景。这个应用场景可以是家居自动化、智能照明和智慧零售等。ZigBee 联盟为不同的场景定义了对应的 ID 值,称为 Profile ID。

(3) AppDeviceId:表示这个简单描述符所属的设备类型。这个设备类型可以是插座、灯或者传感器等。类似地,ZigBee 联盟为不同类型的设备定义了对应的 ID 值,称为 Device ID。

(4) AppDevVer:这个值可以由开发者自定义,用来表示版本号。

(5) Reserved:保留字段,暂时可以忽略。

(6) Cluster:簇,是包含一个或多个属性的集群。简单地说,集群就是属性的集合。每个集群都被分配一个唯一集群 ID 且每个集群最多有 65 536 个属性。比如一个集群包含了不同情况下的开关、不同情况下的灯、不同情况下的温度值、不同情况下的百分比等。簇可以分为输入簇和输出簇用来描述这个服务的具体内容。簇是一组命令代码的数组，每一个条目代表一个命令。如果两个设备间的簇需要相互通信，则其方向应不同，簇 ID 应一致。

在进行 AF 通信前，需要先注册简单描述符，并且让对应的端点号生效。在 zcl_Zigbee_data.c 文件中，给出了智能开关简单描述符的定义如下。这些宏都是 Zigbee 3.0 定义的，这是互联互通的基础。

```
/*—— 简单描述符定义及成员变量赋值 ——*/
SimpleDescriptionFormat_t zclSampleSw_SimpleDesc=
{
  SAMPLESW_ENDPOINT,                       //  应用端点；
  ZCL_HA_PROFILE_ID,                       //  应用 ID；
  ZCL_HA_DEVICEID_ON_OFF_LIGHT_SWITCH,     //  设备 ID；
  SAMPLESW_DEVICE_VERSION,                 //  设备版本；
  SAMPLESW_FLAGS,                          //  保留位；
  ZCLSAMPLESW_MAX_INCLUSTERS,              //  输入簇数目；
  (cId_t *)zclSampleSw_InClusterList,      //  输入簇列表指针；
  ZCLSAMPLESW_MAX_OUTCLUSTERS,             //  输出簇数目；
  (cId_t *)zclSampleSw_OutClusterList      //  输出簇列表指针；
};
```

SAMPLESW_ENDPOINT 是在 zcl_samplesw.h 中定义的端点号，定义如下：

```
#define SAMPLESW_ENDPOINT    8
```

ZCL_HA_PROFILE_ID 由 ZigBee 联盟定义，表示智能家居领域的 Profile ID。

ZCL_HA_DEVICEID_ON_OFF_LIGHT_SWITCH 是设备类型 ID，表示这是一个智能插座，它的值是由 ZigBee 联盟定义的。不同的公司在开发同一个类型的智能插座的时候，必须要使用同一个设备类型 ID。

SAMPLESW_DEVICE_VERSION 是在 zcl_samplesw_data.c 文件中定义的版本号，定义如下：

```
#define SAMPLESW_DEVICE_VERSION    1
```

SAMPLESW_FLAGS 是在 zcl_samplesw_data.c 文件中定义的保留字段，可以暂时忽略，定义如下：

```
#define SAMPLESW_FLAGS    0
```

ZCLSAMPLESW_MAX_INCLUSTERS 是在 zcl_samplesw_data.c 文件中定义的，表示支持的最大输入簇数量。

(cId_t *)zclSampleSw_InClusterList 表示输入簇列表。

ZCLSAMPLESW_MAX_OUTCLUSTERS 在 zcl_samplesw_data.c 文件中定义，表示支持的最大输出簇数量。

(cId_t *)zclSampleSw_OutClusterList 表示输出簇列表。

三、任务实施

1. 终端设备开发

首先创建一个端点描述符,关键代码如下:

```
/*-- 端点描述符定义及成员变量赋值 ---*/
static endPointDesc_t sampleSw_TestEp =
{
    SAMPLESW_ENDPOINT, // 端点
    0, // 消息传递的目的地址
    &zclSampleSw_TaskID, // 任务 ID 地址
    (SimpleDescriptionFormat_t *)&zclSampleSw_SimpleDesc,
    // 简单描述符与端点描述符关联
    (afNetworkLatencyReq_t)0 // 没有网络延时
};
```

注意,端点描述符需要与简单描述符关联。Z-Stack 协议模板中,成员变量简单描述符为 NULL,ZigBee 无线通信需要替换成具体的描述符。

示例中端点描述符与简单描述符变量 zclSampleSw、SimpleDesc 关联,该简单描述符定义在 zcl_Zigbee_data.c 文件。因此在该文件中找到应用事件初始化函数 zclSampleSw_Init(),调用 afRegister() 函数,并进行无线组网,具体代码如下:

```
void zclSampleSw_Init( byte task_id )
{
    zclSampleSw_TaskID=task_id;
    // 注册网络状态处理回调函数
    bdb_RegisterCommissioningStatusCB( zclSampleSw_ProcessCommissioningStatus );
    afRegister( &sampleSw_TestEp ); // 注册端点描述符
    #ifdef ZDO_COORDINATOR // 协调器组网
    bdb_StartCommissioning( BDB_COMMISSIONING_MODE_NWK_FORMATION | BDB_COMMISSIONING_MODE_FINDING_BINDING );
    NLME_PermitJoiningRequest( 255 );
    zclSampleSw_InitUart( );
    #else // 终端节点加入网络
    bdb_StartCommissioning( BDB_COMMISSIONING_MODE_NWK_STEERING |
                    BDB_COMMISSIONING_MODE_FINDING_BINDING );
    #endif
}
```

如果终端节点加入网络失败,则重新组网。组网成功后,启动周期性上报事件。具体代码如下:

```
static void zclSampleSw_ProcessCommissioningStatus( bdbCommiss-ioningModeMsg_t
*bdbCommissioningModeMsg )
{
    switch( bdbCommissioningModeMsg->bdbCommissioningMode )
```

```c
{// 协调器组网
    case BDB_COMMISSIONING_FORMATION:
        if( bdbCommissioningModeMsg->bdbCommissioningStatus==
BDB_COMMISSIONING_SUCCESS )
        {
            inNet=1;// 入网成功标志
            bdb_StartCommissioning( BDB_COMMISSIONING_MODE_NWK_STEERING | bdbCommissioningModeMsg->bdbRemainingCommissioningModes );
            NLME_PermitJoiningRequest( 255 );
            printf( "Network Formation success\n" );// 调试用
        }
        else// 组网失败,重新组网
        {
            bdb_StartCommissioning( BDB_COMMISSIONING_MODE_NWK_FORMATION | BDB_COMMISSIONING_MODE_FINDING_BINDING );
            NLME_PermitJoiningRequest( 255 );
        }
        break;
    case BDB_COMMISSIONING_NWK_STEERING:// 终端节点加入网络成功
        if( bdbCommissioningModeMsg->bdbCommissioningStatus==
            BDB_COMMISSIONING_SUCCESS )
        {
            printf( "Network Steering success\n" );
            #ifdef ZDO_COORDINATOR
            #else
            osal_start_timerEx( zclSampleSw_TaskID, SAMPLEAPP_P2P_EVT,
                        SAMPLEAPP_P2P_PERIOD );// 启动周期上报事件
            #endif
        }
        else
        {
            #ifdef ZDO_COORDINATOR
            #else
            printf( "Rejoin network\n" );// 重新加入网络
            osal_start_timerEx( zclSampleSw_TaskID, SAMPLEAPP_REJOIN_EVT, SAMPLEAPP_REJOIN_PERIOD );
            #endif
        }
        break;
    }
}
```

组网成功后,就可以使用 AF 层的通信 API 函数收发数据了。定义一个点对点的无线发送函数,在函数体调用 AF_DataRequest() 函数进行无线发送。具体代码如下:

```
/*-- 基于 AF 的点对点无线发送函数定义 --*/
static void zclSampleSw_AF_P2P( uint16 destNwkAddr, uint16 cid, uint8 len, uint8 *data )
{
    afAddrType_t dstAddr; // 目的节点地址
    static uint8 transferId=0; // 传输 ID
    dstAddr.addrMode=afAddr16Bit; // 点对点通信
    dstAddr.addr.shortAddr=destNwkAddr; // 目的节点网络地址
    dstAddr.endPoint=SAMPLESW_ENDPOINT; // 端点号
    transferId++; // 发送数据 ID
    AF_DataRequest( &dstAddr, &sampleSw_TestEp, cid, len, data, &transferId, AF_DISCV_ROUTE, AF_DEFAULT_RADIUS ); // 调用 AF_DataRequest() 无线发送
}
```

基于上述无线发送函数,终端节点发送传感数据给协调器。在事件处理函数中,终端节点周期性采集传感数据,然后调用 zclSampleSw_AF_P2P() 进行无线发送,具体代码如下。其中,形参 0x0000 表示将数据发送到协调器,CLUSTER_P2P 表示簇 ID,20 是发送数据长度,adcStr 是发送数据首地址。

```
uint16 zclSampleSw_event_loop( uint8 task_id, uint16 events )
{
    // 删除不相关代码
    uint8 str[20]={0};
    uint16 adcVal=0;
    char adcStr[20]={0};
#ifdef ZDO_COORDINATOR /* 协调器 */
#else
if( events & SAMPLEAPP_P2P_EVT )
{
    /* 读取通道 0 的 ADC 数值,在配套的 ZigBee 开发板中,P0_0 连接外部传感器 */
    adcVal=HalAdcRead( HAL_ADC_CHANNEL_0, HAL_ADC_RESOLUTION_12 );
    float Vin=3.3*adcVal*1000/4096; // ADC 结果转换为输入电压
    sprintf( adcStr, "ADC data: %0.1fmV", Vin ); // 格式化数据到字符串
    zclSampleSw_AF_P2P( 0x0000, CLUSTER_P2P, 20, ( uint8 * )adcStr ); // 无线发送
    osal_start_timerEx( zclSampleSw_TaskID, SAMPLEAPP_P2P_EVT, SAMPLEAPP_P2P_PERIOD ); // 软件定时触发周期性发送事件
    return( events ^ SAMPLEAPP_P2P_EVT );
}
}
```

2. 接收端协调器设备开发

协调器设备组网组网成功后,当协调器接收到无线数据后会产生 AF_INCOMING_MSG_CMD 系统事件,在接收数据事件下进行任务处理。AF_INCOMING_MSG_CMD 是不同设备之间通信的原语,目的是用来进行收到报文时的处理。打开 zcl_Zigbee.c 文件,找到 zclSampleSw_event_loop() 应用层事件处理函数,添加如下代码:

```c
/*-- 数据接收解析及串口显示核心代码 --*/
uint16 zclSampleSw_event_loop( uint8 task_id, uint16 events )
{
    afIncomingMSGPacket_t *MSGpkt; // 数据帧
    (void)task_id; // 任务 ID
    if( events & SYS_EVENT_MSG )// 系统事件
    {
        while((MSGpkt=(afIncomingMSGPacket_t *)osal_msg_receive( zclSampleSw_TaskID )))
        {
            switch( MSGpkt->hdr.event )
            {
                case AF_INCOMING_MSG_CMD: // 接收到无线数据包
                uint8 * pData=MSGpkt->cmd.Data;// 解析提取数据帧指针
                int len=MSGpkt->cmd.DataLength;// 解析提取数据帧长度
                HalUARTWrite( HAL_UART_PORT_0, pData, len );// 串口显示数据
                break;
                // 省略不相关代码
            }
            osal_msg_deallocate((uint8 *)MSGpkt);
        }
        return( events^SYS_EVENT_MSG );
    }
    // 省略不相关代码
}
```

3. 任务结果

将上述代码分别下载到终端节点和协调器，组网成功后，可以看到连接在协调器节点的串口助手软件中，显示接收到 ADC 采集的传感器数值，如图 14-5 所示。

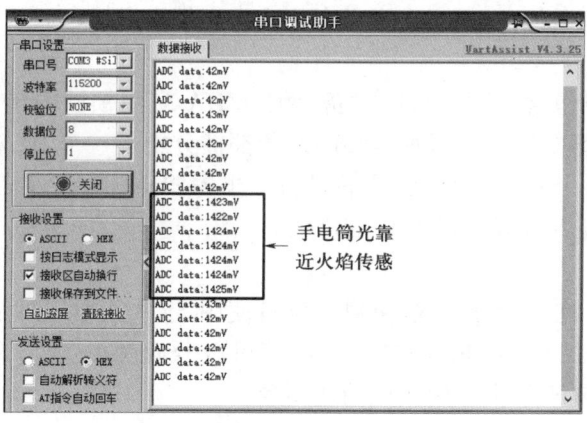

图 14-5 无线接收数据串口显示

任务 4 基于 ZCL 的智能灯光控制

一、任务描述

实现 ZCL 层互联互通的无线通信智能灯光控制。实验设备包含一个网关(协调器)和一个智能插座(终端或路由器),当智能插座加入到网络后,网关自动定期地向这个智能插座发送开或关指令来控制智能插座。

二、必备知识

1. ZCL 无线通信基础

ZCL 的全称是 ZigBee Cluster Library,译为 ZigBee 簇库。ZCL 定义了 ZigBee 设备的各种应用领域、设备类型、簇、属性和命令,这些定义均由 ZigBee 联盟统一定制。各个厂商在开发 ZigBee 设备时都遵循这些定义,便可实现互联互通。

(1) 应用领域

ZigBee 协议中定义多种应用领域,例如面向家居自动的 ZHA(ZigBee Home Automation)、面向照明的 ZLL(ZigBee Light Link)等。ZigBee 协议给每种类型应用领域分配了一个固定的 ID。

本任务使用的智能插座属于 ZHA。打开 zcl_ha.h 文件,可以找到 ZHA 领域的 ID,可以看到,智能家居的 ID 定义为 0x0104。

协议栈也定义了其他 ZigBee 设备的 Profile ID。下面以照明设备为例介绍如何查找 ZCL 中 ZigBee 设备的 Profile ID。

找到"\Z-Stack 3.0.2\Components\stack\zcl"目录,打开 zcl_ll.h 文件,即可看到照明 ZLL Profile 的 ID 值,代码如下:

```
#define ZLL_PROFILE_ID    0xc05e
```

其他类型 ZigBee 设备的 Profile ID 定义在相应头文件中。

(2) 设备类型

每种应用领域可以包含多种类型的设备,例如 ZHA 应用领域中包含智能插座、温湿度传感器、窗帘控制器等类型的设备。每种类型的设备都被分配了一个 ID,称为 Device ID,并且在同一个 Profile ID 下,每个 Device ID 都是不同的。在 ZigBee 3.0 中,ZHA 的设备被分为 5 类,分别是 Generic、Lighting、Closures、HVAC 和 IAS。

(3) 簇

ZigBee 联盟定义了许多标准的簇,可供开发者使用,这些簇可以理解为是公有的。每一个簇分配有一个唯一的 ID,称为 Cluster ID。这些簇可以分成两类:属于特定应用领域的簇;各个应用领域共用的、不属于某个应用领域的通用簇。

打开 zcl.h,找到通用簇宏定义,ZCL 还定义了其他设备 Cluster ID,例如,测量和感知簇宏定义(详见协议栈)。

将 ZCL 应用的端点设置为应用程序的端点,发向应用程序的端点数据都会先经过 ZCL 应用。然后,注册 ZCL 通用功能簇库回调函数 zclGeneral_RegisterCmdCallbacks( ),如果收到应用程序端点的数据且符合 ZCL 通用请求,就会调用相应的回调函数来处理。ZCL 通用应用领域的回调函数指明了对应命令的所有的响应函数。

在实际应用中,根据需要实现回调函数,其他未实现的设置为 NULL 即可。

每个预定义的簇中可以包含多个特定的属性(Attribute)和命令(Command)。

（4）属性

与面向对象编程思想的属性类似,Zigbee 3.0 的属性用来描述某一类事物的特点,例如人的属性有性别、年龄和体重等。ZigBee 联盟除了预定义了多个簇,还为每个簇预定义了一组对应的属性供开发者使用且可自定义。zcl.h 中属性列表 zclAttrRec_t 结构体的定义。

属性结构体变量包含 16 位无符号整数的簇 ID 成员变量和一个 zclAttribute_t 结构体类型的成员变量,而 zclAttribute_t 类型又包含属性 ID 成员变量、数据类型成员变量、读写数据成员变量以及数据域指针成员变量。其中,每个属性由属性的簇 ID 和属性具体的值组成。一个簇可以对应多个属性值,这种情况下,属性需要用不同的属性 ID 来区分。

在 zcl_Zigbee_data.c 文件中,可以找到属性列表对应的代码。属性列表对应的代码中创建了一个属性数组,这是一个结构体数组。每个簇 ID 包含 3 个属性以及这 3 个属性对应的操作命令。实际中,完整的属性列表代码包含了多个属性。具体需要多少个属性可根据应用自定义。

以属性数组的第 1 个元素为例,代码如下。其主要任务是向 ZCL_CLUSTER_ID_GEN_BASIC 簇 ID 添加属性变量 zclSampleSw_ZCLVersion(ATTRID_BASIC_ZCL_VERSION 宏),数据类型是 8 位无符号整型,数据类型为只读属性 ACCESS_CONTROL_READ,数据域为指向 zclSampleSw_ZCLVersion 变量的地址指针。

```
/*-- 智能插座设备属性列表数组解析 -(数组第一个元素示例)--*/
{
    ZCL_CLUSTER_ID_GEN_BASIC, //Basic Cluster,由 ZigBee 联盟预定义
    { //Attribute record
        ATTRID_BASIC_ZCL_VERSION, //ZCL 版本号,由 ZigBee 联盟定义
        ZCL_DATATYPE_UINT8, // 数据类型是 8 位无符号整型
        ACCESS_CONTROL_READ, // 说明这个属性只能被读取不能被修改
        (void*)&zclSampleSw_ZCLVersion//ZCL 版本指针
    }
},
```

定义了属性列表后,需要注册应用的属性列表(zcl_registerAttrList)。注册完属性列表后,ZCL 应用的初始化基本完成。那些非 ZCL 规定的命令,需要应用程序来处理,可以调用 zcl_registerForMsg 来注册非 ZCL 命令处理事件、RegisterForKeys 来注册按键时间、ZDO_RegisterForZDOMsg 来注册 ZDO 的命令请求、afRegister 来注册一个应用终端。最后,对 ZCL 消息的处理,在事件处理函数中,对 SYS_EVENT_MSG 事件的 ZCL_INCOMING_MSG 消息,根据不同的 ZCL 命令请求,进行不同的响应。

（5）命令

开发者可以使源设备向目标设备的某个簇发送命令。当目标设备接收到这条命令时,需要执行与该簇相关的处理,例如修改该簇的属性等。每个簇都包含一组特定的命令,即每个簇只能接收一组特定的命令。命令可以分为基础命令和属性关联命令。

① 基础命令

基础命令能被所有簇接收，例如读命令、写命令和上报命令等，这部分命令的定义在 zcl.h 文件中。

② 簇限定命令

簇限定命令只存在于某些特定的簇中，即簇限定命令只能被某些特定的簇接收。在 zcl_general.h 中，可以找特定簇命令的宏定义。

2. 基于 ZCL 的无线发送 API

ZCL 层数据发送是通过调用 zcl_SendCommand( ) 函数来实现的，打开 zcl.h 文件，找到该函数的声明如下：

```
/*---ZCL 无线发送函数 zcl_SendCommand( )声明-----*/
extern ZStatus_t zcl_SendCommand(
    uint8 srcEP, // 源端点，发送者的端点号
    afAddrType_t *dstAddr, // 目标设备地址
    uint16 clusterID, // 簇 ID
    uint8 cmd, // 命令
    uint8 specific, // 是否为属性关联命令
    uint8 direction, // 通信方向，客户端
    uint8 disableDefaultRsp, // 是否关闭默认响应（目标设备的响应）
    uint16 manuCode, // 厂商代码
    uint8 seqNum, // 数据包标识号，由开发者自定义
    uint16 cmdFormatLen, // 命令格式长度
    uint8 *cmdFormat // 命令格式地址
);
```

zcl_SendCommand( ) 函数的形式参数包含了源端点、目的设备地址、簇 ID、命令、通信方向、厂商代码、命令格式长度及命令格式地址等信息。

zcl_SendCommand( ) 函数有 10 个形式参数，调用起来很麻烦，Z-Stack 协议栈已经将上述函数封装在具体命令函数中。常见的智能灯光控制命令函数如图 14-6 所示。其中 3 个 API 函数分别实现了发送关闭、打开和反转状态命令。它们均使用 #define 来定义，最终调用 zcl_SendCommand( ) 函数来发送命令，但形式参数降为 4 个，简化了应用开发。

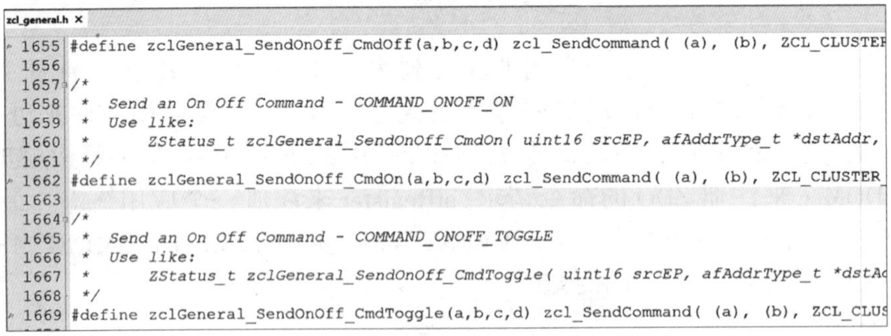

```
zcl_general.h X
1655 #define zclGeneral_SendOnOff_CmdOff(a,b,c,d) zcl_SendCommand( (a), (b), ZCL_CLUSTER
1656
1657 /*
1658  * Send an On Off Command - COMMAND_ONOFF_ON
1659  * Use like:
1660  *     ZStatus_t zclGeneral_SendOnOff_CmdOn( uint16 srcEP, afAddrType_t *dstAddr,
1661  */
1662 #define zclGeneral_SendOnOff_CmdOn(a,b,c,d) zcl_SendCommand( (a), (b), ZCL_CLUSTER
1663
1664 /*
1665  * Send an On Off Command - COMMAND_ONOFF_TOGGLE
1666  * Use like:
1667  *     ZStatus_t zclGeneral_SendOnOff_CmdToggle( uint16 srcEP, afAddrType_t *dstAd
1668  */
1669 #define zclGeneral_SendOnOff_CmdToggle(a,b,c,d) zcl_SendCommand( (a), (b), ZCL_CLUS
```

图 14-6 ZCL 智能灯光控制命令函数

3. 基于 ZCL 无线通信的任务处理

在 zcl.c 文件中的 zcl_event_loop( ) 函数中，可以看到 AF 数据的接收和处理，其核心代码如图 14-7 所示，本质上是 AF 事件数据的接收和处理。

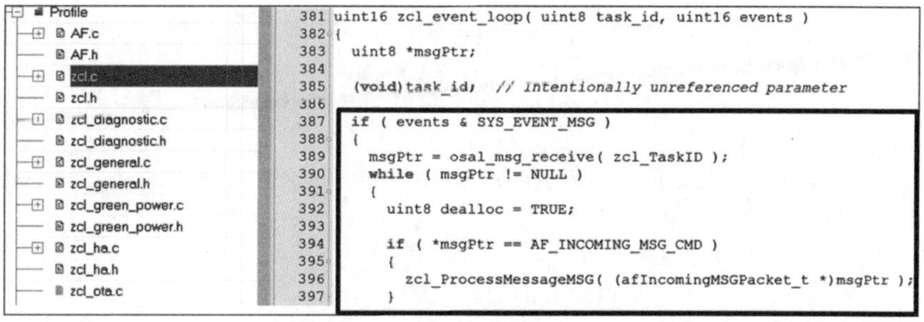

```
381 uint16 zcl_event_loop( uint8 task_id, uint16 events )
382 {
383   uint8 *msgPtr;
384
385   (void)task_id;  // Intentionally unreferenced parameter
386
387   if ( events & SYS_EVENT_MSG )
388   {
389     msgPtr = osal_msg_receive( zcl_TaskID );
390     while ( msgPtr != NULL )
391     {
392       uint8 dealloc = TRUE;
393
394       if ( *msgPtr == AF_INCOMING_MSG_CMD )
395       {
396         zcl_ProcessMessageMSG( (afIncomingMSGPacket_t *)msgPtr );
397       }
```

图 14-7　ZCL 任务处理函数接收信号事件核心代码

三、任务实施

1. 终端设备开发

（1）应用层初始化

终端设备初始化函数的核心代码如下。其中，终端设备首先加入协调器建立的网络，然后调用 ZDP_DeviceAnnce() 函数，该函数是一个协议栈的 API，用于向整个网络广播一个数据包。本任务是向网络中广播本设备的地址信息。广播的数据包中包含本设备的地址。当协调器收到这个数据包时，就知道这个设备的地址信息。

```
/*--- 终端设备初始化核心代码 ---*/
void zclSampleSw_Init( byte task_id )
{
    zclSampleSw_TaskID=task_id; // 应用程序任务 ID 赋值
    // 省略不相关代码
#ifdef ZDO_COORDINATOR
    // 省略不相关代码
#else
    bdb_StartCommissioning( BDB_COMMISSIONING_MODE_NWK_STEERING |BDB_COMMISSIONING_MODE_FINDING_BINDING );
    ZDP_DeviceAnnce( NLME_GetShortAddr( ),// 获取本设备的网络地址（短地址）
                     NLME_GetExtAddr( ),// 获取本设备的物理地址（通常就是 MAC 地址）
                     ZDO_Config_Node_Descriptor.CapabilityFlags,// 描述符
                     0 );
#endif
}
```

（2）注册 ZCL 通用簇库回调函数和应用属性列表

在 zcl_Zigbee.c 文件的应用层初始化函数 zclSampleSw_Init( ) 中，注册 ZCL 通用簇库回调函数和应用属性列表，其核心代码如下：

```
/*-- 注册通用簇库回调函数和应用的属性列表 --*/
void zclSampleSw_Init( byte task_id )
{
    zclSampleSw_TaskID=task_id;
    // 省略不相关代码
    // 注册 ZCL 通用簇库回调函数
```

```c
    zclGeneral_RegisterCmdCallbacks( SAMPLESW_ENDPOINT, &zclSampleSw_CmdCallbacks );
    // 把一些属性设置为默认值
    zclSampleSw_ResetAttributesToDefaultValues( );
    // 注册应用的属性列表
    zcl_registerAttrList( SAMPLESW_ENDPOINT, zclSampleSw_NumAttributes, &zclSampleSw_Attrs );
    // 注册应用以接收未处理的基础命令
    zcl_registerForMsg( zclSampleSw_TaskID );
    // 省略不相关代码
}
```

上述代码实现了 ZCL 注册,涉及的函数主要包括:① zclGeneral_RegisterCmdCallbacks( ),注册一个命令执行回调。这个回调中包含一个命令处理函数列表。当设备接收到命令时,就在这个列表中找到对应的命令处理函数,处理该命令。② zcl_registerAttrList( ),为设备注册属性列表,函数参数 zclSampleSw_Attrs 是一个属性列表。可在 zcl_samplesw_data.c 文件找到其定义。③ zcl_registerForMsg( ),告知设备需要接收未处理的基础命令或者响应消息。调用该函数后,在接收到例如读命令、写命令或上报命令等基础命令时,就会发生系统事件 ZCL_INCOMING_MSG,需在事件处理函数中作相关处理。④ zclSampleSw_CmdCallbacks,可在 zcl_Zigbee.c 文件中找到命令执行回调的定义,代码如图 14-8 所示。

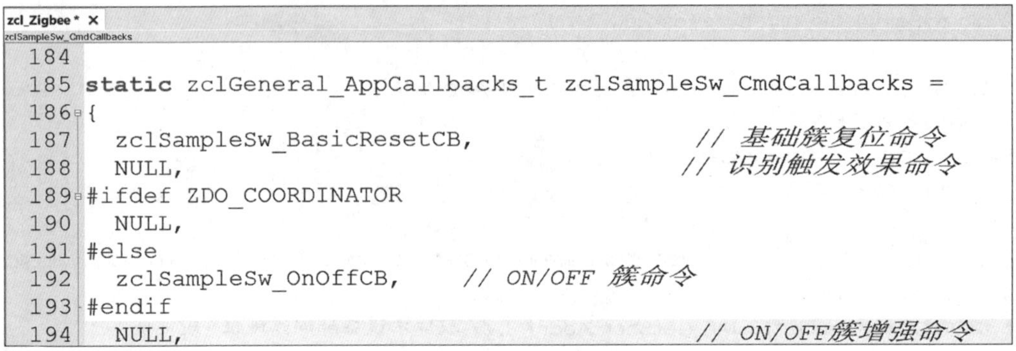

```c
184
185  static zclGeneral_AppCallbacks_t zclSampleSw_CmdCallbacks =
186  {
187     zclSampleSw_BasicResetCB,                // 基础簇复位命令
188     NULL,                                    // 识别触发效果命令
189  #ifdef ZDO_COORDINATOR
190     NULL,
191  #else
192     zclSampleSw_OnOffCB,      // ON/OFF 簇命令
193  #endif
194     NULL,                                    // ON/OFF簇增强命令
```

图 14-8 回调函数列表

zclSampleSw_CmdCallbacks 是一个命令处理函数列表(数组),其中的每个元素均表示某个特定命令的处理函数。可以通过注释或者该函数列表的类型定义查看每个元素代表的是哪个命令的处理函数。如果元素值为 NULL,则表示该命令无处理函数,即不处理该命令。如果需要执行 ON/OFF 的命令,则在其对应的元素位置设置处理函数即可。本任务增加一个自定义的 zclSampleSw_OnOffCB( ) 回调函数,代码如下:

```c
/*-- 自定义 ON/OFF 命令回调函数定义 ---*/
static void zclSampleSw_OnOffCB( uint8 cmd )
{
    if( cmd==COMMAND_ON )
    {
        HalLedSet( HAL_LED_ALL, HAL_LED_MODE_ON ); // 点亮接收节点上所有 LED
    }
```

```
        else if( cmd==COMMAND_OFF )
        {
            HalLedSet( HAL_LED_ALL, HAL_LED_MODE_OFF );// 熄灭接收节点上所有 LED
        }
    }
```

在 SAMPLEAPP_ONOFF_EVT 事件处理中调用 zclSampleSw_OnOff_CMD( ) 函数发送 ON/OFF 命令。终端节点收到 COMMAND_OFF 命令,则关闭所有的 LED;如果收到 COMMAND_ON 命令,则点亮所有的 LED。其中,COMMAND_ON 和 COMMAND_OFF 在 zcl_general.h 文件。

2. 协调器设备开发

协调器主要完成两件事情:接收并处理智能终端广播的地址信息,按下按键后向终端节点发送 ON/OFF 命令。按键的初始化控制在前述任务已详细介绍,不再赘述。

(1)协调器初始化

协调器初始化中,首先进行串口通信初始化,针对 Device_annce 事件注册 ZDO 端点,并组建 ZigBee 网络,Device_annce 表示广播事件,其宏定义在 ZDProfire.h 头文件。协调器初始化核心代码如下:

```
/*—— 协调器初始化函核心代码 ——*/
void zclSampleSw_Init( byte task_id )
{
    zclSampleSw_TaskID=task_id;
// 省略不相关代码
#ifdef ZDO_COORDINATOR
    ZDO_RegisterForZDOMsg( zclSampleSw_TaskID, Device_annce );// 注册广播事件
    bdb_StartCommissioning( BDB_COMMISSIONING_MODE_NWK_FORMATION |BDB_COMMISSIONING_MODE_FINDING_BINDING );// 组网
    NLME_PermitJoiningRequest( 255 );
#else
    // 省略终端设备初始化代码
#endif
}
```

(2)接收地址及事件处理

协调器接收终端节点广播的地址信息后,产生系统事件 ZDO_CB_MSG,在事件处理函数中处理对应事件,核心代码如下:

```
/*——— 协调器接收地址信息核心代码 ——*/
uint16 zclSampleSw_event_loop( uint8 task_id, uint16 events )
{
// 删除不相关代码
    if( events & SYS_EVENT_MSG )
    {
        while( ( MSGpkt=( afIncomingMSGPacket_t* )osal_msg_receive( zclSampleSw_TaskID )))
        {
            switch( MSGpkt->hdr.event
```

```
            }
        #ifdef ZDO_COORDINATOR
            case ZDO_CB_MSG:
                inNet=1; //网络状态置1,入网成功
                //收到广播事件任务处理
                zclSampleSw_processZDOMgs((zdoIncomingMsg_t*)MSGpkt);
                break;
        #endif
            }
        }
    }
    //省略不相关代码
}
```

ZDO_CB_MSG 是指 ZDO 层定义的获取网络信息、节点信息的一些特定消息,比如通过长地址查找指定节点的短地址、获取哪些节点支持智能家居的应用领域、查询节点中的功能是否与网络中其他节点匹配等。这些命令的格式全部都是 ZigBee 规范中已经明确定义的,用户不能自定义更改,这便是互联互通的基础。

接收到 ZDO_CB_MSG 后,首先将全局变量 inNet 赋值为 1,表示只有收到终端设备广播的网络地址后才会发送 ON/OFF 命令,这是协调器后续处理的基础。然后,调用 zclSampleSw_processZDOMgs() 函数执行 ZDO 事件处理。在该函数体内,根据消息簇 ID 进行事件处理,如果是广播信息,则把目标设备的网络地址保存到全局变量中,然后周期性地发送 ON/OFF 命令,定时触发 SAMPLEAPP_ONOFF_EVT 事件。

```
/*---- 协调器 ZDO 广播消息事件处理核心代码 ----*/
static void zclSampleSw_processZDOMgs(zdoIncomingMsg_t *pMsg)
{
    switch(pMsg->clusterID)// 判断消息的 Cluster ID
    {
        case Device_annce:
        {// 把目标设备的网络地址保存到全局变量中
            zclSampleSw_OnOffAddr=pMsg->srcAddr.addr.shortAddr;
            printf("Dest short Addr:%x\n",zclSampleSw_OnOffAddr);
            // 打印目的地址,调试用
            printf("Dest ext Addr:%x\n",pMsg->srcAddr.addr.extAddr);
            // 打印目的拓展地址,调试用
        }
        break;
        default: break;
    }
}
```

(3) 处理 ON/OFF 发送事件

在 zcl_Zigbee.c 文件中找到 zclSampelSw_HandleKeys() 函数,添加 ON/OFF 命令发送处理事件,代码如下:

```c
static void zclSampleSw_HandleKeys( byte shift, byte keys )
{
    if( keys & HAL_KEY_SW_6 )
    {
        #ifdef ZDO_COORDINATOR
        if( inNet )
        {
            zclSampleSw_OnOff_CMD( );
        }
    }
}
```

（4）发送 ON/OFF 命令

其中，zclSampleSw_OnOff_CMD( ) 为 ON/OFF 发送事件处理函数，该函数定义如下：

```c
/*-- 发送 ON/OFF 指令函数定义 ---*/
static void zclSampleSw_OnOff_CMD( void )
{
    afAddrType_t destAddr; // 用于保存目标设备的地址信息
    static uint8 txID =0;
    static bool on=true; // 静态变量,指示终端节点 LED 的开关状态
    destAddr.endPoint=SAMPLESW_ENDPOINT; // 端点号
    destAddr.addrMode=Addr16Bit; //16 位的地址,使用 P2P 的通信方式
    destAddr.addr.shortAddr=zclSampleSw_OnOffAddr; // 网络地址
    if( on ){// 如果终端节点 LED 正在开启
            zclGeneral_SendOnOff_CmdOn( // 发送打开命令
                SAMPLESW_ENDPOINT, // 端点号
                &destAddr, // 地址信息
                TRUE, //TRUE 表示属性关联命令
                txID++ );
    }
    else// 如果终端节点 LED 已关闭
    {
            zclGeneral_SendOnOff_CmdOff( // 发送关闭命令
                SAMPLESW_ENDPOINT, // 端点号
                &destAddr, // 地址信息
                TRUE, //TRUE 表示属性关联命令
                txID++ );
    }
    on=!on; // 反转开关状态
}
```

3. 任务结果

编译协调器工程，将固件烧录到其中一个实训主控板，该实训主控板充当网关；编译终端（或路由器）工程，并烧录到另外一块实训主控板中，该实训主控板充当智能插座（终端节点）；先后分别给网关和终端节点供电；终端节点自动加入网关创建的网络，终端节点上的 LED 周期性亮灭。

任务 5 基于 ZCL 的传感数据上报

一、任务描述

实现终端设备每隔 3 s 定期上报光敏传感器 ADC 有效数据给协调器,协调器接收到传感器数据后通过串口通信显示到串口调试助手软件中。实验设备包括一个协调器和一个终端设备(或路由器)。

二、必备知识

传感器类的终端设备可以使用属性上报 API 把数据上报到协调器,例如光敏传感器模块把采集到的光敏数据上报给协调器,空气质量传感器将采集到的空气质量信息上报给协调器等。为简化操作,本任务以 ADC 转换结果数字量作为上报数据。

ZCL 提供了专用的 API,即 zcl_SendReportCmd() 函数实现属性上报功能。zcl.c 文件给出了该函数的声明,如下:

```
/*--- ZCL 属性上报函数声明 ---*/
extern ZStatus_t zcl_SendReportCmd(
    uint8 srcEP,  // 源端点号
    afAddrType_t *dstAddr,  // 目标设备地址信息
    uint16 realClusterID,  // 属性所属簇 ID
    zclReportCmd_t *reportCmd,  // 待上报的属性值
    uint8 direction,  // 通信方向
    uint8 disableDefaultRsp,  // 是否关闭默认响应(目标设备的响应)
    uint8 seqNum );  // 数据包序列号,由开发者自定义
```

三、任务实施

1. 终端节点程序设计

(1) 定义和启动属性上报事件

在应用文件中添加上报事件和事件触发时间宏定义,代码如图 14-9 所示。例程中,上报事件任务宏定义为 0x0040,周期性上报触发时间为 3 s。同时,也定义了终端节点入网失败情况下重新加入网络的事件和周期。

```
67  #ifdef ZDO_COORDINATOR
68  #else
69      // rejoin
70      #define SAMPLEAPP_REJOIN_EVT        0x0080
71      #define SAMPLEAPP_REJOIN_PERIOD     1000
72      // Report Event
73      #define SAMPLEAPP_REPORT_EVT        0x0040
74      #define SAMPLEAPP_REPORT_PERIOD     3000
75  #endif
```

图 14-9 终端设备 Report 事件宏定义

在应用程序文件中，找到应用层初始化函数 zclSample_Init( )，并添加如下启动属性上报事件核心代码。对于终端节点或者路由器节点，首先调用 bdb_StartCommissioning( ) 函数加入网络，然后调用 osal_start_timerEx( ) 函数启动上报事件触发时间。

```
/*---- 上报事件初始化核心代码 ----*/
void zclSampleSw_Init( byte task_id )
{
    zclSampleSw_TaskID=task_id;
// 删除不相干代码
#ifdef ZDO_COORDINATOR
// 省略不相干代码
#else
    bdb_StartCommissioning( BDB_COMMISSIONING_MODE_NWK_STEERING |
                            BDB_COMMISSIONING_MODE_FINDING_BINDING );
    osal_start_timerEx( zclSampleSw_TaskID,    // 任务 ID
                        SAMPLEAPP_REPORT_EVT,  // 上报事件
                        SAMPLEAPP_REPORT_PERIOD // 触发周期
    );
#endif
}
```

（2）定义待上报属性

待上报属性需要在 zcl_samplesw_data.c 文件的 zclSampleSw_Attrs[] 属性数组中进行定义，包含簇 ID、属性 ID、属性类型、可读写属性等特性，以及属性初值。例程中定义的待上报属性如下：

```
/*-- 待上报属性定义（光敏传感值）----*/
{
    ZCL_CLUSTER_ID_GEN_ON_OFF_SWITCH_CONFIG,
    {// Attribute record
    ATTRID_ON_OFF_SWITCH_TYPE,
    ZCL_DATATYPE_UINT16,
    ( ACCESS_CONTROL_READ|ACCESS_REPORTABLE ),
    ( void * )&zclSampleSw_OnOffSwitchType
    }
},
```

待上报属性的簇 ID 为 ZCL_CLUSTER_ID_GEN_ON_OFF_SWITCH_CONFIG，属性 ID 为 ATTRID_ON_OFF_SWITCH_TYPE，待上报属性数据结构为 16 位无符号整数类型，属性类型为可读和可上报。注意，待上报属性类型需根据实际应用进行调整。如果待上报属性是无符号的整数，则为 ZCL_DATATYPE_INT8。属性类型在 zcl.h 中定义。

（3）定义事件处理函数

定义上报事件后，需要添加事件处理函数。打开 zcl_samplesw.c 文件，找到事件处理函数 zclSampleSw_event_loop( )，添加如下上报事件核心代码。

```
/*-- 上报事件处理函数核心代码 --*/
uint16 zclSampleSw_event_loop( uint8 task_id, uint16 events )
{
#ifdef ZDO_COORDINATOR
```

```c
#else
// 省略不相关代码
  if( events & SAMPLEAPP_REPORT_EVT )
  {
      zclSampleSw_ReportTest( );// 属性上报事件处理函数
      // 启动下一次属性上报事件
          osal_start_timerEx( zclSampleSw_TaskID,
                          SAMPLEAPP_REPORT_EVT,
                          SAMPLEAPP_REPORT_PERIOD );
          return( events^SAMPLEAPP_REPORT_EVT );
  }
#endif
return 0;
}
```

上述属性上报事件处理函数 zclSampleSw_ReportTest( ) 的定义如下：

```c
/*--- 上报事件处理函数定义（光敏数据）----*/
static void zclSampleSw_ReportTest( void )
{
    static uint8 seqNum=0;
    zclReportCmd_t* reportCmd;
    // 目标设备的地址信息
    afAddrType_t destAddr;
    destAddr.addrMode=afAddr16Bit;
    destAddr.endPoint=SAMPLESW_ENDPOINT;
    destAddr.addr.shortAddr=0x0000; //0x0000 表示协调器的网络地址
reportCmd=( zclReportCmd_t* )osal_mem_alloc( sizeof( zclReportCmd_t )+
sizeof( zclReport_t ));// 申请内存空间
    if( reportCmd==NULL )// 判断内存空间是否申请成功
        return;
    reportCmd->attrList[0].attrData=( uint8* )osal_mem_alloc( sizeof( uint8 ));
      if( reportCmd->attrList[0].attrData==NULL )// 判断内存空间是否申请成功
        return;
      uint8 str[20]="0";
      uint16 adcVal;
/* 读取通道 0 的 ADC 数值,在配套的实训主控板中，P0_0 连接外部传感器 */
      HalAdcInit( );
      adcVal=HalAdcRead( HAL_ADC_CHANNEL_0, HAL_ADC_RESOLUTION_12 );
      uint16 Vin=( uint16 )( 3.3*adcVal*1000/4096 );/* 单位 mV */
      reportCmd->numAttr=1;
      reportCmd->attrList[0].attrID=ATTRID_ON_OFF_SWITCH_TYPE;
      reportCmd->attrList[0].dataType=ZCL_DATATYPE_UINT16;
      *(( uint8 * )( reportCmd->attrList[0].attrData ))=Vin/256;// 高字节
      *(( uint8 * )( reportCmd->attrList[0].attrData+1 ))=Vin%256;// 低字节
    // 上报数据
      zcl_SendReportCmd( SAMPLESW_ENDPOINT, // 源端点号
      destAddr, // 地址信息
      ZCL_CLUSTER_ID_GEN_ON_OFF_SWITCH_CONFIG, // 簇 ID
```

```
        reportCmd,
        ZCL_FRAME_CLIENT_SERVER_DIR, // 通信方向为从客户端到服务端
        TRUE, // 关闭默认响应（目标设备的响应）
        seqNum++ ); // 数据包标号，每上报一次数据 seqNum 的值就会增加 1
        // 释放内存空间！
        osal_mem_free( reportCmd->attrList[0].attrData );
        osal_mem_free( reportCmd );
}
```

在该函数体中，首先设置上报目标设备的地址信息，例程中短地址信息 0x0000 表示向协调器发送信息。然后进行光敏数据的采集以及上报属性变量的初始化赋值，包括上报属性数量、属性 ID、属性类型及属性值等。最后调用 zcl_SendReportCmd( ) 函数进行数据的发送。其中，光敏数据的获取本质上是 ADC 转化，调用 HalAdcRead( ) 函数可得到 ADC 结果。需要特别注意，例程中待上报属性是 16 位的无符号整数，因此，在上报数据时，占用 2 个字节，分别为高字节（Vin/256）和低字节（Vin%256）。

（4）终端节点属性上报配置

在终端节点工程属性配置中，定义全局预处理宏命令 ZCL_REPORTING_DEVICE。

2. 协调器程序设计

（1）接收和处理属性数据

协调器在接收到上报命令后，会发生 ZCL_INCOMING_MSG 系统事件。打开 zcl_samplesw.c 文件中的事件处理函数，即 zdSampleSw_event_loop( ) 函数，找到 ZCL_INCOMING_MSG 事件，添加事件处理函数，其核心代码如下：

```
/*--- 协调器接收事件处理核心代码 ---*/
uint16 zclSampleSw_event_loop( uint8 task_id, uint16 events )
{
// 省略不相关代码
if( events & SYS_EVENT_MSG )
{
    while(( MSGpkt=( afIncomingMSGPacket_t * ) osal_msg_receive( zclSampleSw_TaskID )))
    {
        switch( MSGpkt->hdr.event )
        {
            case ZCL_INCOMING_MSG:
            zclSampleSw_ProcessIncomingMsg(( zclIncomingMsg_t * )MSGpkt );
            break;
// 省略不相关代码
        }
    }
}
}
```

zclSamplesw_ProcessIncomingMsg( ) 函数中，如果收到 ZCL_CMD_REPORT 命令，调用 zclSampleSw_ProcessInReportCmd( ) 进行事件处理。其核心代码如下：

```c
/*--- 协调器接收消息任务处理函数核心代码 ----*/
static void zclSampleSw_ProcessIncomingMsg( zclIncomingMsg_t *pInMsg )
{
    switch( pInMsg->zclHdr.commandID )
    {
// 省略不相关代码
#ifdef ZCL_REPORT
    // 删除不相关代码
        case ZCL_CMD_REPORT:
            zclSampleSw_ProcessInReportCmd( pInMsg );
            break;
#endif
// 删除不相关代码
    }
    if( pInMsg->attrCmd )
    osal_mem_free( pInMsg->attrCmd );
}
```

其中,属性上报处理函数 zclSampleSw_ProcessInReportCmd( ) 的具体实现由开发者自定义。本任务中,属性上报处理函数的主要功能是将接收的数据通过串口通信发送到计算机串口软件,具体代码如下:

```c
/*-- 协调器上报事件处理函数 ----*/
static uint8 zclSampleSw_ProcessInReportCmd( zclIncomingMsg_t *pInMsg )
{
    zclReportCmd_t *reportCmd;
    char str[20]="0";
    reportCmd=( zclReportCmd_t * )pInMsg->attrCmd;
    for( uint8 i=0; i < reportCmd->numAttr; i++ )
    {
        if( pInMsg->clusterId==ZCL_CLUSTER_ID_GEN_ON_OFF_SWITCH_CONFIG && reportCmd->attrList[i].attrID==ATTRID_ON_OFF_SWITCH_TYPE )
        {
            uint16 attrDat=*( reportCmd->attrList[i].attrData )*256+*( reportCmd->attrList[i].attrData+1 );
            printf( "Rx Value:%d\n", attrDat ); // 用于调试,打印在终端 I/O
            sprintf( str, "Reported Data:%d", attrDat );
            HalUARTWrite( HAL_UART_PORT_0,( uint8* )str, osal_strlen( str )); // 串口显示
        }
    }
    return( TRUE );
}
```

(2) 协调器接收上报属性工程配置

在协调器节点工程属性配置中,定义全局预处理宏命令 ZCL_REPORT_DESTINATION_DEVICE 和 ZCL_REPORT。

3. 任务结果

将上述代码分别下载到协调器和终端设备中,并将协调器通过串口线连接到计算机,打开串口调试助手软件,可以观察到,协调器每隔 3 s 接收终端设备发送的光敏传感器数据,如图 14-10 所示。

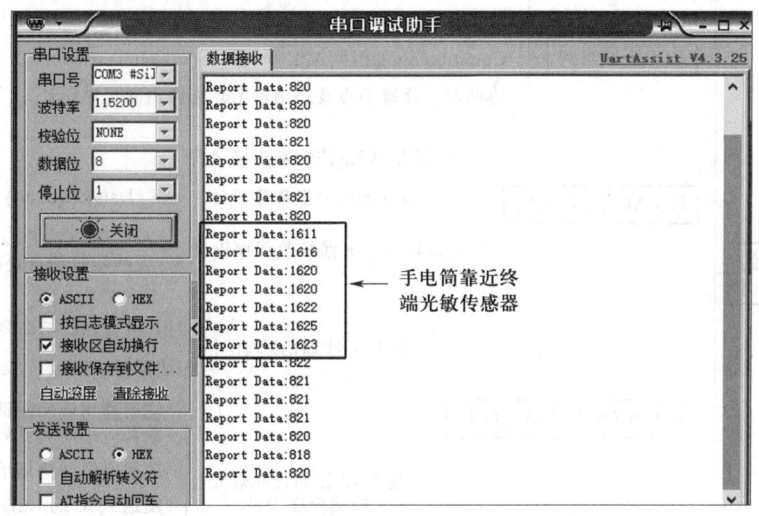

图 14-10 协调器接收上报信息的串口显示结果

项目小结

本项目介绍了基于 Zigbee 3.0 的无线组网开发,项目小结如图 14-11 所示。需要掌握理解 ZigBee 无线信道、网络 ID、设备地址、设备角色、网络地址、应用端点等重要概念,掌握 ZigBee 无线通信参数配置方法,主要包括无线信道配置、网络 ID 配置、ZigBee 设备角色配置、ZigBee 应用端点配置以设备地址获取等。要理解 Zigbee 3.0 BDB 无线组网工作流程,掌握 BDB 无线组网程序设计方法,理解基于 AF 层的无线通信基本原理以及掌握基于 AF 的无线通信程序设计方法。最后,介绍了基于 ZCL 的无线通信原理,以及基于 ZCL 的智能灯光控制、基于 ZCL 的属性上报传感数据监测和基于 ZCL 的属性读写。

项目实训

1. 基于 Z-Stack 协议栈,终端节点每隔 2 s 周期性采集温湿度传感数据,通过 AF 无线通信方式将数据发送给协调器,协调器接收到传感数据后通过串口通信在计算机串口软件中进行显示。

2. 基于 Z-Stack 协议栈,上报数据。具体要求:按下终端节点上的按键 SW1,向协调器上报温度属性,协调器收到温度数据后通过串口通信进行显示;按下终端节点上的按键 SW2,向协调器上报湿度属性,协调器收到湿度数据后通过串口通信进行显示。要求上报的温湿度数据精确到小数点后一位。

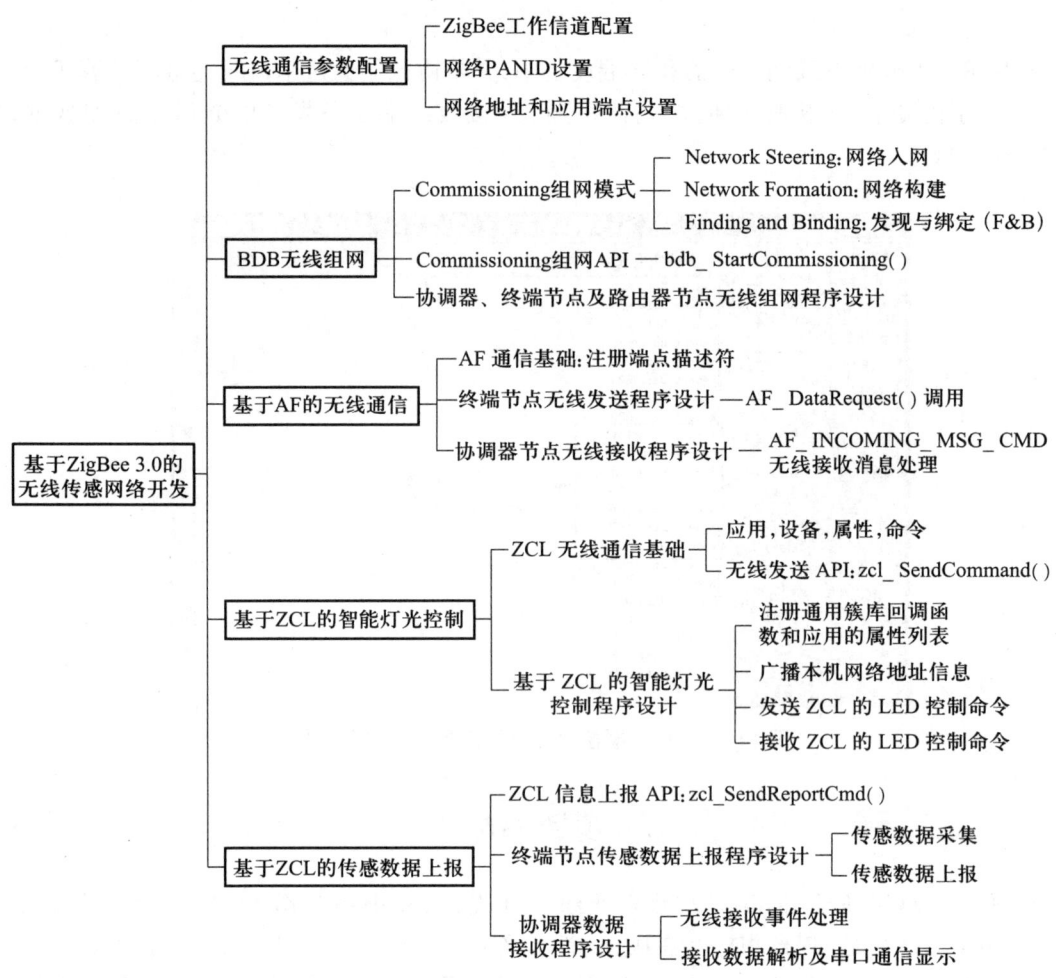

图 14-11 基于 Zigbee 3.0 的无线传感网络开发项目小结

参考文献

［1］杨瑞,董昌春.CC2530单片机技术与应用［M］.北京:机械工业出版社,2016.

［2］陈继欣,邓立.传感网应用开发(中级)［M］.北京:机械工业出版社,2019.

［3］王静霞,杨宏丽,刘俐.单片机应用技术(C语言版)［M］.4版.北京:电子工业出版社,2019.

［4］QST青软实训.ZigBee技术开发:Z-Stack协议栈原理及应用［M］.北京:清华大学出版社,2016.

［5］谢金龙,邓人铭.物联网无线传感器网络技术与应用(ZigBee版)［M］.北京:人民邮电出版社,2016.

［6］姜仲,刘丹.ZigBee技术与实训教程——基于CC2530的无线传感网技术［M］.2版.北京:清华大学出版社,2018.

［7］廖建尚.物联网平台开发及应用——基于CC2530和ZigBee［M］.北京:电子工业出版社,2016

［8］周柏宏,崔亚远,林涛.Zigbee3.0轻松入门［M］.北京:北京航空航天大学出版社,2021.